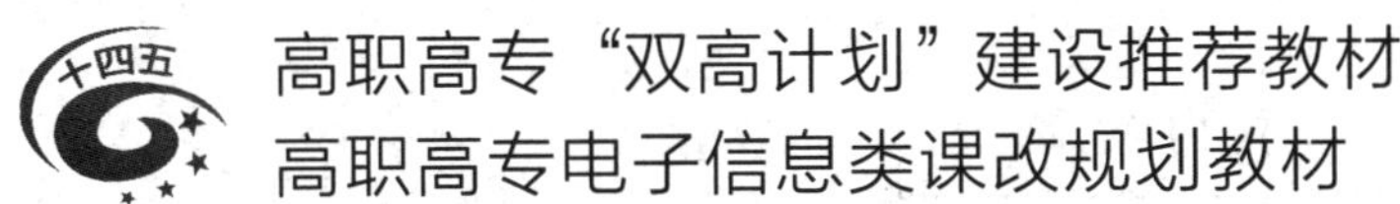

电工基础实用项目教程

主　编　曾小玲　张建平
副主编　郭小蕊　陈　念　周燕鸥
主　审　王朝容

西安电子科技大学出版社

内容简介

本教材依据国家教育部最新颁布的教学指导要求而编写。内容的组织采用“项目—任务”形式，以强化基础、突出能力培养、注重实用为原则，在保证电工基础知识的同时也保证全书有一定的深度。

本教材包括手电筒电路的安装与测试、照明电路的安装与测试、三相异步电动机基本控制电路的安装与测试、小型变压器的制作与测试四个项目。每个项目又分为若干个任务，从任务的提出与分析、知识链接、知识扩展、任务实施、思考与练习五个方面引导学生在学习过程中提高职业技能，掌握相关的专业知识，培养学生良好的职业道德和职业素养。

本教材可作为高职高专院校电工技术实践课教材，也可供相关自学者和技术人员参考。

图书在版编目(CIP)数据

电工基础实用项目教程/曾小玲，张建平主编. —西安：西安电子科技大学出版社，2020.7
ISBN 978-7-5606-5697-7

Ⅰ. ① 电… Ⅱ. ① 曾… ② 张… Ⅲ. ① 电工—高等职业教育—教材 Ⅳ. ① TM

中国版本图书馆 CIP 数据核字(2020)第 092177 号

策划编辑　李惠萍
责任编辑　李惠萍
出版发行　西安电子科技大学出版社(西安市太白南路 2 号)
电　　话　(029)88242885　88201467　　邮　　编　710071
网　　址　www.xduph.com　　电子邮箱　xdupfxb001@163.com
经　　销　新华书店
印刷单位　陕西天意印务有限责任公司
版　　次　2020 年 7 月第 1 版　2020 年 7 月第 1 次印刷
开　　本　787 毫米×1092 毫米　1/16　印张　13.5
字　　数　315 千字
印　　数　1～3000 册
定　　价　32.00 元
ISBN 978-7-5606-5697-7/TM

XDUP 5999001-1

前言

QIANYAN

本教材是为适应高等职业教育迅猛发展的需要，以培养应用型人才为目标，以强化电工基础知识、突出能力培养、注重实用为原则而编写的。教材本着在学生掌握基本知识的基础上，强化对学生操作技能和综合能力的培养这一目标设计具体内容。通过学习和实训，使学生既有看懂电路原理图的能力，又有正确选择合适的电路元器件，以实现某种功能的能力；既有安装简单电路的能力，又有查找电路故障和进行电路维修的能力。本教材是高等职业院校机电类及相关专业学生学习电工基础的教材，也可作为企业培训的教材，还可供相关技术人员学习参考。

本教材包含四个项目(共10个任务)。具体内容包括：项目一“手电筒电路的安装与测试”(3个任务：手电筒电路分析、电路元件的识别与检测、直流电路分析)，项目二“照明电路的安装与测试”(2个任务：日光灯电路的安装与测试、三层小楼照明电路的安装与测试)，项目三“三相异步电动机基本控制电路的安装与测试”(3个任务：三相异步电动机的安装与测试、三相异步电动机启停控制电路的安装与测试、三相异步电动机正反转控制电路的安装与测试)，项目四“小型变压器的制作与测试”(2个任务：小型变压器的电路分析，小型变压器的设计、制作与测试)。

本教材的编写特点如下：

(1) 对传统学科型教材进行整合，在教学内容选取上，保证了机电类、电子类专业所需的最基本、最主要的电工基础内容，尽量避免内容之间不必要的交叉和重叠，淡化学科体系，注重基础知识和职业能力的衔接，学生和教师可以根据各自需求进行选择性学习和授课，提高教学效率。

(2) 教材内容以工程实践中常用的和推广应用的技术所需的理论基础为主，通过实训来了解实际应用。实训中主要介绍一些实用电路。

(3) 以高职高专教育为指导原则，侧重于培养学生解决实际生产问题的能力，在教材编写上以应用为目的，以必须、够用为度，精选内容，强调概念，突出能力的培养，并保证全书有一定深度。

本教材由重庆电信职业学院教师及重庆城市职业学院教师共同编写，由曾小玲、张建平担任主编。其中张建平编写项目一；曾小玲、周燕鸥编写项目二；曾小玲编写项目三；陈念、郭小蕊编写项目四；由曾小玲负责全书的统稿定稿工作。重庆电信职业学院王朝容教授审阅了全书并对初稿提出了很多宝贵的意见和建议，在此表示衷心的感谢。

由于时间紧迫和编者水平所限，书中难免存在一些不足与疏漏，衷心希望广大读者批评指正。

编　者

2020 年 5 月

目录

MULU

项目一　手电筒电路的安装与测试

技能目标

• 能根据电路模型与实物图，正确绘制电路原理图；

• 会搭接简单电阻电路，分析测试数据，根据数据研究欧姆定律和电阻串联分压、并联分流的规律；

• 能正确识读色环电阻阻值，并学会根据电路要求选择和使用电阻；

• 能正确选择和使用电工仪表，会使用万用表对电阻、电压、电流等进行规范、准确的测量；

• 会查阅有关技术资料和工具书。

知识目标

• 掌握电路的组成要素，理解电路模型及其与实物图的关系；

• 掌握电压、电流的参考方向以及关联参考方向在部分电路欧姆定律中的应用；

• 熟悉电路中常见的元器件及其伏安特性；

• 掌握电阻串联、并联及混联的连接方式，会计算电路中的等效电阻、电压、电流和功率；

• 会根据电路的基本定律、定理等，对复杂电路进行分析和计算；

• 能够灵活运用电路的相关理论知识分析计算较为复杂的直流电路。

课程思政与素质

1. 从落后就要挨打到奋发图强，从“中国制造2025”到电路学习，教育同学们认真学习电工基础知识，为祖国的发展、为科技强国、为中国梦而努力。

2. 通过电路参考方向的学习，培养同学们认真务实的工作态度。

3. 通过实训操作及万用表的使用，让同学们养成一丝不苟的良好工作习惯。

项目要求

电路是电工技术的基础。人们在日常的生产生活中所使用的电路一般可分为两大类：直流电路和交流电路。如手电筒、照相机、手机等所采用的电路一般为直流电路，而家庭中的电灯、电热水器、冰箱、洗衣机、电视、空调等所采用的电路一般为交流电路。直流电路的分析方法有多种，在初中和高中物理课电学知识的学习过程中我们已经了解了一些电子电路相关知识。而实际生活和工作中的电路往往不会那么简单，需要更多的知识和方法对电路问题加以分析、解决。所掌握的方法越多，拥有的解决问题的工具越多，对电路相关问题的处理自然就更灵活、更有效率。

要掌握常用系统的检测，就必须懂得电路的原理。本项目学习直流电路的基本电路原理、电路相关参数和直流电路基本定律及其分析方法，为后续内容的深入学习奠定基础。本项目分为三个任务：任务 1.1 为手电筒电路分析；任务 1.2 为电路元件的识别与检测；任务 1.3 为直流电路分析。

任务 1.1 手电筒电路分析

在日常的生产生活中广泛应用着各种各样的电路，它们都是由实际器件按一定方式连接起来，形成电流的通路。实际电路的结构形式和所能完成的任务是多种多样的，最典型的是手电筒电路。因此，了解电路的基本组成及各部分的作用和建立手电筒电路模型是本任务的学习重点。

1.1.1 电路的基本组成与作用

(一) 实际电路的基本结构及作用

电路是为了某种需要由某些电工设备或元件按一定方式组合而成的电流通路。电路所完成的任务是多种多样的，所以电路的形式、复杂程度各不相同，但从电路的组成来看，实际电路总可以分为三个部分：一是向电路提供电能或信号的电气器件，称为电源或信号源；二是消耗或转换电能的电气器件，称为负载；三是中间环节，如导线、开关、控制器等电气器件。如图 1－1－1 所示为手电筒电路图。它是由电源(干电池，提供能量)、负载(小灯泡，使用能量)和中间环节(导线和开关，连接和控制电路)组成的简单电路。

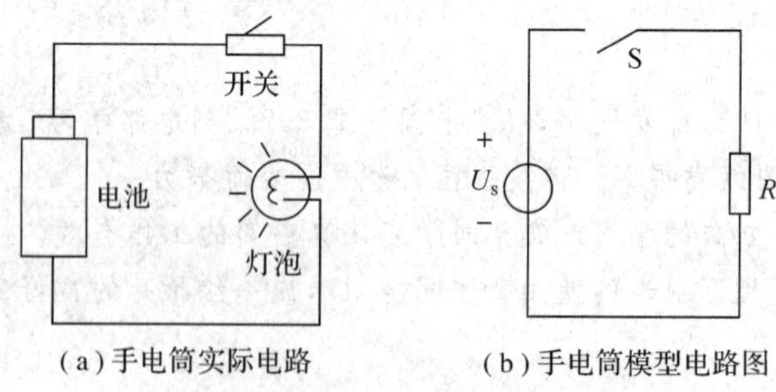

(a)手电筒实际电路　　(b)手电筒模型电路图

图 1－1－1　手电筒电路图

实际电路按功能可分为电力系统的电路和电子技术的电路两大类。其中，电力系统电路的主要功能是对发电厂发出的电能进行传输、分配和转换；电子技术相关电路的主要功能则是对电信号进行传递、变换、存储和处理。

(二) 电路的模型

组成实际电路的各种设备或器件，其电磁性能一般比较复杂。为了便于对电路进行分析和计算，常把实际器件理想化，即考虑其主要的电磁性能，忽略次要的性质，这样实际器件即可用一个规定的符号来表示，称为电路元件。由电路元件组成的电路称为实际电路的电路模型。电路模型中的电路元件可用对应的图形符号来表示，如图 1－1－2 所示。

根据国家标准绘制的电路模型图称为电路图。图 1－1－1(b)为手电筒电路的电路图。U_S 是理想电压源，这里将干电池的内阻忽略不计；S 表示开关；R 是电阻，表示小灯泡。各个理想元件之间的导线连接用连线来表示。有了电路图就可方便地进行电路研究了。通常电路模型简称电路，理想元件简称元件。

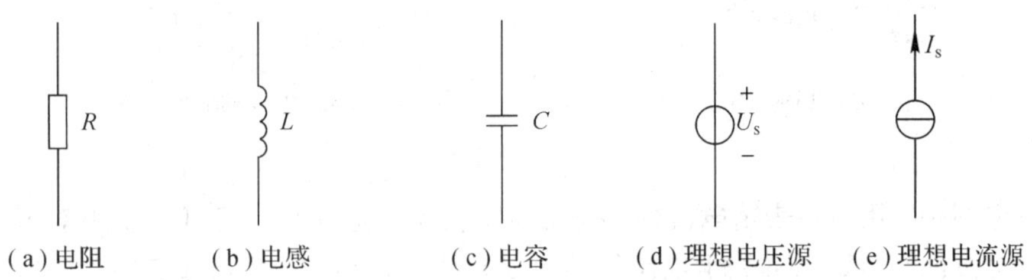

图 1－1－2　部分电路元器件的图形符号

1.1.2　电路的基本物理量

(一) 电流

1. 电流的定义

带电粒子定向移动形成电流。如导体中的自由电子，电解液和电离后气体中的自由离子，半导体中的电子和空穴等，都属于带电粒子。电子、负离子带负电，正离子带正电。电流的大小等于通过导体横截面的电荷量与通过这些电荷量所用时间的比值，用 I 表示，即

$$I=\frac{q}{t} \tag{1-1-1}$$

式中，I 为电流，单位是 A(安[培])；q 为通过导体横截面的电荷量，单位是 C(库[仑])；t 为通过电荷量 q 所用的时间，单位是 s(秒)。

在交流电路中，电流不是恒定不变的，即不同时刻，电流大小不同，则电流的计算公式可表示为

$$i=\frac{dq}{dt} \tag{1-1-2}$$

式中，i 表示某个时刻的电流大小；dq 为某一时刻通过导体横截面的电荷量；dt 为某一时刻的时长。

在国际单位制(SI)中，电流的单位是 A(安[培])。如果需要使用较大或较小的单位，可以在基本单位前加上词头，如 mA(毫安)、μA(微安)。它们之间的换算关系为

$$1\ \text{kA}=10^3\ \text{A},\ 1\ \text{A}=10^3\ \text{mA}=10^6\ \mu\text{A}$$

2. 电流的方向

电流的实际方向习惯上规定为正电荷移动的方向。因此，在金属导体中，电流的方向与电子流动的方向相反。在分析电路时，复杂电路中电流的实际方向很难判定。为了解决这一问题，人们引入了参考方向这个概念。

具体做法如下：

在分析电路之前，先设定电流的参考方向。然后，按选定的参考方向计算电流，若计算结果为正($I>0$)，则说明电流的参考方向与实际方向一致；若计算结果为负($I<0$)，则说明电流的参考方向与实际方向相反，如图 1-1-3 所示。若不设定参考方向，则电流的正、负就没有意义了。

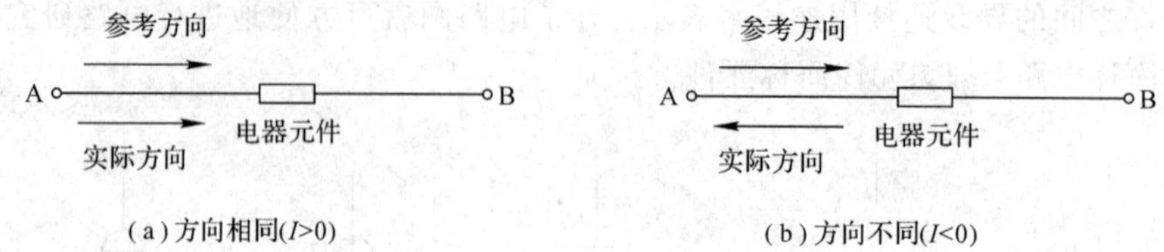

图 1-1-3　电流的方向

在电路图中，用箭头表示电流的参考方向。在实际应用中，还可以使用双下标来表示电流的参考方向，例如，I_{AB}表示电流的参考方向是由 A 流向 B。若选定参考方向由 B 流向 A，则用 I_{BA} 表示，两者相差一个负号，即 $I_{AB}=-I_{BA}$。

例 1-1　在图 1-1-4 中，各电流的参考方向已设定。已知 $I_1=10$ A，$I_2=-2$ A，$I_3=8$ A。试确定电流 I_1、I_2、I_3 的实际方向。

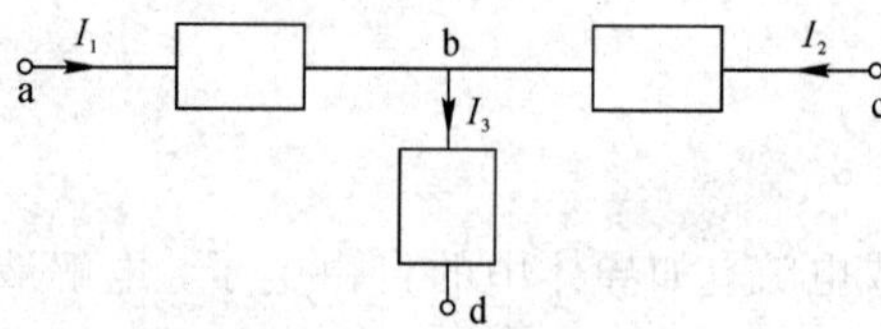

图 1-1-4　例 1-1 图

解： $I_1>0$，故 I_1 的实际方向与参考方向相同，I_1 由 a 点流向 b 点。

$I_2<0$，故 I_2 的实际方向与参考方向相反，I_2 由 b 点流向 c 点。

$I_3>0$，故 I_3 的实际方向与参考方向相同，I_3 由 b 点流向 d 点。

(二) 电压

1. 电压的定义

电压是描述电场力对电荷做功大小的一个物理量。电场力把单位正电荷从电路中一点移到另一点所做的功，称为这两点之间的电压。在交流电路中，电压 u 可表达为

$$u=\frac{\mathrm{d}w}{\mathrm{d}t} \tag{1-1-3}$$

式中，u 表示其大小和方向随时间而变化的电压，单位为伏特(V)；w 为瞬时功，单位为焦[耳](J)。对于恒定电压，即直流电压，用大写字母 U 表示。电路中两点之间的电压也是单位正电荷从一点移到另一点所失去或获得的能量，电能的增加和减少表现为电位的降低或升高，因此电压又称为电位差或电位降。

电力系统中，日常所用电压一般为几百伏，输送电线的电压为几千伏(kV)、几万伏甚至更大；电子设备中电压较小，一般为几伏(V)、几毫伏(mV)或几微伏(μV)。它们之间的换算关系为

$$1\ \text{kV}=10^3\ \text{V},\ 1\ \text{V}=10^3\ \text{mV}=10^6\ \mu\text{V}$$

2. 电压的方向

电压的实际方向是由高电位指向低电位。在简单电路中可以直接确定电压的实际方向，但在复杂电路中电压的实际方向不能确定时，就如同假定电流的参考方向一样，先假定一个正方向(参考方向)，当电压的实际方向与参考方向一致时，则电压值为正值，如图1-1-5(a)所示；反之，当电压的实际方向与参考方向相反时，电压值为负值，如图1-1-5(b)所示。因此，在参考方向确定以后，就可以决定电压值的正与负并进行电路分析了。

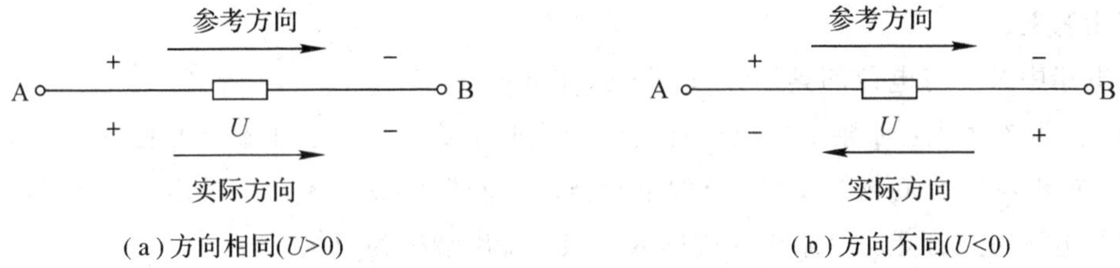

(a)方向相同($U>0$)　　(b)方向不同($U<0$)

图1-1-5　电压的方向

在电路图中，用箭头表示电压的参考方向。在实际应用中，还可以使用双下标来表示电压的参考方向，例如，U_{AB}表示电压的参考方向是由A指向B，A点比B点电位高。若选定参考方向由B指向A，则用U_{BA}表示，两者相差一个负号，即$U_{AB}=-U_{BA}$。

(三) 电动势

1. 电动势的定义

电动势是描述电源性质的重要物理量，是反映电源力把单位正电荷由负极推向正极所做的功的物理量。电源的电动势符号用E表示，其在数值上等于非静电力把单位正电荷从电源的低电位端由电源内部移到高电位端所做的功。电动势的单位和电压一样，也是伏[特](V)。电动势的计算公式为

$$E=\frac{W}{q} \tag{1-1-4}$$

式中，E为电动势，单位为伏[特](V)；W为非静电力所做的功，单位为焦[耳](J)；q为电荷量，单位为库[仑](C)。

在交流电路中，式(1-1-4)又可写为

$$e=\frac{\mathrm{d}w}{\mathrm{d}q} \tag{1-1-5}$$

式中，e为瞬时电动势；w为瞬时功。

2. 电动势的方向

电动势的作用是把正电荷从低电位点移动到高电位点，使正电荷的电势能增加，所以规定电动势的实际方向是由低电位指向高电位，即从电源的负极指向电源的正极。在电路中，电源的极性和电动势的数值一般都是已知的，所以一般电动势的参考方向都取与实际方向相同的方向，即由电源的负极指向电源的正极(在电源内部)。

(四) 电位

1. 电位的定义

电位是表示电路中某一点性质的物理量，是一个相对物理量。为了求得电路中各点的

电位值，必须在电路中选择一个参考点，把该参考点的电位看作零电位，所求点的电位就是该点到参考点的电压。电位用V或φ表示，其单位与电压的相同。

参考点可以任意选择，但为了方便，如果电路中有接地端(符号为⊥)，则尽量选择接地端作为参考点，或者在电子电路中常取若干导线的交汇点或机壳作为电位的参考点。

2. 电位的计算

使用电位能够使表示电路状态的电量大大减少，在调试、检修电器设备和电子电路时具有实用意义。

求电路中某一点电位的具体方法与步骤如下：

(1) 选取参考点：原则上可以任意选取，但如有接地端应尽量选择接地端为参考点。

(2) 标出电源和负载的极性：电源电动势的方向按从负极指向正极标定。对于负载，根据流过的电流方向标定，电流流入端标为正极，流出端标为负极。

(3) 从所求点到参考点之间选择一条路径(尽可能为最简单的)：然后从所求点出发“走”到参考点，一路经过的无论是电源还是负载，只要是从器件的正极到负极，则其电位降为正值，反之则为负值，所经过的全部电位降的代数和就是所求点的电位。

例 1-2 如图 1-1-6 所示，各元件的极性已经标出。

(1) 求 A、B、C 三点的电位。

(2) 分别以 A、D 作为参考点，求 B、C 之间的电压U_{BC}。

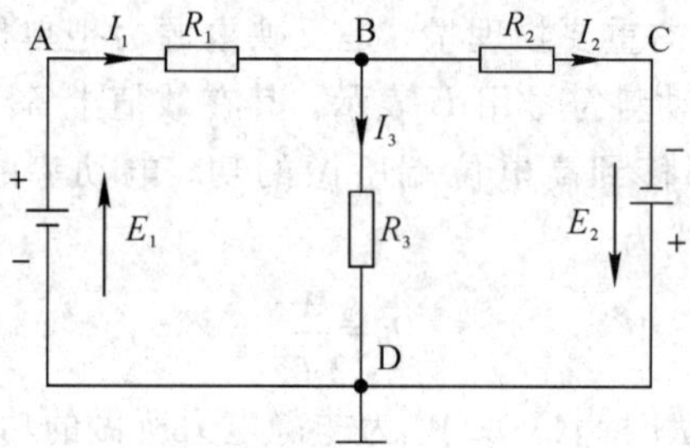

图 1-1-6 例 1-2 电路图

解：(1) 选取 D 点作为参考点，则

$$V_A = E_1 \quad \text{(路径为 } AE_1D\text{)}$$

$$V_B = I_3R_3 \quad \text{(路径为 } BR_3D\text{)}$$

$$V_C = -E_2 \quad \text{(路径为 } CE_2D\text{)}$$

(2) 以 D 点作为参考点，则

$$U_{BC} = V_B - V_C = I_3R_3 + E_2$$

以 A 点作为参考点，则

$$V_B = I_3R_3 - E_1$$

$$V_C = -E_2 - E_1$$

所以

$$U_{BC} = V_B - V_C = (I_3R_3 - E_1) - (-E_2 - E_1) = I_3R_3 + E_2$$

结论：

(1) 电路中某一点的电位大小与所选取的参考点有关；参考点不同，同一点的电位也不同。

(2) 电路中任意两点间的电压值与参考点的选择无关。

(五) 电功率

电功率为单位时间内元件吸收或发出的电能。在交流电路中，电功率用 p 表示。设 $\mathrm{d}t$ 时间内元件转换的电能为 $\mathrm{d}w$，则

$$p=\frac{\mathrm{d}w}{\mathrm{d}t} \tag{1-1-6}$$

在国际单位制(SI)中，功率的单位为 W(瓦[特])，常用的单位还有 kW(千瓦)、mW(毫瓦)等。

对式(1-1-6)进一步推导，得

$$p=\frac{\mathrm{d}w}{\mathrm{d}t}=\frac{\mathrm{d}w}{\mathrm{d}q}\times\frac{\mathrm{d}q}{\mathrm{d}t}=ui \tag{1-1-7}$$

式(1-1-7)说明电路的功率等于该电路的电压与电流的乘积。

在直流电路中，功率为

$$P=UI \tag{1-1-8}$$

应当指出：在电路中，电源产生的功率与负载、导线及电源内阻上消耗的功率总是平衡的，遵循能量守恒和转换定律。电路分析时，不但需要计算功率的大小，有时还需要判断功率的性质，即该元件是产生能量还是消耗能量。根据电压和电流的实际方向可以确定电路元件的性质。例如，当 u 和 i 的实际方向相同，即电流从元件高电位端流入，低电位端流出，则该元件消耗或吸收能量；当 u 和 i 的实际方向相反，即电流从元件低电位端流入，高电位端流出，则该元件产生或发出能量。当电压和电流为关联参考方向时，用公式 $p=ui$ 或 $P=UI$ 计算；当电压和电流为非关联参考方向时，用公式 $p=-ui$ 或 $P=-UI$ 计算。当计算出的功率 $P>0$(或 $p>0$)时，表示元件吸收功率；当计算出的功率 $P<0$(或 $p<0$)时，表示元件发出功率。

例 1-3　图 1-1-7 为某电路中的一部分。已知 $I=2$ A，$U_1=-2$ V。

(1) 求元件 1 的功率 P_1，并说明是吸收功率还是向外提供功率。

(2) 若元件 2 向外输出的功率为 10 W，元件 3 吸收的功率为 12 W，求 U_2 和 U_3。

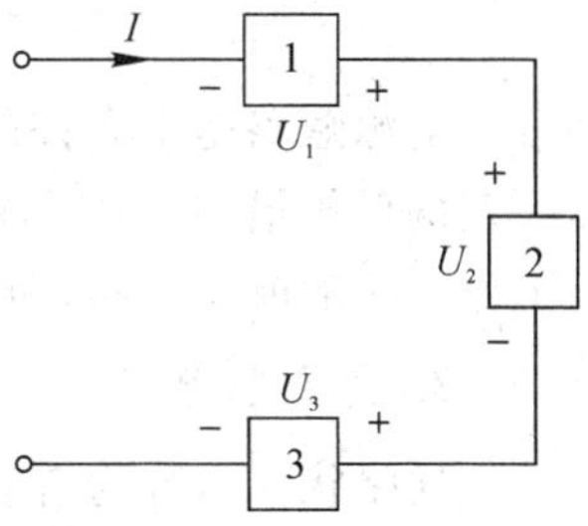

图 1-1-7　例 1-3 电路图

解：(1) 由于元件 1 的电压、电流为非关联参考方向，故

$$P_1=-U_1I=-(-2)\times 2=4\ \mathrm{W}\quad(\text{吸收功率})$$

(2) 由于元件 2 和元件 3 的电压、电流均为关联参考方向，且元件 2 向外输出功率，而元件 3 吸收功率，故

$$P_2=-10\ \mathrm{W}=U_2I,\quad P_3=12\ \mathrm{W}=U_3I$$

则

$$U_2=-\frac{10}{2}=-5\ \mathrm{V},\quad U_3=\frac{12}{2}=6\ \mathrm{V}$$

1.1.3 电路的三种工作状态及设备的额定值

（一）电路的三种工作状态

电路工作时有三种工作状态：开路状态、短路状态与通路状态，如图 1－1－8 所示。

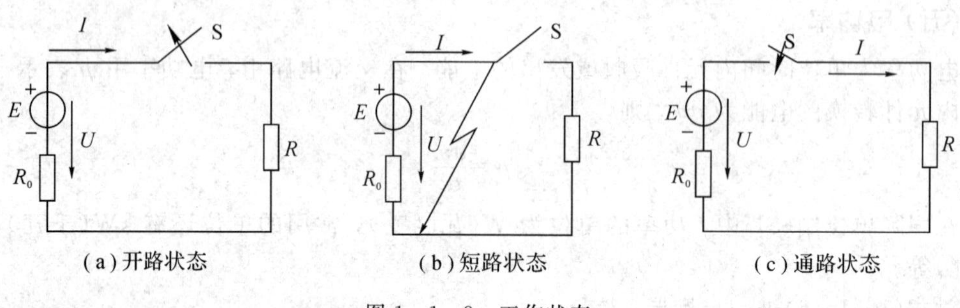

(a)开路状态　(b)短路状态　(c)通路状态

图 1－1－8　工作状态

1. 开路状态

开路状态又称为空载或断路状态，如图 1－1－8(a)所示。当电路出现开关断开、熔断器烧断、电路某处发生断线故障等情况时，电路就处于开路状态。

当电路处于开路状态时，由于断路两点间的电阻无限大，故流过负载的电流为零，在实际分析电路时可以根据电路开路时 $I=0$ 和 $U=E$ 的特点，来检查断路故障，找出断路点。

2. 短路状态

当电路绝缘损坏、接线不当或操作不慎时，就会在负载端或电源端造成电源线直接接触，此时电路为短路状态，如图 1－1－8(b)所示。

当电源两端发生短路后，电路中的电流为

$$I=\frac{E}{R_0} \tag{1-1-9}$$

由于 R_0 很小，所以电源流过的电流很大，若不立刻排除故障，则电源将被烧毁。此时的电流叫作电源的短路电流，用 I_S 表示，即

$$I_S=\frac{E}{R_0} \tag{1-1-10}$$

电源短路是不允许的，在工作中必须防止电源发生短路事故。因此，在电路中应采取一定的保护措施。值得注意的是，并不是所有的短路都是故障，例如电焊机工作时，焊条和工作面接触就是短路，但这样的情况并不是故障，而是一种工作状态。

3. 通路状态

通路状态也称为有载状态，是电路的正常工作状态。将开关 S 闭合，电路将处于通路状态，如图 1－1－8(c)所示。此时电路中的电流为

$$I=\frac{E}{R_0+R} \tag{1-1-11}$$

在有载的情况下，电源的端电压 U 恒小于电源的电动势 E，其差值为电源内电阻的电压降 IR_0。电流越大，IR_0 越大，U 下降得越多。

（二）设备的额定值

在电路中，各种电气设备和电路元件都有额定值，只有按额定值使用，运行才能安全

可靠，其使用寿命才可延长。电气设备的额定值是根据设备的工作要求和特殊性能来规定的。

1. 额定电压

在保证电气设备正常工作而绝缘材料又不被损坏的条件下所规定的电压值，称为额定电压，用字母 U_N 表示。在供电方面，尤其是交流电，制定了一系列电压等级标准，如 110 kV、220 kV、380 V、220 V、110 V、63 V、36 V、12 V、6.3 V 等；在直流用电方面，常用等级标准如 600 V、220 V、110 V、6 V 等；干电池的电压等级有 9 V、3 V、1.5 V 等。

2. 额定电流

任何设备在正常工作中都要消耗一定的电能，设备所消耗的电能大部分将转变成其他形式的能量输出，它们一部分由设备自身消耗转变成热能，使设备温度升高。设备的温度升高会使绝缘材料的性能下降，甚至损坏。因此，额定电流是为了保证电气设备安全运行，不致因过热而烧毁所允许的最大工作电流，用字母 I_N 表示。

3. 额定功率

电气设备在额定电压和额定电流下正常工作所消耗的电功率，或因消耗电功率而转换输出的其他功率，称为额定功率，用字母 P_N 表示。

在额定电压下，当负载的工作电流超过额定电流值时，称为超载或过载。当负载超载时，将使负载的温度升高。长期过载是不允许的。反之，当负载的工作电流低于额定电流值时，称为欠载或轻载；在这种情况下不能充分发挥电气设备的利用率，使设备的功率损耗增大，效率降低。当工作电流等于额定电流时，为满载，这种情况是最佳工作状态，设备的利用率和效率最高。

知识扩展——电压电流的测量

1. 电流的测量

在直流电路中，测量电流时，应根据电流的实际方向将电流表串入待测支路中，如图 1-1-9 所示，电流表两旁标注的“+”“-”号为电流表的极性。

考虑到电流表有一定的电阻，串入电流之后不应该影响电路的测量结果，所以电流表的内阻必须远小于电路的负载电阻。

2. 电压的测量

据电压的实际极性将直流电压表跨接在待测支路两端。如图 1-1-10 所示，若 $U_{ab}=$

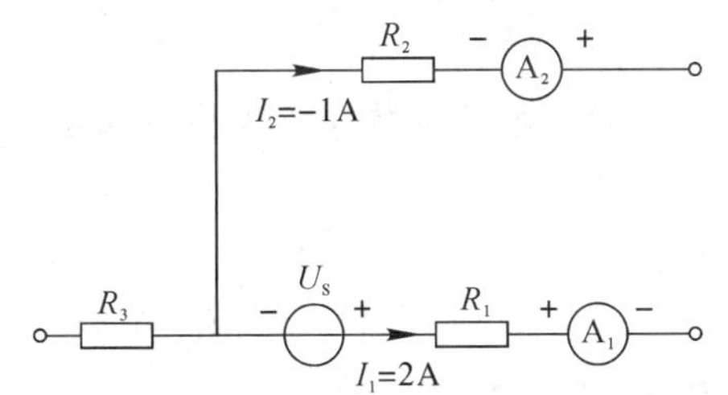

图 1-1-9　电流测量电路图

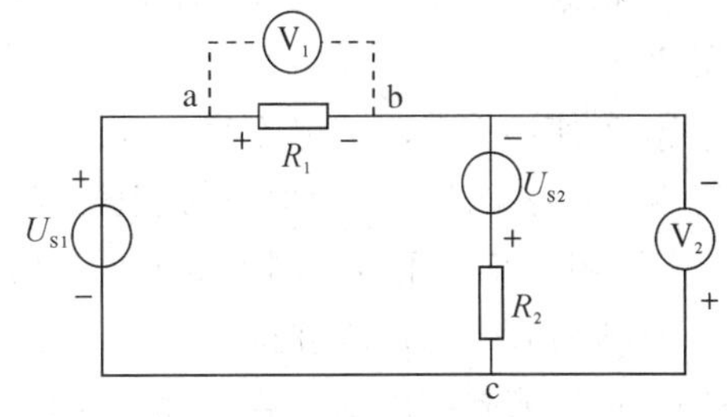

图 1-1-10　电压测量电路图

10 V，$U_{bc}=-3$ V，测量这两个电压时应按图示极性接入电压表。电压表两旁标注的“+”“−”号分别表示电压表的正极性端和负极性端。

电压表并入电路必然会分掉原来支路的电流，影响电路的测量结果。为了尽量减小测量误差，不影响电路的正常工作状态，电压表的内阻应远大于被测支路的电阻。

任务实施——手电筒电路的电压电流测量

1. 实训目的

(1) 掌握手电筒电路的设计方法，通过改变滑动变阻器的电阻能使灯泡熄灭。

(2) 掌握直流电压表和直流电流表的使用方法。

2. 实训器材(见表1-1-1)

表1-1-1 实训器材

名称和规格	数量	名称和规格	数量
小灯泡 6 V，3 W	1个	直流电流表	1个
干电池 1.5 V	6节	导线	若干
开关	1个	滑动变阻器 0~20 Ω，2 A	1个
直流电压表	1个	定值电阻 6 Ω	1个

3. 实训步骤

(1) 按原理图1-1-11进行实物连接，并将电流表串联接入电路中，电压表并联接在灯泡的两端，电表在接入时，应注意极性不能接反。

(2) 对电路的组成和作用进行分析，并通过改变滑动变阻器的电阻，观察灯泡的亮度，利用电流表和电压表测量电路中的电流和灯泡两端的电压，并记录之。

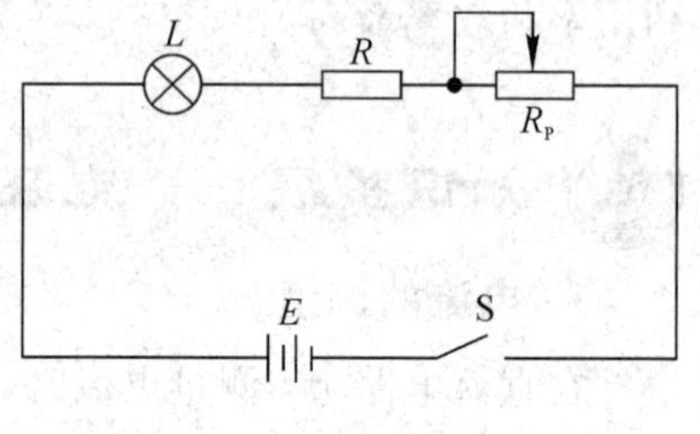

图1-1-11 实验原理图

4. 实训注意事项

(1) 用直流电流表来测量直流电流时，要注意以下几点：

① 应将直流电流表串联在待测电流的支路中。

② 接线时，必须使电流从电流表的“+”端流入，“−”端流出，不得反接。

③ 根据被测电流的大小，选择适当的电流表量限。测试中尽量使指针偏转在1/3和2/3量限之间。

④ 若使用多量限的电流表，而它只有一条公用标尺刻度，则其读数应等于指针指示的刻度乘以倍率，此倍率为量限与满偏刻度的比值。

(2) 用直流电压表来测量直流电压时，要注意以下几点：

① 应将直流电压表并接在待测电压的两端。

② 电压表接线时要注意极性，不要接错，“+”极接正，“−”极接负。

③ 根据被测电压的大小，选择适当的电压表量限，测量中尽量使指针偏转在1/3和2/3

量限之间；多量限的电压表公用标尺刻度的读数方法与电流表的相同。

(3) 更换电压表或电流表量限时，应切断仪表的电源；在实验中读取仪表的读数时，应使视线与仪表的表面垂直。若是表面有反射镜的仪表，则读数时应使指针与其镜中影像重合，否则会引起较大的读数误差。

(4) 操作时要注意安全，要在断电的情况下连接线路，通电以后手不要接触电路中的导电体。

5. 实训考核标准

实训考核标准见表 1-1-2。

表 1-1-2　实训考核标准

考核项目	配分	评 分 标 准			扣分	得分
电路安装	30	电路接线不正确，扣 5 分				
		电路接线不美观，扣 2 分				
电路调试	30	测量方法不准确，扣 3～5 分				
		测试分析判断错误，扣 3～5 分				
数据的读取	40	读数方法不正确，扣 3 分				
		读数误差大，扣 3 分				
安全文明操作	违反安全文明生产规程，扣 5～10 分					
定额时间 3 h	超时 15 min 酌情扣分					
备注	除定额时间外，各项目的最高扣分不应超过分配分数					
开始时间		结束时间		实际时间		总成绩	

思考与练习

(一) 填空题

1. 电流所经过的路径叫作__________，通常由________、________和________三部分组成。

2. 实际电路按功能可分为电力系统的电路和电子技术的电路两大类，其中，电力系统的电路其主要功能是对发电厂发出的电能进行________、________和________；电子技术的电路的主要功能则是对电信号进行________、________、________和________。

3. 由____________元件构成的、与实际电路相对应的电路称为____________。

4. ____________具有相对性，其大小和正负为相对于电路参考点而言。

(二) 判断题

1. 电压、电位和电动势的定义形式相同，所以它们的单位一样。（　　）

2. 电流由元件的低电位端流向高电位端的参考方向称为关联方向。（　　）

3. 电功率大的用电器其电功也一定大。（　　）

(三) 选择题

1. 当电路中电流的参考方向与电流的真实方向相反时，该电流(　　)。

A. 一定为正值　　B. 一定为负值　　C. 不能肯定是正值或负值

2. 已知空间有 a、b 两点，电压 $U_{ab}=10$ V，a 点电位为 $V_a=4$ V，则 b 点电位 V_b 为(　　)。

A. 6 V　　B. −6 V　　C. 14 V

3. 当电阻 R 上的 u、i 参考方向为非关联时，欧姆定律的表达式应为(　　)。

A. $u=Ri$　　B. $u=-Ri$　　C. $u=R|i|$

4. 一电阻 R 上 u、i 参考方向不一致，令 $u=-10$ V，消耗功率为 0.5 W，则电阻 R 为(　　)。

A. 200 Ω　　B. −200 Ω　　C. ±200 Ω

(四) 计算题

1. 如题 1 图所示，已知 $V_a=10$ V，$V_b=0$，$V_c=6$ V。求 U_{ab}、U_{bc}、U_{ac}。

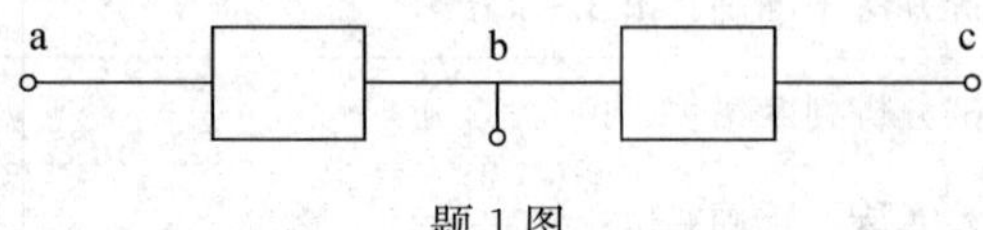

题 1 图

2. 试标出如题 2 图所示电路中，对网络 N 和元件 R 而言符合关联参考方向的电流和电压。

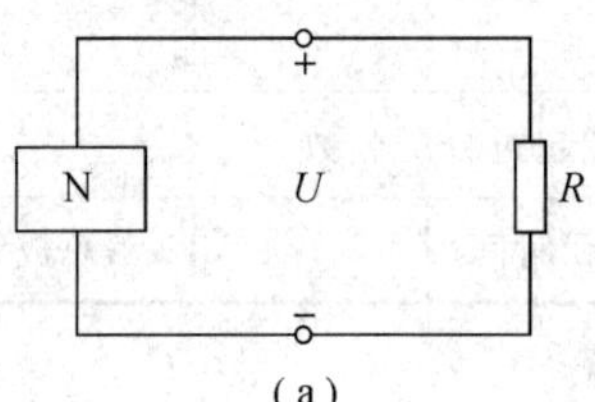

(a)

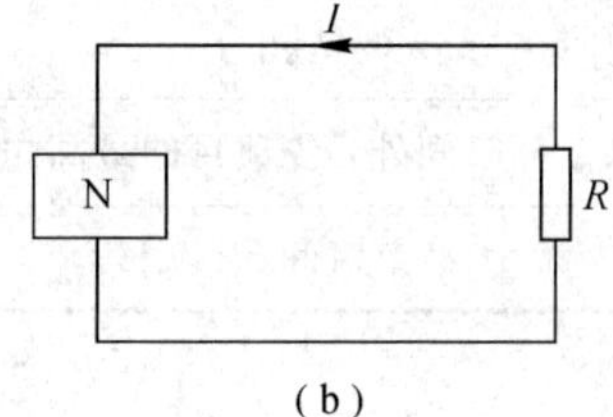

(b)

题 2 图

3. 已知本题所示电路图中，$U_1=2$ V、$U_2=10$ V、$U_4=2$ V，求电压 U_3、U_5、U_6。

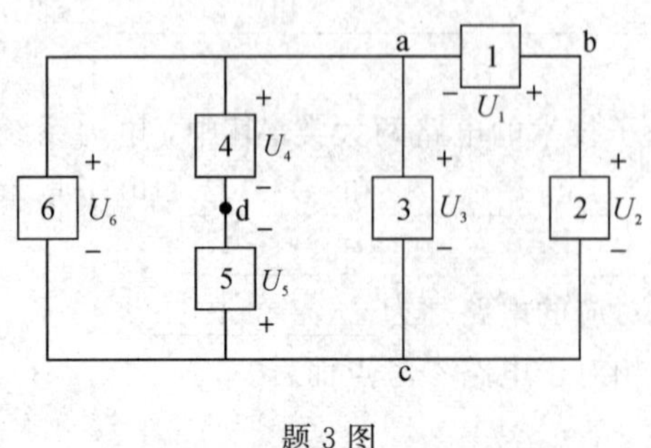

题 3 图

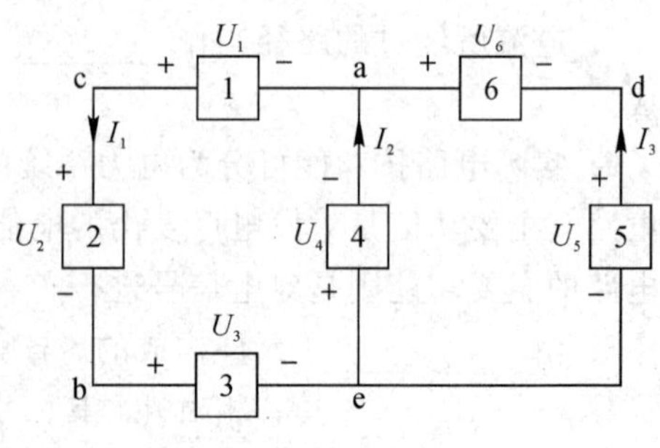

题 4 图

4. 在本题所示电路图中，已知 $U_1=1$ V、$U_2=-3$ V、$U_4=-4$ V、$U_5=7$ V，求电压 U_{bd}。

5. 上题图中若已知 $I_1=2$ A、$I_2=1$ A、$I_3=1$ A，求元件 1、3、4、6 所吸收或供出的

功率。

6. 在本题所示电路图中，方框代表电源或电阻，各电压、电流的参考方向均已设定。已知 $I_1=2$ A，$I_2=1$ A，$I_3=-1$ A，$U_1=7$ V，$U_2=3$ V，$U_3=-4$ V，$U_4=8$ V，$U_5=4$ V。求各元件吸收或向外供出的功率。

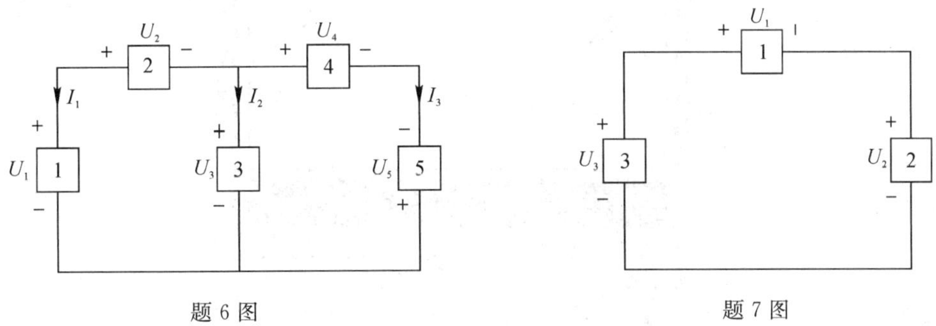

题 6 图　　　　题 7 图

7. 已知本题电路图中，$I=1$ A，$U_1=3$ V，$U_2=7$ V，$U_3=10$ V。求各元件上所消耗的功率。

任务 1.2　电路元件的识别与检测

电路元器件可以分为有源和无源两大类。无源元器件是指没有电压、电流或功率放大能力的元器件，最常用的有电阻、电容、电感、二极管等；有源元器件是指具有电压、电流或功率放大能力的元器件，如三极管、场效应管及运算放大器、电压源、电流源等。元器件是组成各种各样的电子电路的“细胞”。认识这些“细胞”，掌握常用元器件的型号识别、性能特点及检测方法等基本知识，是分析电子电路、实施电子制作的基础，也是本任务的学习重点。

1.2.1　万用表的使用

(一) 指针万用表

万用表是一种多用途多量程的仪表，分为指针式万用表和数字式万用表两类。在电工电子技术实验实训环节中，很多场合都要使用万用表。实际应用中要注意所使用万用表的测量范围、工作频率、准确度、精度等级等参数对测量的影响。

指针式万用表具有结构简单、使用方便、可靠性高等优点。MF-47F 型万用表外形如图 1-2-1 所示。

用指针式万用表测试，首先把万用表放置为水平状态，视其表针是否处于零点(指电源、电压刻度的零点)，若不是，则应用小的一字螺丝刀细心调整表头下方的“机械零位调整”，使指针指向零点。然后根据被测项目，正确选择万用表上的测量项目及量程开关。如已知被测量值的数量级，就选择与其相对应的数量级量程。如果不知被测量值的数量级，则应选择最大量程开始测量。当指针偏转角太小而无法精确读数时，再把量程逐步减小。一般以指针偏转角不小于最大刻度的 30%作为合理量程。

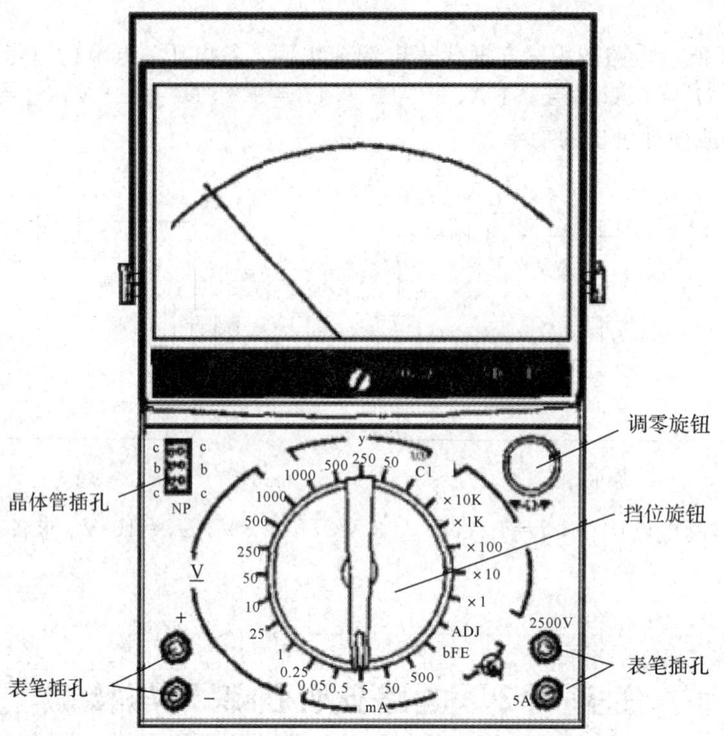

图 1-2-1　MF-47F 型万用表

1. 万用表作为电阻表使用

MF-47F 型万用表作为电阻表使用有 R×1、R×10、R×100、R×1k、R×10k 五挡可供选择。其测量方法如下：

(1)"机械零位"。首先观察表针是否在机械零位。如果不在零位，则用小一字螺丝刀小心调整"机械零位"使指针回归到零点。

(2)"电调零"。万用表拨盘开关拨到 R×1～R×10k 中一个合适挡位，把红、黑两笔棒相碰，使 $R_X=0$ 时(短路)调整表盘右下方的 Ω 调整器，使指针正确指在 0 Ω 处；而且每次使用前都要调整零位，每次选择"倍率"挡位后都要重新电调零。这是因为内接干电池随着使用时间的加长，其电源内阻会增大，指针就有可能达不到满刻度，此时必须调整 Ω 旋钮。

(3) 选择合适的量程。为了提高测量的精度和保证被测对象的安全，一般测量时，调整量程使指针在全刻度的 20%～80%范围，这样测量精度才能满足要求。

(4) 在作电阻表使用时使用表内干电池。对外电路而言，红表笔接于干电池的负极，黑表笔接于干电池的正极。

(5) 测量较大电阻时，两手不要同时接触被测电阻的两端，不然人体电阻就会与被测电阻并联，使测量电阻数值低于原电阻数值。

另外，在进行有源电路上的电阻测量时，一定要将电路的电源切断，不然不但测量结果不准确(相当再外接一个电压)，还会使大电流把表头烧坏。同时，还要将被测电阻的一端从电路上焊开，再进行测量，不然测得的是电路在该两点的总电阻。

(6) 测量的电阻值是表针指示的数值乘以倍率。如测量时指针指到 30，倍率在 R×10

挡位上，那么被测电阻是 30 Ω×10＝300 Ω。

测量完成后，应注意把量程开关拨在交流电压的最大量程位置，千万不要放在电阻挡，以防止再次使用时因误操作，在电阻挡位测量电压或电流而造成万用表表头损坏。两支表笔长期短路会将内部干电池全部耗尽。

2. 万用表作为直流电流表使用

MF－47F 型万用表测量直流电流挡位有 0.05 mA、5 mA、50 mA、500 mA 五挡可供选择。其测量方法如下：

(1) 选择万用表合适的挡位，将万用表串接在被测电路中。注意红表笔接电流流入的一端，黑表笔接电流流出的一端。如果不知被测电流的方向，那么在电路一端先接好一支表笔，另一支表笔在电路另一端轻轻地碰一下，如果指针向右摆动，则说明接线正确；如果指针向左摆动(低于零点)，则说明表笔接反了，将万用表的两支笔位置调换即可。

(2) 选择相应的量程，在看清读数和刻度的同时应尽量选用大量程挡位。因为量程挡位愈大，分流电阻愈小，电流表对被测电路影响和引入的误差也愈小。

(3) 在测量大电流(如 500 mA)时，千万不要在测量过程中拨动量程选择开关，以免产生电弧烧坏转换开关的触点。

3. 万用表作为直流电压表使用

MF－47F 型万用表测量直流电压共有 1000 V、500 V、250 V、50 V、10 V、2.5 V、1 V、0.25 V 八个挡位可供选择。其测量方法如下：

(1) 根据直流电压高低，选择万用表直流电压合适挡位。

(2) 万用表两表笔并联接在待测电路中，在测量直流电压时，应注意被测点电压极性，正确接法是红表笔接电压高的一端，黑表笔接电压低的一端。如果不知被测电压的极性，则可按前述测量电流时的试探方法试一下，如果指针向右偏转，则可以进行测量；如果指针向左偏转，则把红、黑表笔调换位置，亦可测量。

(3) 为了减少电压表内阻引入的误差，在指针偏转大于或等于最大刻度的 30%时，测量尽量选择大量程挡。因为量程愈大，分压电阻愈大，电压表的等效内阻愈大，对被测电路引入的误差愈小。如果被测电路的内阻很大，就要求电压表的内阻更大，这样才会使测量精度较高。此时需要换用电压灵敏度更高(内阻更大)的万用表来进行测量。如 MF－10 型万用表的最大直流电压灵敏度(100 kΩ/V)比 MF－47F 型万用表的最大直流电压灵敏度(20 kΩ/V)高得多。

4. 万用表作为交流电压表使用

MF－47F 型万用表作为交流电压表使用有 1000 V、500 V、250 V、50 V、10 V 五挡可供选择使用。其测量方法如下：

(1) 在测量交流电压时，不必考虑极性问题，只要将万用表并接在被测两端即可。因为交流电压内阻很小，所以不必选用高电压灵敏度的万用表。注意交流电压挡被测的只能是正弦波，其频率应小于或等于万用表的允许工作频率，否则就会产生较大误差。

(2) 不要在测较高的电压(如 220 V)时拨动量程开关，以免产生电弧，烧坏转换开关的触点。

(3) 在测大于或等于 100 V 的较高电压时，必须注意安全。最好先把一支表笔固定在被测量电路的公共端，然后用另一支表笔去碰触另一端试点。

5. 万用表测量电容、电感

转动开关至交流 10 V 位置，被测电容(电感)串接于任一测试棒上，而后跨接于 10 V 交流电压电路中进行测量。

(二) 数字万用表

数字万用表的用途与指针式万用表类似，数字式万用表的表头为数字电压表，它用液晶数字显示测量的结果，工作可靠，直接显示数字及单位。其读数具有客观性和直观性，并且具有量程自动转换、价格低、使用方便、功耗小、体积小、准确度高等特点，应用十分广泛。

数字万用表的外形图如图 1-2-2 所示。

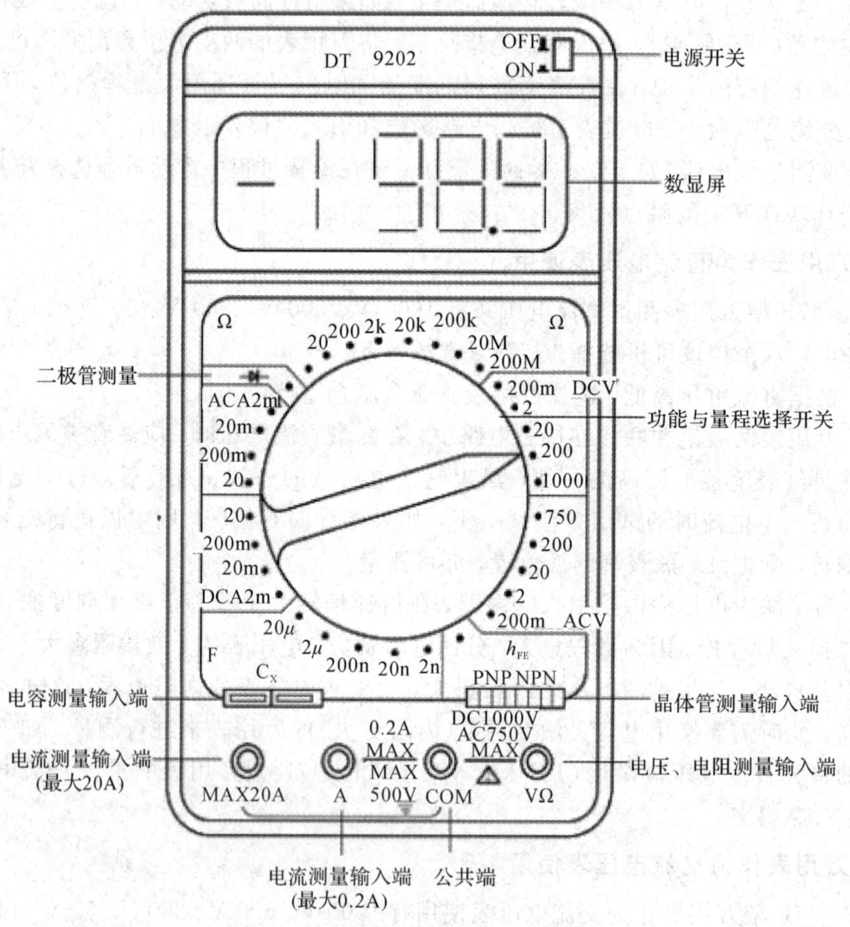

图 1-2-2 数字万用表的外形图

1. 电压的测量

电压测量的步骤如下：

(1) 黑表笔接“COM”插孔，红表笔接“VΩ”插孔。

(2) 将功能开关转至“V”挡，如果被测电压大小未知，则应选择最大量程，再逐步减小，直至获得分辨率最高的读数。

(3) 测量直流电压时，使“DC/AC”键弹起置 DC 测量方式；测量交流电压时，使

“DC/AC”键按下置 AC 测量方式。

(4) 将测试表笔可靠接触测试点，屏幕即显示被测电压值；测量直流电压时，显示为红表笔所接的点的电压与极性。

注意：

① 如显示“1”或“OL”，表明已超过量程范围，须将量程开关转至高一挡。

② 测量电压不应超过 1000 V 直流和 750 V 交流。转换功能和量程时，表笔要离开测试点。

③ 当测量高电压时，千万注意避免触及高压电路。

2. 电流的测量

电流测量的步骤如下：

(1) 将黑表笔插入“COM”插孔，红表笔插入“MAX20A”插孔。

(2) 将功能开关转至“A”挡，如果被测电流大小未知，应选择最大量程，再逐步减小，直至获得分辨率最高的读数。

(3) 测量直流电流时，使“DC/AC”键弹起置 DC 测量方式；测量交流电流时，使“DC/AC”键按下置 AC 测量方式。

(4) 将仪表的红表笔串联接入被测电路上，屏幕即显示被测电流值；测量直流电流时，显示为红表笔所接的点的电流与极性。

注意：

① 如显示：“1”或“OL”，表明已超过量程范围，须将量程开关转至高一挡。

② 测量电流时，“mA”孔不应超过 200 mA，“20 A”孔不应超过 20 A(测试时间小于 10 秒)。

③ 转换功能和量程时，表笔要离开测试点。

3. 电阻的测量

电阻测量的步骤如下：

(1) 将黑表笔插入“COM”插孔，红表笔插入“VΩ”插孔。

(2) 将量程开关转至相应的电阻挡量程上，将表笔跨接在被测电阻上。

注意：

① 如果电阻值超过所选的量程值，则会显示“1”或“OL”，这时应将开关转高一挡；当输入端开路时将显示过载情形。

② 测量在线电阻时，要确认被测电路所有电源已关断而所有电容都已完全放电时才可进行。

③ 请勿在电阻量程输入电压。

④ 当测量电阻值超过 1 MΩ 时，读数需几秒时间才能稳定，这在测量高电阻时是正常的。

4. 电容的测量

将量程开关置于相应之电容量程上，将测试电容插入 “mA”及“COM”插孔。必要时注意极性。

注意：

① 如被测电容超过所选量程之最大值，显示器将只显示“1”或“OL”，此时则应将开关转高一挡。

② 在测试电容之前，屏幕显示可能尚有残留读数，属正常现象，它不会影响测量结果。

③ 大电容挡测量严重漏电或击穿电容时，将显示一数字值且不稳定。

④ 请在测试电容容量之前对电容进行充分放电，以防止损坏仪表，且严禁在此挡输入电压。

5. 电感的测量

将量程开关置于相应之电感量程上，被测电感插入"mA"及"COM"插孔。

注意：

① 如被测电感超过所选量程之最大值，显示器将只显示"1"或"OL"，此时则应将开关转高一挡。

② 同一电感量存在不同阻抗时测得的电感值不同。

③ 在使用 2 mH 量程时，应先将表笔短路，测得引线电感值，然后在实测中减去此值。

④ 严禁在此挡输入电压。

1.2.2 电阻、电感、电容元件的特性

（一）电阻元件

1. 电阻元件的定义

电阻元件通常也称为电阻，是一个为电流提供通路的电子器件。电阻元件的基本特征是消耗能量，其基本参量是电阻值(R)，单位为欧姆(Ω)、千欧(kΩ)和兆欧(MΩ)，它们之间的换算关系是：

$$1\ \Omega = 10^{-3}\ \text{k}\Omega = 10^{-6}\ \text{M}\Omega$$

电阻没有正、负极性，这与电源不同，因此它在电路中可以任意连接。电阻的文字符号是"R"，电路图形符号为"—▭—"。

2. 电阻元件的伏安特性及功率

元件电压与电流的关系曲线叫作元件的伏安特性。若电阻值不随其上电压或电流的数值而变化，则称为线性电阻，其伏安特性是一条通过坐标原点的直线，如图 1-2-3(a)所示，其符号如图 1-2-3(b)所示。线性电阻、电压与电流之间的关系服从欧姆定律，这是其特性所决定的，通常称为元件的特性约束。当电压、电流符合关联方向时，欧姆定律可表示为

$$U = IR$$

其中，R 是一个与电压和电流均无关的常数，称为元件的电阻。

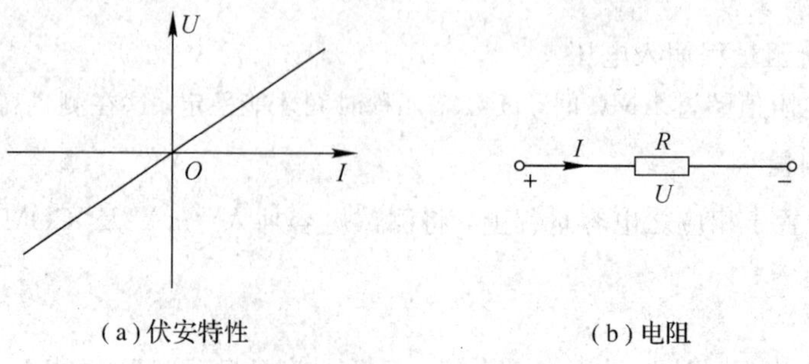

(a)伏安特性　　(b)电阻

图 1-2-3　线性电阻及伏安特性

电阻的倒数叫作电导，用 G 表示。在 SI 中，电导的单位是西门子，简称西(S)，用电导表征电阻时，欧姆定律可写成

$$I=GU$$

如果电阻的端电压和电流为非关联方向，则欧姆定律应写为

$$U=-IR \quad 或 \quad I=-GU$$

严格地说，线性电阻是不存在的，但绝大多数电阻在一定的工作范围内都非常接近线性电阻的条件，因此可用线性电阻作为它们的模型。

无论是在关联或非关联参考方向下，电阻元件消耗的功率都为

$$P=\pm UI=I^2R=\frac{U^2}{R}$$

由于电阻 R 为正实常数，故功率 P 恒为正值，这是其耗能性质的真实体现。

(二) 电容元件

1. 电容元件的定义

电容元件简称电容，是最常见的电子元器件之一，它具有储存一定电荷的能力。在两个平行金属板中间夹上一层绝缘物质就组成了一个最简单的电容，叫作平行板电容。这两个金属板叫作电容的两个极，中间的绝缘物质叫作介质。

电容是表示电容容纳电荷本领的物理量。在国际单位制里，电容的单位有法[拉](F)、微法(μF)、纳法(nF)和皮法(pF)。它们之间的换算关系是：

$$1\ \mathrm{F}=10^6\ \mu\mathrm{F}=10^9\ \mathrm{nF}=10^{12}\ \mathrm{pF}$$

注意：许多电路板中以 uF 代替 μF。

电容种类很多，按其是否有极性来分，可分为无极性电容和有极性电容两大类。电容的符号为“C”，图形符号分别为“—||—”和“—||$^+$—”(极性电容)。

2. 电容元件的伏安特性及功率

如图 1－2－4 所示电容元件电路，电容元件 C 两端加上交流电压时，电容中就将有电流流过。

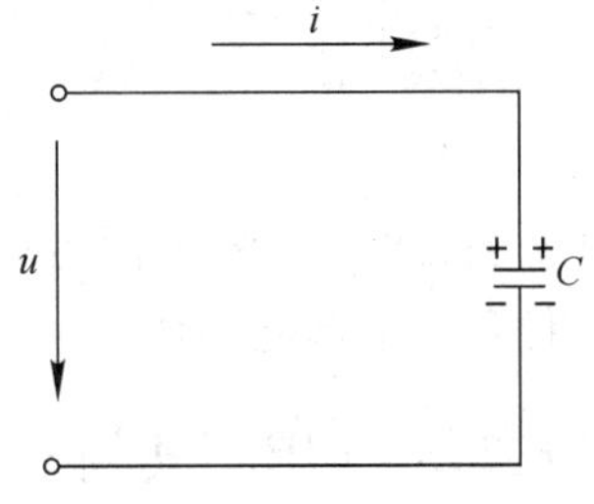

图 1－2－4　电容元件电路

当电压 u 和电流 i 的参考方向一致时，

$$i=\frac{\mathrm{d}q}{\mathrm{d}t}=C\frac{\mathrm{d}u}{\mathrm{d}t}$$

上式说明，只有当电容元件两端的电压发生变化时，电路中才有电流流过，电压的变化越快，电流越大。当电容元件两端加直流电压 U 时，$\mathrm{d}U/\mathrm{d}t=0$，电容元件对于直流电路相当于断路，即电容有隔断直流的作用，并且电容两端的电压不能跃变。

当电压 u 和电流 i 的参考方向一致时，电容元件的功率为

$$P=ui=Cu\frac{\mathrm{d}u}{\mathrm{d}t}$$

当电压为直流电压 U 时，

$$W_C=\frac{1}{2}CU^2$$

上式说明，电容元件在某时刻储存的能量与所加外电压的平方成正比。电容元件是一

个储能元件。

(三) 电感元件

1. 电感元件的定义

电感元件一般简称电感。随着流过电感线圈的电流的变化，线圈内部会感应出某个方向的电压以反映通过线圈的电流变化。电感的基本单位是亨(H)。一般情况下，电路中的电感值很小，可用 mH(毫亨)、μH(微亨)表示，它们之间的换算关系是：

$$1\ \mathrm{H}=10^3\ \mathrm{mH}=10^6\ \mu\mathrm{H}$$

电感线圈的文字符号是“L”，图形符号是“⌒⌒⌒”。

注意： 许多电路板中以 uH 代替 μH。

2. 电感元件的伏安特性及功率

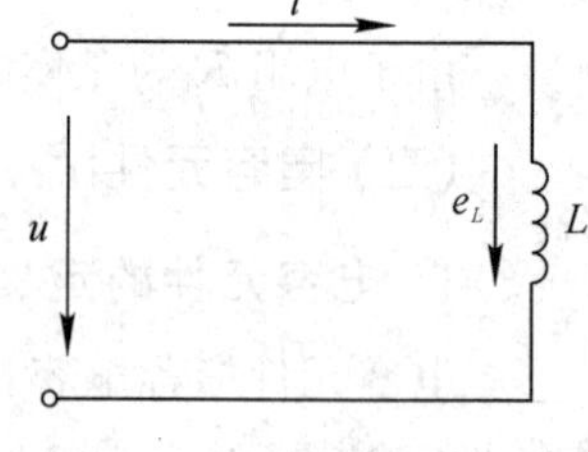

图 1-2-5 电感元件电路

如图 1-2-5 所示电感元件电路，当线圈中通以电流后，在线圈周围产生磁场。当电流变化时，磁场也随着变化，并在线圈中产生自感电动势 e_L。因此，

$$u=-e_L=L\frac{\mathrm{d}i}{\mathrm{d}t}$$

这里，自感电动势指的是阻碍电流的电压，因此式中加了个负号。

上式说明：电感元件两端的电压与它的电流对时间的变化率成正比。其中 L 称为电感，是表征电感元件特性的参数。当电感元件通入直流电流 I 时，$\mathrm{d}I/\mathrm{d}t=0$，电感元件在直流电路中相当于短路，并且电感元件的电流不能跃变。

当电压 u 和电流 i 的参考方向一致时，电感元件的功率为

$$P=ui=Li\frac{\mathrm{d}i}{\mathrm{d}t}$$

当电压为直流电压 U 时，

$$W_L=\frac{1}{2}LI^2$$

上式说明，电感元件在某时刻储存的能量与该时刻流过元件的电流的平方成正比。电感元件是一个储能元件。

1.2.3 电阻、电感、电容元件的识别与检测

(一) 电阻的识别与检测

1. 电阻的分类与命名

电阻的种类繁多，通常分为固定电阻、可变电阻和特种(敏感、熔断等)电阻三大类。固定电阻可按电阻体材料、结构形状、引出线及用途等分为多个种类，如图 1-2-6 所示；电阻的常见外形如图 1-2-7 所示，其字母代号为 R(一般电路图中，由于 R 既表示电阻器，又表示该电阻的电阻值，要参与数值运算，故用斜体 R 表示。下面讲述的电容 C、电感 L 类同)。电阻的种类虽然很多，但常用的主要有 RT 型碳膜电阻、RJ 型金属膜电阻、RX 型线绕电阻和片状电阻，其中 RT 型电阻中以色环电阻占据主流地位，其底色并不很一致；RX 型线绕电阻外表多为黑色被釉线，线绕电阻则多为深绿色或浅绿色；片状电阻外表一般都

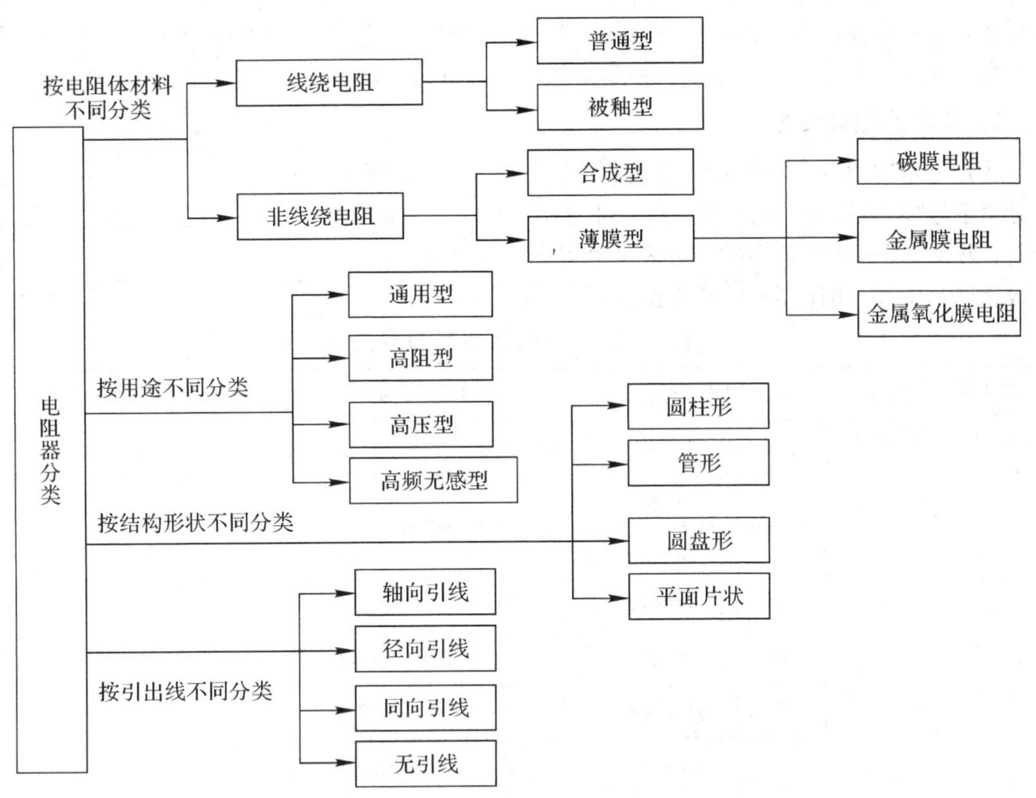

图 1-2-6　电阻的分类

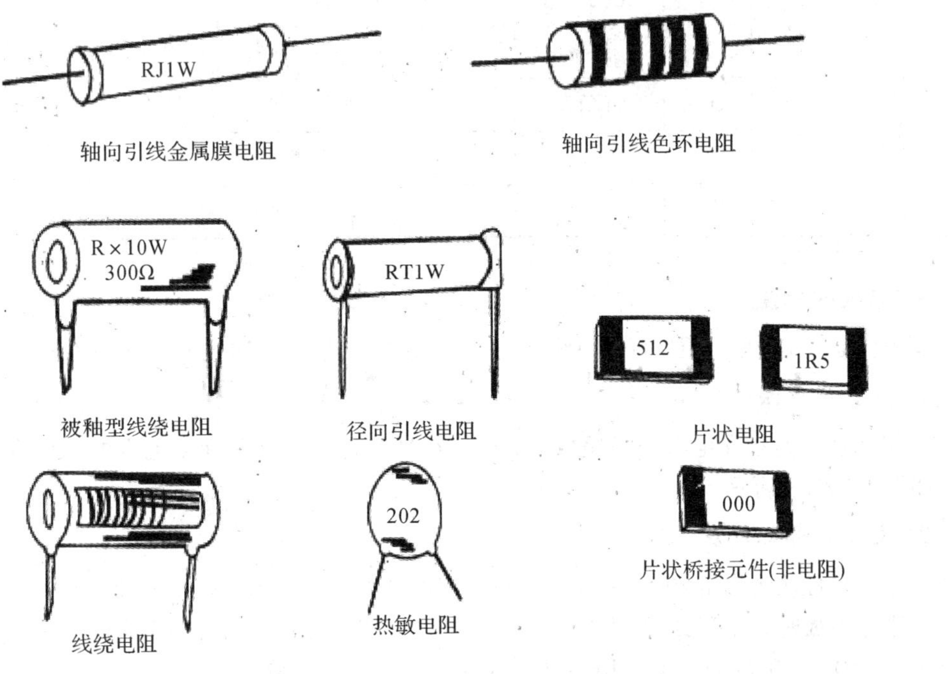

图 1-2-7　电阻的常见外形

为黑色，且上面标注有代表阻值的数字；若不为黑色且标注为 0 或 000 或根本无标注，那么这种片状元件并非电阻，而是一种用于代替连接导线、阻值为 0 的“桥接元件”。

2. 电阻的型号命名

固定电阻的命名由四部分组成，如图 1-2-8 所示。第 1 部分用字母“R”表示电阻的主称，第 2 部分用字母表示电阻的材料，第 3 部分通常用数字或字母表示电阻的分类，第 4 部分用数字表示序号。电阻型号的意义见表1-2-1。

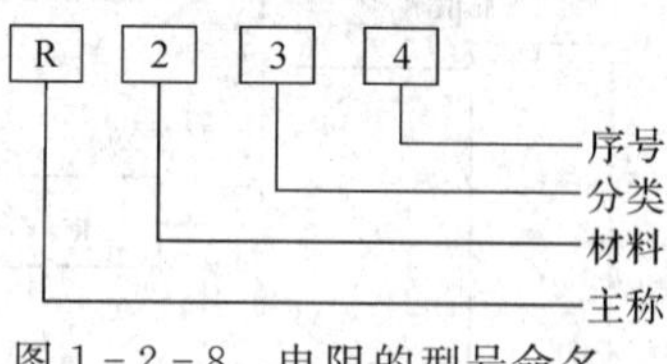

图 1-2-8　电阻的型号命名

表 1-2-1　电阻型号的意义

第 1 部分(主称)		第 2 部分(材料)		第 3 部分(类别)		第 4 部分(序号)
字母	意义	字母	意义	字母或数字	意义	用数字表示
R	固定电阻	T	碳膜	1	普通型	常用个位数或无数字表示
		P	硼碳膜	2	普通型	
		U	硅碳膜	3	超高频	
		H	合成膜	4	高阻型	
		I	玻璃釉膜	5	高阻型	
		J	金属膜	6	精密型	
		Y	氧化膜	7	精密型	
		S	有机实芯	8	高压型	
		N	无机实芯	9	特殊型	
		X	线绕	G	高功率	
		C	沉积膜	T	可调	
				W	微调	
				D	多圈	

3. 电阻的标注

国家标准规定的电阻阻值标注方法有三种：直接标注法、文字符号标注法和色环标注法。

1）直接标注法

直接标注法是指在电阻表面用数字、单位符号和百分数直接标出电阻的阻值和允许误差，如图 1-2-9 所示。

2）文字符号标注法

文字符号标注法是用数字、单位符号按一定的规律组合表示电阻的阻值，如图 1-2-10 所示。遇有小数时，常以 Ω、k、M 取代小数点，如 5Ω1 表示 5.1Ω，4k3 表示 4.3 kΩ，9M1 表示 9.1 MΩ。电阻的允许误差用字母表示：J 表示 5%，K 表示 10%，M 表示 20%等。

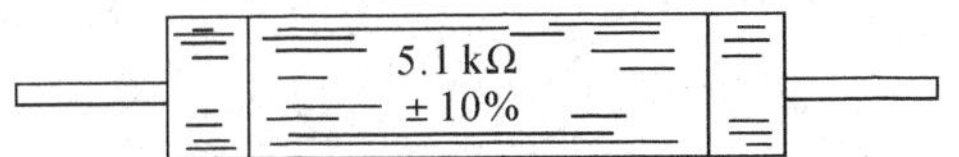

图 1-2-9　电阻阻值直接标注法

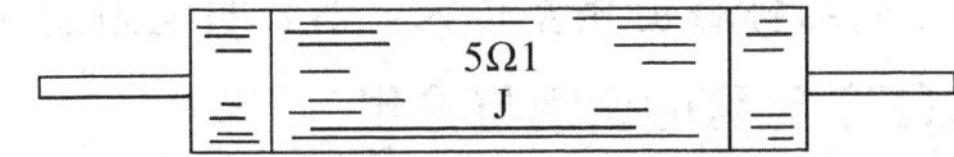

图 1-2-10　电阻阻值文字符号标注法

2 W 以下的小功率电阻，电阻材料通常不标出。对于普通碳膜和金属膜电阻，通过外表颜色可以判定电阻材料。通常碳膜电阻涂绿色或棕色，金属膜电阻涂红色或棕色。2 W 以上功率的电阻，大部分在电阻体上以符号标出，符号含义见表 1-2-2。

表 1-2-2　电阻材料与字母的对应关系

符号	T	J	X	H	Y	C	S	I	N
材料	碳膜	金属膜	线绕	合成膜	氧化膜	沉积膜	有机实芯	玻璃釉膜	无机实芯

3）色环标注法

小功率电阻较多使用色环标注法。色环标注法使用颜色环表示电阻的阻值和允许误差，用不同的颜色代表不同的数值。色环标注的电阻颜色醒目、标志清晰、不易褪色，从每个方向都能看清电阻的阻值和允许误差，这给安装、调试和维修带来极大方便，已被广泛采用。普通电阻采用四色环表示法，精密电阻采用五色环表示法，如图 1-2-11 和图1-2-12所示。

颜色	第一色环 第一位数	第二色环 第二位数	第三色环 倍率	第四色环 误差
黑	0	0	10^0	
棕	1	1	10^1	
红	2	2	10^2	
橙	3	3	10^3	
黄	4	4	10^4	
绿	5	5	10^5	
蓝	6	6	10^6	
紫	7	7	10^7	
灰	8	8	10^8	
白	9	9	10^9	
金			10^{-1}	±5%
银			10^{-2}	±10%

图 1-2-11　普通电阻色环标注法

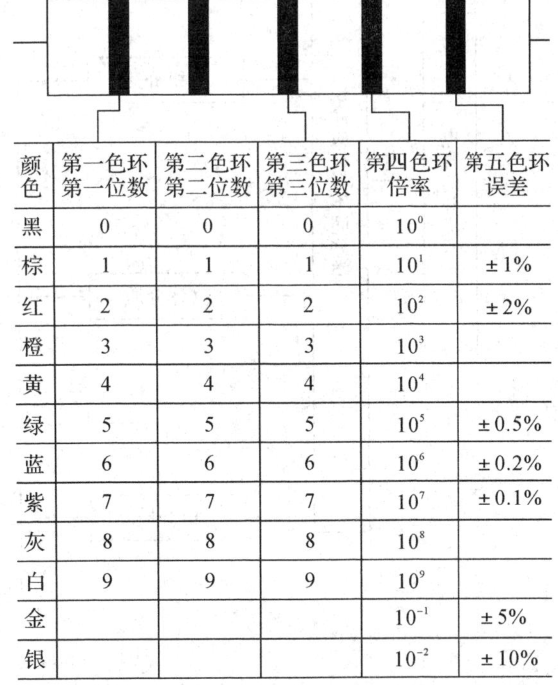

颜色	第一色环 第一位数	第二色环 第二位数	第三色环 第三位数	第四色环 倍率	第五色环 误差
黑	0	0	0	10^0	
棕	1	1	1	10^1	±1%
红	2	2	2	10^2	±2%
橙	3	3	3	10^3	
黄	4	4	4	10^4	
绿	5	5	5	10^5	±0.5%
蓝	6	6	6	10^6	±0.2%
紫	7	7	7	10^7	±0.1%
灰	8	8	8	10^8	
白	9	9	9	10^9	
金				10^{-1}	±5%
银				10^{-2}	±10%

图 1-2-12　精密电阻色环标注法

4. 电阻的检测

(1) 看电阻引线有无折断及外壳烧焦现象。

(2) 电阻的好坏可用万用表检查：将万用表置于相应的“Ω”挡位置，调零后用表笔分别接电阻两端，即可测量其阻值。若任何挡位测量电阻时均为无穷大，则表明电阻开路，即已损坏。若与标称值相差很大，则表明电阻变质。

（二）电容的识别与检测

1. 电容的分类与命名

1）电容的分类

电容种类很多，按其是否有极性来分，可分为无极性电容和有极性电容两大类。常见无极性电容有纸介电容、油浸纸介密封电容、金属化纸介电容、云母电容、有机薄膜电容、玻璃釉电容、陶瓷电容等，如图 1－2－13 所示。

有极性电容的内部构造比无极性电容复杂，此类电容如按正极的材料不同来划分，可分为铝电解电容及钽（或铌）电解电容。由于此类电容的两条引线分别引出电容的正极和负极，因此在电路中不能接错，在电路符号中也有明确的标志。

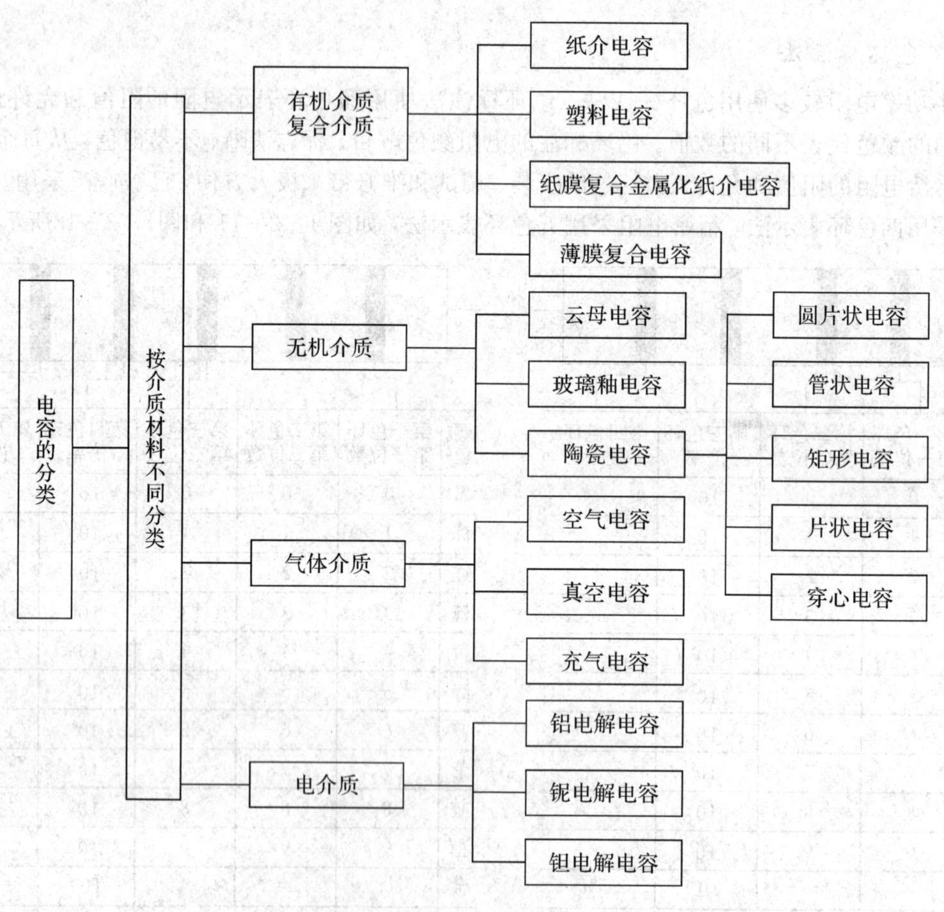

图 1－2－13 电容的分类

2）电容的命名

国产电容的型号一般由四部分组成（不适用于压敏电容、可变电容和真空电容），如图 1－2－14 所示。电容型号中字母与数字从左至右依次代表名称、材料、分类和序号。第 1 部分用字母“C”表示电容的主称，第 2 部分用字母表示电容的介质材料，第 3 部分用字母或数字表示电容的分类，第 4 部分用数字表示序号。在电容型号中，第 2 部分介质材料字母代号的意义见表1-2-3。第3部分类别代号的意义见表1-2-4。

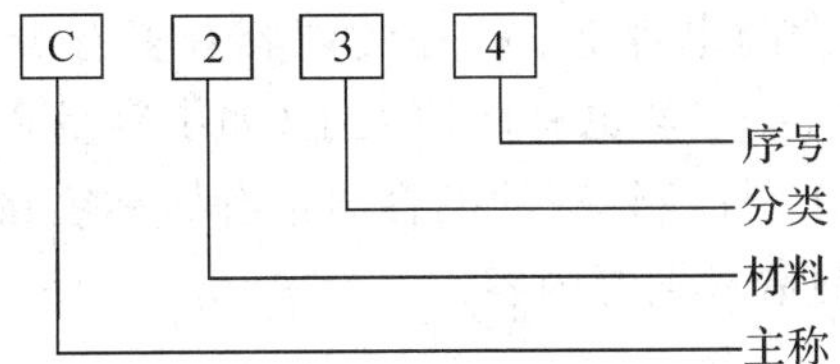

图1-2-14　电容的型号命名

表1-2-3　电容型号中介质材料字母代号的意义

字母	电容介纸材料	字母	电容介纸材料
A	钽电解	L	聚酯等极性有机薄膜
B	聚苯乙烯等非极性有机薄膜	M	铌电解
C	高频陶瓷	O	玻璃膜
D	铝电解	Q	漆膜
E	其他材料电解	T	低频陶瓷
G	合金电解	V	云母纸
H	纸膜复合	Y	云母
I	玻璃釉	Z	纸介
J	金属化纸		

表1-2-4　电容型号中类别代号的意义

代号	瓷介电容	云母电容	有机电容	电解电容	代号	瓷介电容	云母电容	有机电容	电解电容
1	圆形	非密封	非密封	箔式	7				
2	管形	密封	非密封	箔式	8	高压	高压	高压	
3	叠片	密封	密封	烧结粉，固体	9			特殊	特殊
4	独石		密封	烧结粉，固体	G	高功率			
5	穿心		穿心		T	叠片式			
6	支柱形等				W	微调电容			

2. 电容的标志识别

电容的标志方法主要有直标法、文字符号法和色标法三种，下面分别予以介绍。

1）直标法

直标法主要用在体积较大的电容上。标注的内容有多有少，但一般标称容量、额定电压及允许偏差三项参数必标注，当然也有体积太小（如小容量瓷介电容等）的电容仅标容量一项（往往连 pF 单位也省略）。标注较齐的电容通常有标称容量、额定电压、允许偏差、电容型号、商标、工作温度及制造日期等内容。

2）文字符号法。

文字符号法采用字母或数字或两者结合的方法来标注电容的主要参数。其中容量有两种标注法：一是用数字和字母结合。如 10p 代表 10 pF，4.7μc 或 4.7u 代表 4.7 μF，8n2 代表 8200 pF 等。其特点是省略 F 以及小数点往往用 p、n、μ（或 u）、m 代替，与电阻标注中的 R、k 等相似。二是用 3 位数字表示，其中第一、二位为有效数字位，表示容量值的有效数，第三位为倍率，表示有效数字后的零的个数，电容量的单位为 pF。如 203 表示容量 20×10^3 pF＝0.02 μF，102 表示容量为 10×10^2 pF＝1000 pF 等。此法与电阻三位数码标注法相似，此处不再多述。值得指出的是，片状（贴片）电容一般没有标志，这与片状电阻不一样，需查电路图或相关资料手册才能知道其容量。

文字符号法中的容量允许偏差及工作温度的字符代表的意义分别见表 1-2-5 和表 1-2-6。需要注意的是，工作温度中的负温度用字母表示，正温度则用数字表示。例如一个电容标志为 682JD4，则表示电容的容量为 6800 pF±5%，工作温度范围为－55 ℃至＋125 ℃。

表 1-2-5　表示容量允许偏差的字母

字母	允许偏差	字母	允许偏差	字母	允许偏差	字母	允许偏差	字母	允许偏差	字母	允许偏差
Y	±0.001%	D	±0.5%	R	＋100% －10%	P	±0.02%	K	±10%	Z	＋80% －20%
X	±0.002%	F	±1%	T	＋50% －10%	W	±0.05%	M	±20%	不标注	＋不规定 －20%
E	±0.005%	G	±2%	Q	＋30% －10%	B	±0.01%	N	±30%		
L	±0.01%	J	±5%	S	＋50% －20%	C	±0.25%	H	＋100% －0%		

表 1-2-6　表示工作温度的文字符号

符号	A	B	C	D	E	0	1	2	3	4	5	6	7
温度/℃	－10	－25	－40	－55	－65	＋55	＋70	＋85	＋100	＋125	＋155	＋200	＋250

3）色标法

电容的色标法与电阻相似。对于圆片或矩形片状等电容，非引线端部的一环为第一色环，以后依次为第二色环、第三色环。第一色环、第二色环为电容器的有效数值，第三色环为倍乘数，第四色环为允许偏差，第五色环为工作电压。采用色标法的电容单位为 pF。色标电容各环意义参见表 1-2-7。

表 1-2-7　色标电容各环意义

颜色	有效数字	倍率	允许偏差/(%)	工作电压/V	颜色	有效数字	倍率	允许偏差/(%)	工作电压/V
银	—	10^{-2}	±10	—	红	2	10^{2}	±2	10
金	—	10^{-1}	±5	—	橙	3	10^{3}		16
黑	0	10^{0}	—	4	黄	4	10^{4}		25
棕	1	10^{1}	±1	6.3	绿	5	10^{5}	±0.5	32
蓝		10^{6}	±0.25	40	白	9	10^{9}	+50 −20	—
紫		10^{7}	±0.1	50					
灰		10^{8}	—	63	无色	—	—	±20	—

3. 电容的检测

1) 固定电容的检测

(1) 检测 10 pF 以下的小电容。因 10 pF 以下的固定电容容量太小，用万用表进行测量只能定性地检查其是否有漏电、内部短路或击穿现象。测量时，可选用万用表 $R\times10$k 挡，用两表笔分别任意接电容的两个引脚，阻值应为无穷大。若测出阻值(指针向右摆动)为零，则说明电容漏电损坏或内部击穿。

(2) 检测 10 pF～0.01 μF 固定电容是否有充电现象，进而判断其好坏。万用表选用 $R\times1$k 挡。两只三极管的 β 值均为 100 以上，且穿透电流要小。可选用 3DG6 等型号硅三极管组成复合管。万用表的红和黑表笔分别与复合管的发射极 e 和集电极 c 相接。由于复合三极管的放大作用，把被测电容的充放电过程予以放大，使万用表指针摆动幅度加大，从而便于观察。应注意的是：在测试操作时，特别是在测较小容量的电容时，要反复调换被测电容引脚接触 A、B 两点，才能明显地看到万用表指针的摆动。

(2) 对于 0.01 μF 以上的固定电容，可用万用表的 $R\times10$k 挡直接测试电容有无充电过程以及有无内部短路或漏电，并可根据指针向右摆动的幅度大小估计出电容的容量。

2) 电解电容的检测

(1) 因为电解电容的容量较一般固定电容大得多，所以，测量时，应针对不同容量选用合适的量程。根据经验，一般情况下，1～47 μF 间的电容，可用 $R\times1$k 挡测量，大于 47 μF 的电容可用 $R\times100$ 挡测量。

(2) 将万用表红表笔接负极，黑表笔接正极，在刚接触的瞬间，万用表指针即向右偏转较大偏度(对于同一电阻挡，容量越大，摆幅越大)，接着逐渐向左回转，直到停在某一位置。此时的阻值便是电解电容的正向漏电阻，此值略大于反向漏电阻。实际使用经验表明，电解电容的漏电阻一般应在几百 kΩ 以上，否则，将不能正常工作。在测试中，若正向、反向均无充电的现象，即表针不动，则说明容量消失或内部断路；如果所测阻值很小或为零，则说明电容漏电大或已击穿损坏，不能再使用。

(3) 对于正、负极标志不明的电解电容，可利用上述测量漏电阻的方法加以判别。即先任意测一下漏电阻，记住其大小，然后交换表笔再测出一个阻值。两次测量中阻值大的那一次便是正向接法，即黑表笔接的是正极，红表笔接的是负极。

使用万用表电阻挡，采用给电解电容进行正、反向充电的方法，根据指针向右摆动幅度的大小，可估测出电解电容的容量。

3) 可变电容的检测

(1) 用手轻轻旋动转轴，应感觉十分平滑，不应感觉有时松时紧甚至有卡滞现象。将转轴向前、后、上、下、左、右等各个方向推动时，转轴不应有松动的现象。

(2) 用一只手旋动转轴，另一只手轻摸动片组的外缘，不应感觉有任何松脱现象。转轴与动片之间接触不良的可变电容，是不能再继续使用的。

(3) 将万用表置于 $R\times10$k 挡，一只手将两个表笔分别接可变电容的动片和定片的引出端，另一只手将转轴缓缓旋动几个来回，万用表指针都应在无穷大位置不动。在旋动转轴的过程中，如果指针有时指向零，则说明动片和定片之间存在短路点；如果碰到某一角度，万用表读数不为无穷大而是出现一定阻值，则说明可变电容动片与定片之间存在漏电现象。

(三) 电感线圈的识别与检测

1. 电感线圈的分类与命名

电感线圈按使用特性可分为固定线圈和可调线圈两种，按磁芯材料可分为空芯线圈、磁芯线圈和铁芯线圈等，按结构可分为小型固定电感线圈、平面电感线圈及中周线圈。下面介绍几种常用的电感线圈。

1) 电感线圈的分类

(1) 空芯线圈。用导线绕制在纸筒、胶木筒、塑料筒上组成的线圈或绕制后脱胎而成的线圈，由于此类线圈中间不另加介质材料，因此称为空芯线圈。英文字母 L 表示电感线圈。空芯线圈的绕制方法有多种，如密绕法、间绕法、脱胎法以及蜂房式绕制等。

(2) 铁芯线圈。在空芯线圈中插入硅钢片即可组成铁芯线圈。电子管收音机、扩音机电源电路中的电感线圈就是铁芯线圈，人们也称它为低频扼流圈。它的作用是用来阻止残余交流电通过，而让直流电通过。

(3) 磁芯线圈。用导线在磁芯、磁环上绕制成线圈或者在空芯线圈中插入磁芯组成的线圈均称为磁芯线圈。早期的收音机电路中的高频扼流圈(GZL)就选用了磁芯线圈，它的作用是阻止高频信号通过，而让音频信号和直流电通过，使耳机发出声音。

(4) 可调磁芯线圈。在空线圈中旋入可调的磁芯即可组成可调磁芯线圈，在电视机中频调谐电路中就采用这种可调磁心线圈，当旋动磁芯时可微调线圈的电感量。可调磁芯线圈用以调整电视机中频的频率范围。

(5) 色码电感线圈。色码电感器是具有固定电感量的电感器，其电感量标志方法同电阻一样，即可以色环来标记。

2) 电感线圈的命名

电阻和电容都是标准元件，而电感线圈除少数可采用现成产品外，通常为非标准元件，需根据电路要求自行设计、制作。国产电容的型号一般由 4 部分组成，如图 1-2-15 所示。第 1 部分用字母表示电感线圈的主称，“L”为电感线圈，“ZL”为阻流圈；第 2 部分用字母表示电感线圈的特征，如“G”为高频；第 3 部分用字母表示电感线圈的类型，如“X”表示小型；第 4 部分用字母表示区别代号序号。

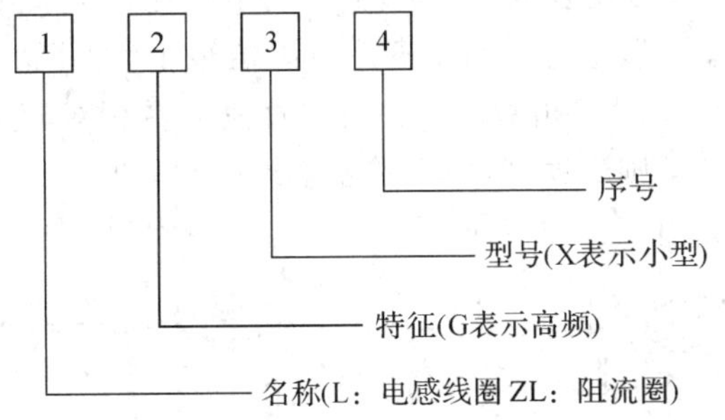

图 1-2-15　电感线圈的命名

2. 电感线圈的标志识别

1）直标法

电感量由数字和单位组成，直接标在外壳上。如图 1-2-16 所示。其中，$L=22\ \mu H$，$I=50\ mA$，允许误差为±5%。

2）色码表示法

(1) 色环表示法：色环法如图 1-2-17 所示，第一、二环表示两位有效数字，第三环表示倍乘数，第四环表示允许偏差，各色环颜色的含义与色环电阻相同，单位为 μH。

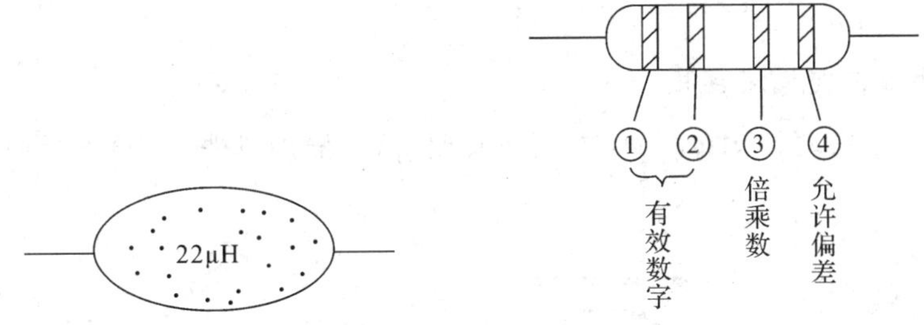

图 1-2-16　电感线圈的直标法　　图 1-2-17　电感线圈的色环法

(2) 色点表示法：用色点作标志和电阻色环标志类似，但顺序相反，单位为 μH，如图 1-2-18 所示。色点标志的前 2 点为有效数字，第 3 点为倍率，如图 1-2-18 所示。

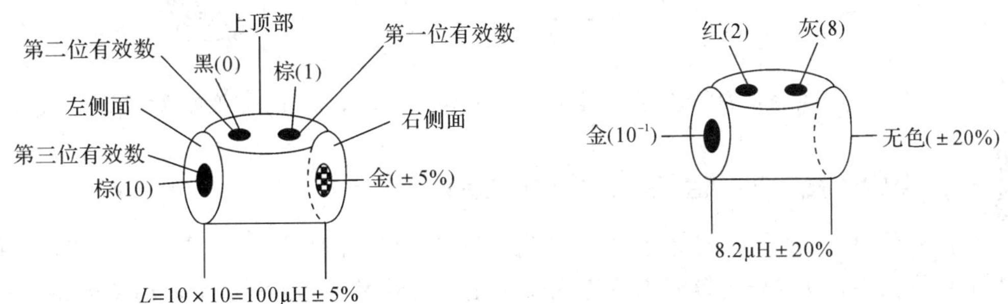

图 1-2-18　电感线圈的色点法

3. 电感线圈的检测

1）检查电感线圈的通断情况

（1）外观检查。看线圈引线是否断裂、脱焊，绝缘材料是否烧焦和表面是否破损等。

（2）欧姆测量。通过用万用表测量线圈阻值来判断其好坏，即检测电感器是否有短路、断路或绝缘不良等情况。一般电感线圈的直流电阻值很小（为零点几欧至几欧），由于低频扼流圈的电感量大，其线圈圈数相对较多，因此直流电阻相对较大（约为几百至几千欧）。如果测得线圈电阻无穷大，则表明线圈内部或引出端已断线。如果表针指示为零，则说明电感器内部短路。具体如图 1-2-19 所示。

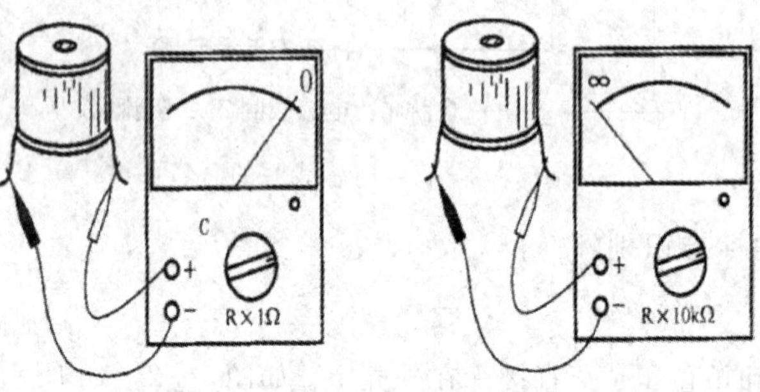

图 1-2-19　电感线圈的通断情况检测

2）检查绝缘情况

对于低频阻流圈，应检查线圈和铁芯之间的绝缘电阻，即测量线圈引线与铁芯或金属屏蔽罩之间的电阻，阻值应为无穷大，否则说明该电感器绝缘不良。具体如图 1-2-20 所示。

3）检查磁心可变电感线圈

可变磁心应不松动、未断裂，应能用无感改锥（一般用骨头自制）进行伸缩调整。如图 1-2-21 所示。

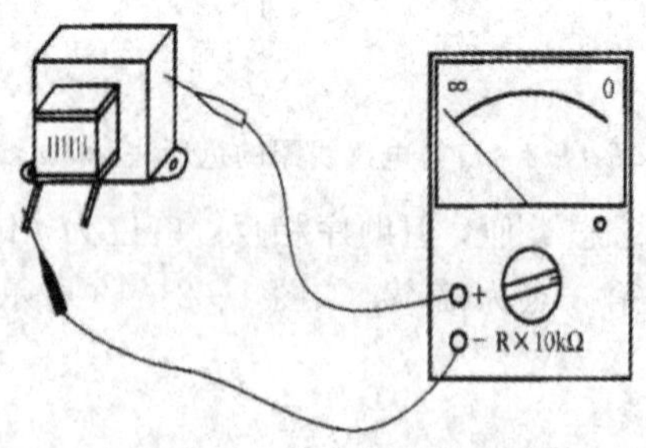

图 1-2-20　电感线圈的绝缘情况检测

图 1-2-21　磁心可变电感线圈的检测

知识扩展——贴片元件的识别

贴片元件由于体积小、自感系数小、安装容易（底板不需打孔），因而被广泛采用。但也正由于其体积小，故型号或数值不可能完全标出，只能用代码表示。下面简要介绍几种贴片元件的识别方法。

1. 贴片电阻

贴片电阻有长方形和圆柱形两种(见图 1-2-22)。长方形贴片电阻的阻值标注在表面，通常用三位数来表示。其中左边第 1 个数表示阻值的第一位有效值；第 2 个数表示阻值的第二位有效值；第 3 个数代表阻值的倍率，单位为欧姆。如图中标注的"223"，即表示 $22\times10^3=22000\ \Omega=22\ k\Omega$。又如 221 表示 $22\times10^1=22\times10=220\ \Omega$，而 220 表示 $22\times10^0=22\times1=22\ \Omega$。当阻值小于 10 Ω 时，将 R 看成小数点，例如 2R2 表示 2.2 Ω，5R6 表示 5.6 Ω，R22 表示 0.22 Ω 等。

圆柱形贴片电阻是在表面金属膜上刻螺纹槽来确定电阻值大小的，再涂上耐热漆和色环密封制成，其色环标志方法与含义与带引脚的金属膜电阻一样。

2. 贴片电位器

贴片电位器主要采用玻璃釉作为电阻材料，它有片状的、圆柱形的或其它几种类型，如图 1-2-23 所示。这种贴片电位器阻值范围宽(10 Ω～2 MΩ)，而且外形规整，便于机械化加工、自动化安装及调整。

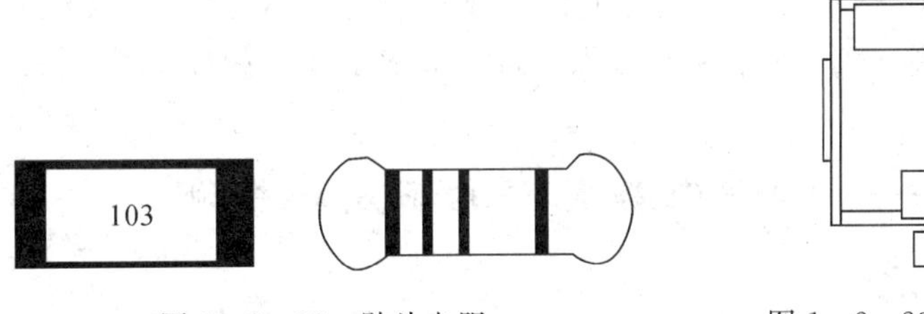

图 1-2-22　贴片电阻　　　　图 1-2-23　贴片电位器

3. 贴片电容

贴片电容的外形与贴片电阻相似，只是贴片电容稍薄(见图1-2-24)。一般贴片电容为白色基体，多数钽电解电容却为黑色基体，其正极端标有白色极性。贴片电容像贴片电阻一样，也有片形和圆柱形两种，其中圆柱形贴片电容酷似贴片柱形电阻，只是贴片电容通体一样粗，而电阻则两头稍粗。

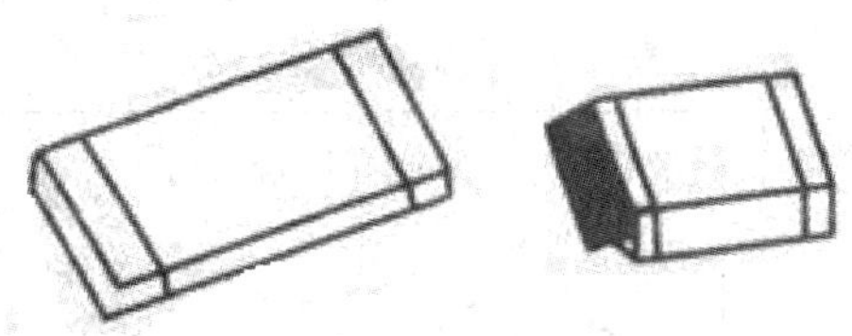

图 1-2-24　贴片电容

贴片陶瓷电容参数命名方法有多种，容量的表示方法与贴片电阻相似，前两位表示有效数，第三位数表示有效数后 0 的个数，单位为 pF。当电容值小于 10 pF 时，将 P 看成小数点，例如 222 表示 2200 pF，2P2 表示 2.2 pF。贴片陶瓷电容耐压情况有低压和中高压两种，低压电容耐压一般有 50 V、100 V 两挡；中高压电容耐压有 200 V、300 V、500 V、1000 V 等多种。另外，贴片陶瓷电容贴装时无正负极朝向要求。

贴片钽电解电容容量从 0.1 μF 至 330 μF 不等，耐压为 4～50 V。其表面印有极性标志，有横标端为正极。容量表示方法与贴片陶瓷电容相同，如 104 表示 10×10^4 pF，即 0.1 μF。

4. 贴片电感

贴片电感(见图 1-2-25)有线绕式及非线绕式(如多层片状电感)两大类，并且有多种结构以满足不同的需要。不同的品种及不同厂家的产品，其型号中的参数也不一样。其主要参数有类型、尺寸、电感量、允差与包装。

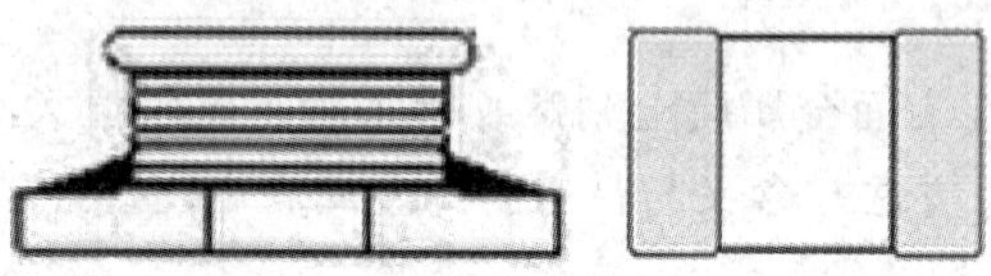

图 1-2-25　贴片电感

电感量及代码采用不同结构和材料的电感器，其电感量的范围是不同的。如多层片状电感，所用材料的代码为 A 的，其电感量为 0.047～1.5 μH；材料代码为 M 的，其电感量为 2.2～100 nH。线绕式电感量范围为 10 nH～10 mH。目前应用的电感量范围主要在 5 nH～1 mH 之间。其中 N 表示 nH，如有小数点时，用 N 表示小数点。如 3N3 表示 3.3 nH。当以 μH 为单位时，R 表示小数点。如 3R3 表示 3.3 μH。

任务实施——常用电路元件的识别与检测

1. 实训目的

(1) 熟悉电阻、电容、电感等常用电路元件的标志识别。

(2) 掌握指针式万用表的正确使用方法，练习使用万用表进行电路元件的简单测试。

2. 实训器材

万用表、电阻、电容、电感等常用电路元件若干。

3. 实训内容及步骤

(1) 根据提供的固定电阻(不少于 20 只)，进行识别与测量，并将结果填入表 1-2-8 中。

表 1-2-8　测量结果

标注方法	标称值或色环读数阻值	万用表量程选择	测量阻值	误差	原因分析	元件合格与否
直标法						

续表

标注方法	标称值或色环读数阻值	万用表量程选择	测量阻值	误差	原因分析	元件合格与否
色环法						

(2) 根据提供的几种类型的电位器，将测量出的电位器阻值的变化规律填入表 1-2-9 中。

表 1-2-9　电位器阻值测量

阻值的变化规律	阻值随转轴角度变化的规律	适用场合
X 型		
Z 型		
D 型		

(3) 根据提供的电容(不少于 10 只)进行识别和测量，并将结果填入表 1-2-10 中。

表 1-2-10　电容测量

电容的类别与标称	万用表的挡位	测试分析	元件合格与否

(4) 根据提供的电感(不少于 10 只)进行识别和测量，并将结果填入表 1-2-11 中。

表 1-2-11　电感测量

电感的类别与标称	万用表的挡位	测试分析	元件合格与否

4. 实训考核标准

实验考核标准见表 1-2-12。

表 1-2-12　实训考核标准

<table>
<tr><th>考核项目</th><th>配分</th><th colspan="4">评 分 标 准</th><th>扣分</th><th>得分</th></tr>
<tr><td rowspan="3">万用表的使用</td><td rowspan="3">20</td><td colspan="4">选错测量挡，选错 1 次扣 2 分</td><td></td><td></td></tr>
<tr><td colspan="4">量程选择偏大、偏小，扣 2 分</td><td></td><td></td></tr>
<tr><td colspan="4">读数误差大，扣 3 分</td><td></td><td></td></tr>
<tr><td rowspan="4">电阻测量</td><td rowspan="4">20</td><td colspan="4">色标判断不熟悉扣 5 分，不会判断扣 10 分</td><td></td><td></td></tr>
<tr><td colspan="4">欧姆挡位选择不合适，扣 3 分</td><td></td><td></td></tr>
<tr><td colspan="4">电阻读数不准确，扣 5 分</td><td></td><td></td></tr>
<tr><td colspan="4">测试分析判断错误，扣 3～5 分</td><td></td><td></td></tr>
<tr><td rowspan="2">电位器检测</td><td rowspan="2">20</td><td colspan="4">测试方法不准确，扣 3～5 分</td><td></td><td></td></tr>
<tr><td colspan="4">测试分析不准确，扣 3～5 分</td><td></td><td></td></tr>
<tr><td rowspan="2">电容检测</td><td rowspan="2">20</td><td colspan="4">标称识读不准确，扣 5 分</td><td></td><td></td></tr>
<tr><td colspan="4">测试分析不准确，扣 3～5 分</td><td></td><td></td></tr>
<tr><td rowspan="2">电感检测</td><td rowspan="2">20</td><td colspan="4">标称识读不准确，扣 5 分</td><td></td><td></td></tr>
<tr><td colspan="4">测试分析不准确，扣 3～5 分</td><td></td><td></td></tr>
<tr><td>安全文明生产</td><td colspan="5">违反安全文明生产规程，扣 5～10 分</td><td></td><td></td></tr>
<tr><td>定额时间 3 h</td><td colspan="5">超时 15 min，酌情扣分</td><td></td><td></td></tr>
<tr><td>备注</td><td colspan="7">除定额时间外，各项目的最高扣分不应超过所分配的分数</td></tr>
<tr><td>开始时间</td><td></td><td>结束时间</td><td></td><td>实际时间</td><td></td><td>总成绩</td><td></td></tr>
</table>

思考与练习

(一) 填空题

1. 常用的电阻有________、________、________、________、________和________等。

2. 电阻的标注方法有________、________、________和________。

3. 电阻的主要参数有________、________和________。

4. 固定电阻的符号是________，可变电阻的符号是______，电阻的单位是______。

5. 电容的主要参数有________、________和________。

6. 电容的一般符号是________，有极性电容的符号是________，微调电容的符号是________，可变电容的符号是________。

7. 电容量的单位是________。

8. 电感元件的符号用字母________表示，单位为________，1 H＝________ mH，1 mH＝________ μH。

9. 电感器按结构形式可分为________和________。

10. 电感器的主要参数有________、________、________和________。

(二) 判断题(以"√""×"分别代表正误)

1. 色环电阻的表示方法是：每一色环代表一位有效数字。(   )

2. 变压器有变换电压和变换阻抗的作用。(   )

3. 二极管和三极管在电路上的作用相同。(   )

4. 电感的单位是用大写字母 L 表示。(   )

5. 电子元件在检验时，只要发现其功能好，外观无关紧要。(   )

6. 发光二极管(LED)通常情况下脚长的为负极，脚短的为正极。(   )

7. 厂方生产的 M－800 型和 ET－1000 型电动胶纸机使用的是直流电。(   )

8. 使用在调谐回路上的电感线圈对 Q 值要求较高。(   )

9. 两根长度相同的铜线，粗的一根电阻值较大。

10. 贴片电容是没有极性的。(   )

(三) 问答题

1. 请写出色环电阻的色环和其相对应的值以及色环电阻误差色环和相对应的值。

2. 使用指针式万用表有哪些注意事项?

3. 电阻的主要参数有哪些?

4. 如何用万用表判断电容的断路、短路等故障?

任务 1.3 直流电路分析

凡是用直流电源供电的电路都是直流电路，如电子电路、汽车电路及我们常见的手电筒、电动自行车等都是直流电路。图 1－3－1 为一个单相照明电路，要提供电能给荧光灯、风扇、电视机、计算机等许多家用电器。请计算通过其中一盏荧光灯的电流、电压、功率等参数。

我们看到该问题显然不能用欧姆定律进行处理。大多数同学觉得似曾相识但无从下手。对于类似电路或是更复杂的电路，必须进一步学习和掌握更多的分析方法和工具，这些新的方法和工具也就是一些新的定理和定律。搞清楚这些定理和定律，任务所代表的一类问题便可迎刃而解。

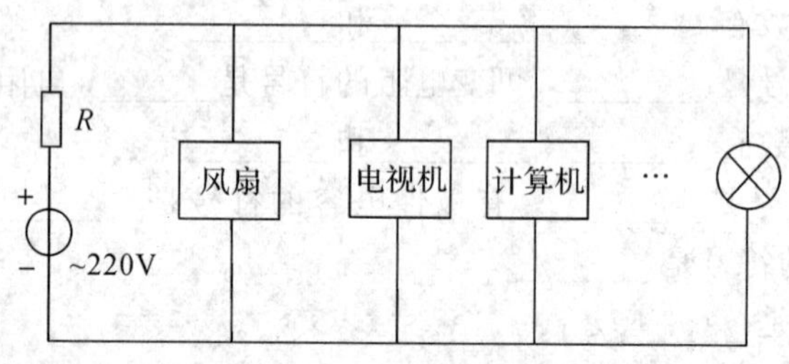

图 1-3-1　单相照明电路

1.3.1　基尔霍夫定律

(一) 基本概念

基尔霍夫定律是电路中电压和电流所遵循的基本规律，是分析计算电路的基础。它包括两方面的内容，其一是基尔霍夫电流定律，简写为 KCL 定律，其二是基尔霍夫电压定律，简写为 KVL 定律。它们与构成电路的元件性质无关，仅与电路的连接方式有关。

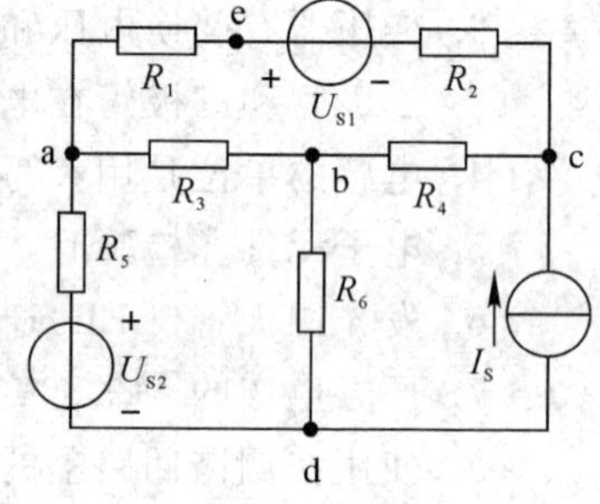

图 1-3-2　电路图

为了叙述问题方便，在具体讨论基尔霍夫定律之前，首先以图 1-3-2 为例，介绍电路模型图中的一些常用术语。

1）支路

将两个或两个以上的二端元件依次连接称为串联。单个电路元件或若干个电路元件的串联，构成电路的一个分支，一个分支上流经的是同一个电流。电路中的每个分支都称作支路。如图 1-3-2 中的 ab、ad、aec、bc、bd、cd 都是支路，其中 aec 是由三个电路元件串联构成的支路，ad 是由两个电路元件串联构成的支路，其余 4 个都是由单个电路元件构成的支路。

2）节点

电路中 3 条或 3 条以上支路的连接点称为节点。如图 1-3-2 中 a、b、c、d 都是节点。

3）回路

电路中的任一闭合路径称为回路。如图 1-3-2 中 abda、bcdb、abcda、aecda、aecba 等都是回路。

4）网孔

平面电路中，如果回路内部不包含其它任何支路，则这样的回路称为网孔。因此，网孔一定是回路，但回路不一定是网孔。如图 1-3-2 中的回路 aecba、abda、bcdb 都是网孔，其余的回路则不是网孔。

连接在同一个节点上的各支路的电流必然受到 KCL 定律的约束；任意一个闭合回路中各元件上的电压，必然受到 KVL 定律的约束。这种约束称为互连约束，亦即元件连接方式的约束。互连约束关系是线性关系。

(二) 基尔霍夫电流定律

基尔霍夫电流定律(KCL 定律)描述了电路中任一节点所连接的各支路电流之间的相互约束关系。KCL 定律指出：对电路中的任一节点，在任一瞬间，流出或流入该节点电流的代数和为零，即

$$\sum i(t) = 0 \tag{1-3-1}$$

在直流的情况下，则有

$$\sum I = 0 \tag{1-3-2}$$

通常把式(1-3-1)和式(1-3-2)称为节点电流方程，简称 KCL 方程。

应当指出：在列写节点电流方程时，各电流变量前的正、负号取决于各电流的参考方向对该节点的关系(是“流入”还是“流出”)；而各电流值的正、负则反映了该电流的实际方向与参考方向的关系(是相同还是相反)。通常规定，对参考方向背离节点的电流取正号，而对参考方向指向节点的电流取负号。

例如，图 1-3-3 所示为某电路中的节点 a，连接在节点 a 的支路共有五条，在所选定的参考方向下有

$$I_1+I_2+I_3-I_4-I_5=0$$

KCL 定律不仅适用于电路中的节点，还可以推广应用于电路中的任一假设的封闭面。即在任一瞬间，通过电路中的任一假设的封闭面的电流的代数和为零。

例如，图 1-3-4 所示为某电路中的一部分，选择封闭面如图中虚线所示，在所选定的参考方向下有

$$I_1+I_2-I_3+I_5-I_6-I_7=0$$

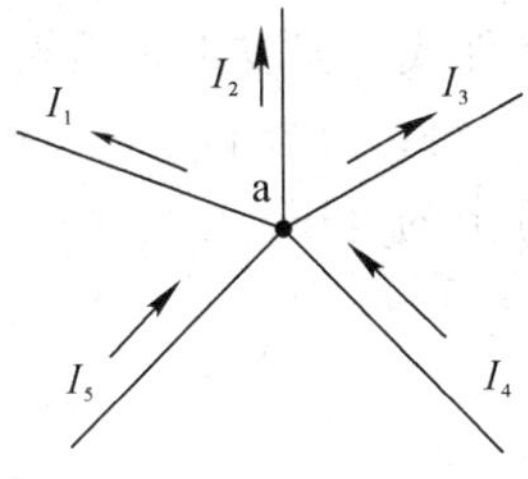

图 1-3-3　KCL 应用

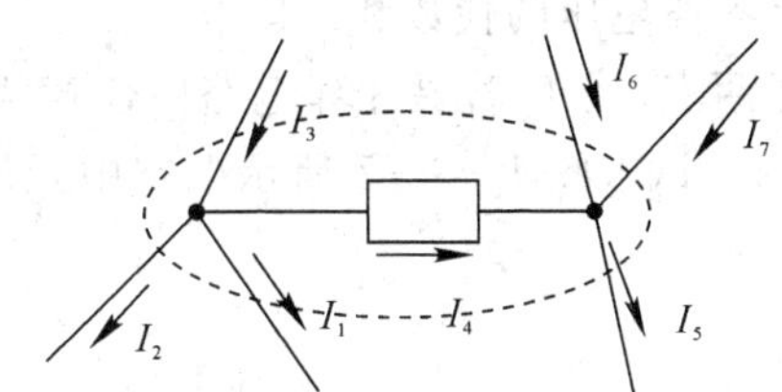

图 1-3-4　KCL 推广应用

(三) 基尔霍夫电压定律

KVL 定律是描述电路中组成任一回路的各支路(或各元件)电压之间的约束关系。KVL 定律指出：对电路中的任一回路，在任一瞬间，沿回路绕行方向，各段电压的代数和为零，即

$$\sum u(t) = 0 \tag{1-3-3}$$

在直流的情况下，则有

$$\sum U = 0 \quad (1-3-4)$$

通常把式(1-3-3)和式(1-3-4)称为回路电压方程，简称 KVL 方程。

应当指出：在列写回路电压方程时，首先要对回路选取一个绕行方向，各电压变量前的正、负号取决于各电压的参考方向与回路绕行方向的关系(是相同还是相反)；而各电压值的正、负则反映了该电压的实际方向与参考方向的关系(是相同还是相反)。通常规定，对参考方向与回路绕行方向相同的电压取正号，同时对参考方向与回路绕行方向相反的电压取负号。回路绕行方向是任意选定的，通常在回路中以虚线表示。

例如，图 1-3-5 所示为某电路中的一个回路 ABCDA，各支路的电压在选择的参考方向下为 U_1、U_2、U_3、U_4，因此，在选定的回路绕行方向下有

$$U_1+U_2-U_3-U_4=0$$

KVL 定律不仅适用于电路中的具体回路，还可以推广应用于电路中的任一假想的回路，即在任一瞬间，沿回路绕行方向，电路中假想的回路中各段电压的代数和为零。

例如，图 1-3-6 所示为某电路中的一部分，路径 a、f、c、b 并未构成回路，选定图中所示的回路绕行方向，对假想的回路 afcba 列写 KVL 方程，有

$$-u_4+u_5-u_{ab}=0$$

则 $u_{ab}=-u_4+u_5$。

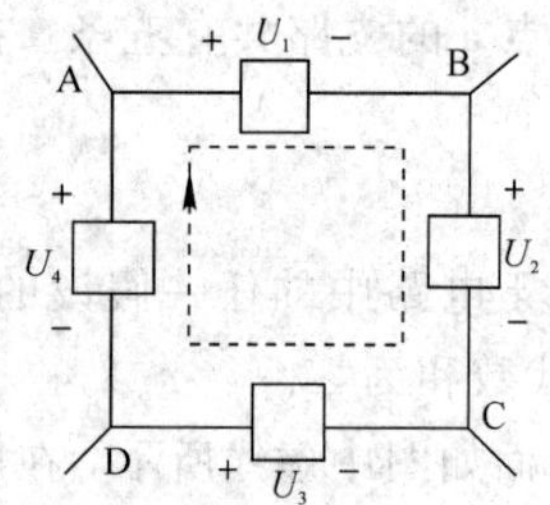

图 1-3-5　KVL 应用

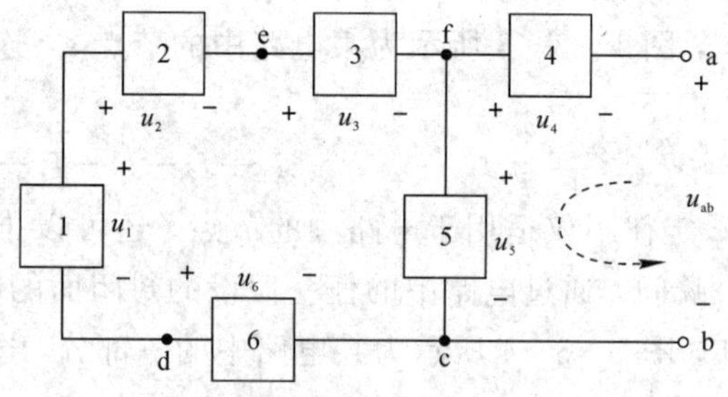

图 1-3-6　KVL 推广应用

由此可见：电路中 a、b 两点的电压 u_{ab} 等于以 a 为出发点，以 b 为终点的绕行方向上的任一路径上各段电压的代数和。其中，a、b 可以是某一元件或一条支路的两端，也可以是电路中任意两点。今后若要计算电路中任意两点间的电压，可以直接利用这一推论。

例 1-4　试求图 1-3-7 所示电路中元件 3、4、5、6 上的电压。

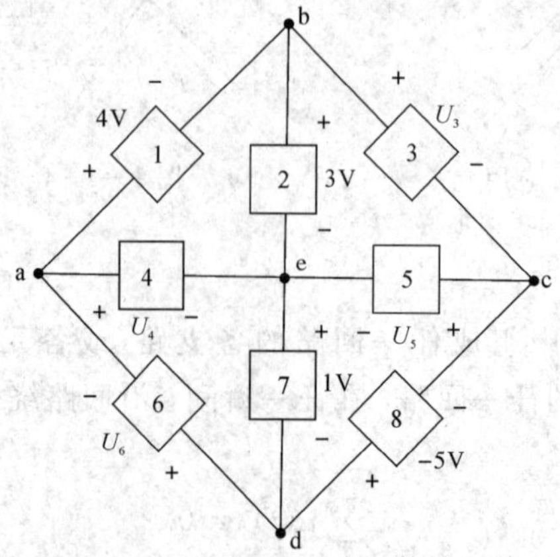

图 1-3-7　例 1-4 电路图

解：在回路 cdec 中，

$$U_5=-U_{ec}=U_{cd}+U_{de}=-U_{dc}-U_{ed}=[-(-5)-1]\ \text{V}=4\ \text{V}$$

在回路 bedcb 中，

$$U_3=-U_{cb}=U_{be}+U_{ed}+U_{dc}=[3+1+(-5)]\ \text{V}=-1\ \text{V}$$

在回路 debad 中，

$$U_6=-U_{ad}=U_{de}+U_{eb}+U_{ba}=[-1-3-4]\ \text{V}=-8\ \text{V}$$

在回路 abea 中，

$$U_4=-U_{ea}=U_{ab}+U_{be}=(4+3)\ \text{V}=7\ \text{V}$$

1.3.2　简单电阻电路的分析

具有两个端钮的部分电路，就称为二端网络，如图 1-3-8 所示。

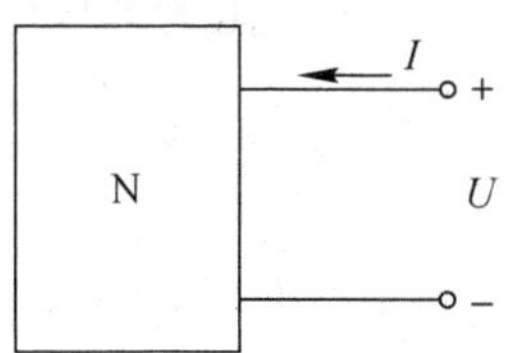

图 1-3-8　二端网络

如果电路结构、元件参数完全不同的两个二端网络具有相同的电压、电流关系即相同的伏安关系，则这两个二端网络称为等效网络。等效网络在电路中可以相互代换。

内部没有独立源的二端网络，称为无源二端网络，它可用一个电阻元件与之等效。这个电阻元件的电阻值称为该网络的等效电阻或输入电阻，也称为总电阻，用 R_i 表示。

(一) 电阻的串联

各电阻元件顺次连接起来，所构成的二端网络称为电阻的串联网络，如图 1-3-9(a) 所示。

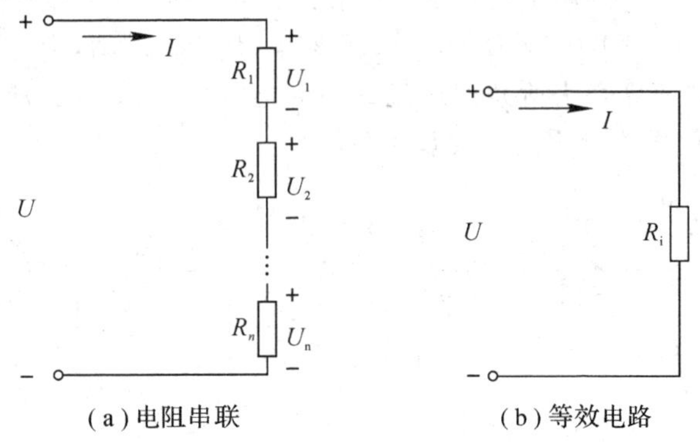

图 1-3-9　电阻串联及等效电路

在图 1-3-9(a)中，根据 KCL 定理可知，串联的各个电阻的电流相等，均等于 I，则由 KVL 定理可得

$$U=U_1+U_2+\cdots+U_n$$

即电阻的串联网络的端口电压等于各电阻上的电压之和。

又由欧姆定律可得

$$U_1=R_1 I,\ U_2=R_2 I,\ \cdots,\ U_n=R_n I$$

于是

$$U=R_1 I+R_2 I+\cdots+R_n I=(R_1+R_2+\cdots+R_n)I$$

图 1-3-9(b)是图 1-3-9(a)的等效网络，根据等效的概念，在图 1-3-9(b)中有 $U=R_iI$，因此，有

$$R_i=R_1+R_2+\cdots+R_n \tag{1-3-5}$$

即电阻的串联网络的等效电阻等于各电阻之和。

串联电阻的等效电阻比每个电阻都大，在端口电压一定时，串联电阻越多，电流则越小，因此串联电阻有限流作用。

串联电阻的电流相等，则各电阻的电压之比等于它们的电阻之比，即

$$U_1 : U_2 : \cdots : U_n=R_1 : R_2 : \cdots : R_n \tag{1-3-6}$$

各电阻的电压与端电压 U 的关系为

$$\left.\begin{aligned} \frac{U_1}{U}&=\frac{R_1I}{R_iI}=\frac{R_1}{R_i}=\frac{R_1}{R_1+R_2+\cdots+R_n} \\ \frac{U_2}{U}&=\frac{R_2I}{R_iI}=\frac{R_2}{R_i}=\frac{R_2}{R_1+R_2+\cdots+R_n} \\ &\vdots \\ \frac{U_n}{U}&=\frac{R_nI}{R_iI}=\frac{R_n}{R_i}=\frac{R_n}{R_1+R_2+\cdots+R_n} \end{aligned}\right\} \tag{1-3-7}$$

即电阻的串联网络的每个电阻的电压与端口电压的比等于该电阻与等效电阻的比，这个比值称为分压比。在端口电压一定时，适当选择串联电阻，可使每个电阻得到所需要的电压，因此串联电阻有分压作用。

同理，串联的每个电阻的功率也与它们的电阻成正比，即

$$P_1 : P_2 : \cdots : P_n=R_1 : R_2 : \cdots : R_n \tag{1-3-8}$$

例 1-5 如图 1-3-10 所示的 C30-V 型磁电系电压表，其表头的内阻 $R_g=29.28\ \Omega$，各挡分压电阻分别为 $R_1=970.72\ \Omega$，$R_2=1.5\ \text{k}\Omega$，$R_3=2.5\ \text{k}\Omega$，$R_4=5\ \text{k}\Omega$；这个电压表的最大量程为 30 V。试计算表头所允许通过的最大电流值 I_{gm}、表头所能测量的最大电压值 U_{gm} 以及扩展后的各量程的电压值 U_1、U_2、U_3、U_4。

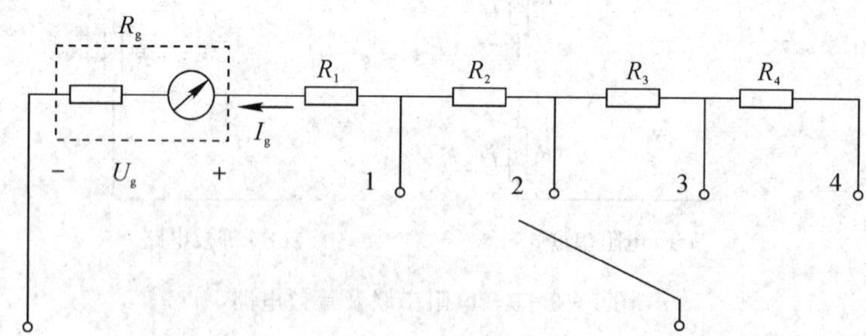

图 1-3-10 C30-V 型磁电系电压表电路图

解： 当开关在“4”挡时，电压表的总电阻 R_i 为

$$\begin{aligned} R_i&=R_g+R_1+R_2+R_3+R_4 \\ &=(29.28+970.72+1500+2500+5000)\ \Omega=10\ 000\ \Omega \\ &=10\ \text{k}\Omega \end{aligned}$$

通过表头的最大电流值 I_{gm} 为

$$I_{gm}=\frac{U_4}{R_i}=\frac{30}{10}\ \text{mA}=3\ \text{mA}$$

当开关在“1”挡时，电压表的量程 U_1 为

$$U_1=(R_g+R_1)I_{gm}=(29.28+970.72)\times 3\ \text{mV}=3\ \text{V}$$

当开关在“2”挡时，电压表的量程 U_2 为

$$U_2=(R_g+R_1+R_2)I_{gm}=(29.28+970.72+1500)\times 3\ \text{mV}=7.5\ \text{V}$$

当开关在“3”挡时，电压表的量程 U_3 为

$$U_3=(R_g+R_1+R_2+R_3)I_{gm}=(29.28+970.72+1500+2500)\times 3\ \text{mV}=15\ \text{V}$$

表头所能测量的最大电压 U_{gm} 为

$$U_{gm}=R_g I_{gm}=29.28\times 3\ \text{mV}=87.84\ \text{mV}$$

由此可见，直接利用表头测量电压时，它只能测量 87.84 mV 以下的电压，而串联了分压电阻 R_1、R_2、R_3、R_4 后，它就有 3 V、7.5 V、15 V、30 V 四个量程，实现了电压表的量程扩展。

(二) 电阻的并联

各电阻元件的两端钮分别连接起来所构成的二端网络称为电阻的并联网络，如图 1-3-11(a)所示。

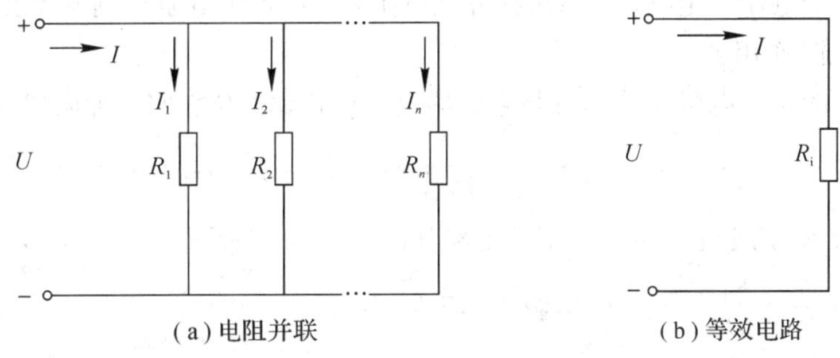

图 1-3-11　电阻并联及等效电路

在图 1-3-11(a)中，根据 KVL 定理可知，并联的各个电阻的电压相等，均等于 U，则由 KCL 定理可得

$$I=I_1+I_2+\cdots+I_n$$

即电阻的并联网络的端电流等于各电阻电流之和。

又由欧姆定律可得

$$I_1=\frac{U}{R_1},\ I_2=\frac{U}{R_2},\ \cdots,\ I_n=\frac{U}{R_n}$$

于是

$$I=I_1+I_2+\cdots+I_n=\frac{U}{R_1}+\frac{U}{R_2}+\cdots+\frac{U}{R_n}=(\frac{1}{R_1}+\frac{1}{R_2}+\cdots+\frac{1}{R_n})U$$

图 1-3-11(b)是图 1-3-11(a)的等效网络，根据等效的概念，在图 1-3-10(b)中有

$$I=\frac{U}{R_i}$$

因此，有

$$\frac{1}{R_i}=\frac{1}{R_1}+\frac{1}{R_2}+\cdots+\frac{1}{R_n}\quad 或\quad G_i=G_1+G_2+\cdots+G_n \tag{1-3-9}$$

即电阻的并联网络的等效电阻的倒数等于各电阻倒数之和，或电阻的并联网络的等效电导等于各电阻的电导之和，且并联电阻的等效电阻比每个电阻都小。

并联电阻的电压相等，则各电阻的电流与它们的电导成正比，与它们的电阻成反比，即

$$I_1:I_2:\cdots:I_n=\frac{1}{R_1}:\frac{1}{R_2}:\cdots:\frac{1}{R_n}=G_1:G_2:\cdots:G_n \tag{1-3-10}$$

各电阻的电流与端电流 I 的关系为

$$\left.\begin{aligned}\frac{I_1}{I}&=\frac{G_1U}{G_iU}=\frac{G_1}{G_i}=\frac{G_1}{G_1+G_2+\cdots+G_n}\\\frac{I_2}{I}&=\frac{G_2U}{G_iU}=\frac{G_2}{G_i}=\frac{G_2}{G_1+G_2+\cdots+G_n}\\&\vdots\\\frac{I_n}{I}&=\frac{G_nU}{G_iU}=\frac{G_n}{G_i}=\frac{G_n}{G_1+G_2+\cdots+G_n}\end{aligned}\right\} \tag{1-3-11}$$

即电阻的并联网络的每个电阻的电流与端电流的比等于该电导与等效电导的比，这个比值称为分流比。在端电流一定时，适当选择并联电阻，可使每个电阻得到所需要的电流，因此并联电阻有“分流”作用。

同理，并联的每个电阻的功率也与它们的电导成正比，与它们的电阻成反比，即

$$P_1:P_2:\cdots:P_n=\frac{1}{R_1}:\frac{1}{R_2}:\cdots:\frac{1}{R_n}=G_1:G_2:\cdots:G_n \tag{1-3-12}$$

若只有 R_1、R_2 两个电阻并联，则其电路如图 1-3-12 所示。

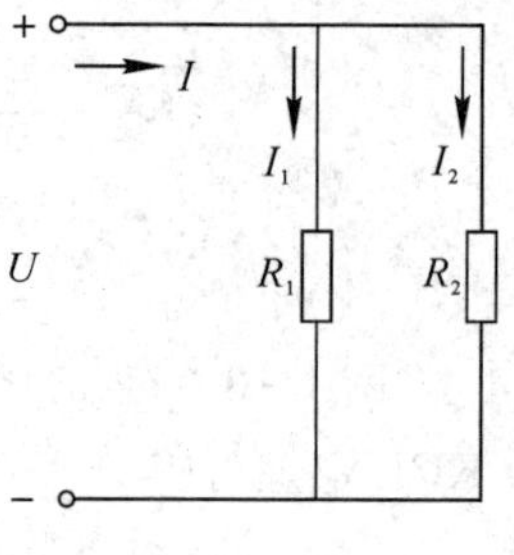

由 $\frac{1}{R_i}=\frac{1}{R_1}+\frac{1}{R_2}=\frac{R_1+R_2}{R_1R_2}$，可得等效电阻 R_i 为

$$R_i=\frac{R_1R_2}{R_1+R_2}$$

两个电阻的电流分别为

$$I_1=\frac{U}{R_1}=\frac{R_iI}{R_1}=\frac{R_2}{R_1+R_2}I$$

$$I_2=\frac{U}{R_2}=\frac{R_iI}{R_2}=\frac{R_1}{R_1+R_2}I$$

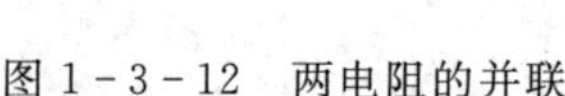

图 1-3-12　两电阻的并联

如果 $R_1=R_2=R$，则有

$$R_i=\frac{R}{2},\quad I_1=I_2=\frac{I}{2}$$

例 1-6　如图 1-3-13 所示的 C41-μA 型磁电系电流表，其表头内阻 $R_g=1.92\ \mathrm{k\Omega}$，各分流电阻分别为 $R_1=1.6\ \mathrm{k\Omega}$，$R_2=960\ \Omega$，$R_3=320\ \Omega$，$R_4=320\ \Omega$；表头所允许通过的最大电流为 62.5 μA。试求表头所能测量的最大电压 U_{gm} 以及扩展后的电流表各量程的电流值 I_1、I_2、I_3、I_4。

解：表头所允许通过的最大电流为 62.5 μA。当开关在“1”挡时，R_1、R_2、R_3、R_4 是串联的，而 R_g 与它们相并联，根据分流公式可得通过表头的最大电流 I_{gm} 为

$$I_{gm}=\frac{R_1+R_2+R_3+R_4}{R_g+R_1+R_2+R_3+R_4}I_1$$

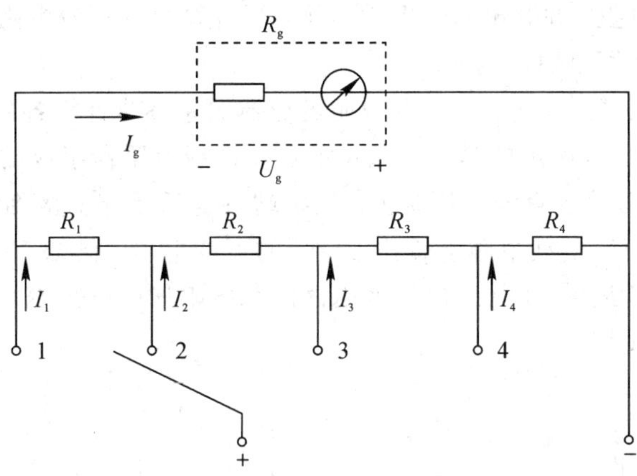

图 1-3-13　C41-μA 型磁电系电流表

则有

$$I_1=\frac{R_g+R_1+R_2+R_3+R_4}{R_1+R_2+R_3+R_4}I_{gm}=\frac{1920+1600+960+320+320}{1600+960+320+320}\times 62.5\ \mu A=100\ \mu A$$

当开关在“2”挡时，R_g、R_1 是串联的，而 R_2、R_3、R_4 与它们相并联，根据分流公式可得

$$I_{gm}=\frac{R_2+R_3+R_4}{R_g+R_1+R_2+R_3+R_4}I_2$$

则有

$$I_2=\frac{R_g+R_1+R_2+R_3+R_4}{R_2+R_3+R_4}I_{gm}=\frac{1920+1600+960+320+320}{960+320+320}\times 62.5\ \mu A=200\ \mu A$$

同理，当开关在“3”挡时，R_g、R_1、R_2 是串联的，而 R_3、R_4 串联后与它们相并联，根据分流公式可得

$$I_{gm}=\frac{R_3+R_4}{R_g+R_1+R_2+R_3+R_4}I_3$$

则有

$$I_3=\frac{R_g+R_1+R_2+R_3+R_4}{R_3+R_4}I_{gm}=\frac{1920+1600+960+320+320}{320+320}\times 62.5\ \mu A=500\ \mu A$$

当开关在“4”挡时，R_g、R_1、R_2、R_3 是串联的，而 R_4 与它们相并联，根据分流公式可得

$$I_{gm}=\frac{R_4}{R_g+R_1+R_2+R_3+R_4}I_4$$

则有

$$I_4=\frac{R_g+R_1+R_2+R_3+R_4}{R_4}I_{gm}=\frac{1920+1600+960+320+320}{320}\times 62.5\ \mu A=1000\ \mu A$$

由此可见，直接利用该表头测量电流，只能测量 62.5 μA 以下的电流，而并联了分流电阻 R_1、R_2、R_3、R_4 后，作为电流表，它就有 62.5 μA、100 μA、200 μA、500 μA、1000 μA 五个量程，实现了电流表量程的扩展。

由串联和并联电阻组合而成的二端电阻网络称为电阻的混联网络，分析混联电阻网络的一般步骤如下：

(1) 计算各串联电阻、并联电阻的等效电阻，再计算总的等效电阻。

(2) 由端口激励计算出端口响应。

(3) 根据串联电阻的分压关系、并联电阻的分流关系逐步计算各部分电压、电流。

例 1-7 图 1-3-14 所示的是一个常用的利用滑线变阻器组成的简单分压器电路。电阻分压器的固定端 a、b 接到直流电压源上。固定端 b 与活动端 c 接到负载上。利用分压器上滑动触头 c 的滑动可在负载电阻上输出 0～U 的可变电压。已知直流理想电压源的电压为 $U_S=9$ V，负载电阻 $R_L=800$ Ω，滑线变阻器的总电阻 $R=1000$ Ω，滑动触头 c 的位置使 $R_1=200$ Ω，$R_2=800$ Ω。

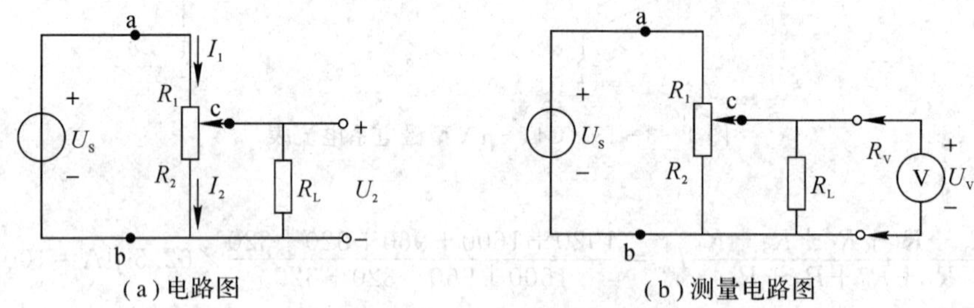

图 1-3-14　例 1-7 电路图

(1) 求输出电压 U_2 及滑线变阻器两段电阻中的电流 I_1、I_2；

(2) 若用内阻为 $R_{V1}=1200$ Ω 的电压表去测量此电压，求电压表的读数；

(3) 若用内阻为 $R_{V2}=3600$ Ω 的电压表再测量此电压，求这时电压表的读数。

解：(1) 图 1-3-14(a)中，电阻 R_2 与 R_L 并联后再与 R_1 串联。其等效电阻 R_i 为

$$R_i=R_1+\frac{R_2R_L}{R_2+R_L}=200+\frac{800\times800}{800+800}=600\ \Omega$$

$$I_1=\frac{U_S}{R_i}=\frac{9}{600}\ \text{A}=0.015\ \text{A}$$

$$I_2=\frac{R_L}{R_2+R_L}I_1=\frac{800}{800+800}\times0.015\ \text{A}=0.0075\ \text{A}$$

$$U_2=R_2I_2=800\times0.0075\ \text{V}=6\ \text{V}$$

(2) 图 1-3-14(b)中，电阻 R_2、R_L 与电压表内阻 R_{V1} 并联后再与 R_1 串联。其等效电阻 R_i 为

$$R_{i1}=R_1+\frac{1}{\frac{1}{R_2}+\frac{1}{R_L}+\frac{1}{R_{V1}}}=200+\frac{1}{\frac{1}{800}+\frac{1}{800}+\frac{1}{1200}}\ \Omega=500\ \Omega$$

此时电压表的读数 U_{V1} 为

$$U_{V1}=\frac{U_S}{R_{i1}}\times\frac{1}{\frac{1}{R_2}+\frac{1}{R_L}+\frac{1}{R_{V1}}}=\frac{9}{500}\times\frac{1}{\frac{1}{800}+\frac{1}{800}+\frac{1}{1200}}\ \text{V}=5.4\ \text{V}$$

(3) 图 1-3-14(b)中，电阻 R_2、R_L 与电压表内阻 R_{V2} 并联后再与 R_1 串联。其等效电阻 R_{i2} 为

$$R_{i2}=R_1+\frac{1}{\frac{1}{R_2}+\frac{1}{R_L}+\frac{1}{R_{V2}}}=200+\frac{1}{\frac{1}{800}+\frac{1}{800}+\frac{1}{3600}}\ \Omega=560\ \Omega$$

此时电压表的读数U_{V2}约为

$$U_{V2}=\frac{U_S}{R_{i2}}\times\frac{1}{\frac{1}{R_2}+\frac{1}{R_L}+\frac{1}{R_{V2}}}=\frac{9}{560}\times\frac{1}{\frac{1}{800}+\frac{1}{800}+\frac{1}{3600}}\ \text{V}\approx4.82\ \text{V}$$

由此可见，由于实际电压表都有一定的内阻，将电压表并联在电路中测量电压时，对被测试电路都有一定的影响。电压表内阻越大，对测试电路的影响越小。理想电压表的内阻为无穷大，这对测试电路才无影响，但实际中这种情况并不存在。

1.3.3　叠加定理

由线性元件所组成的电路称为线性电路。叠加定理是线性电路的一个重要定理，应用这一定理，常常使线性电路的分析变得十分方便。

叠加定理指出：在线性电路中，当有多个电源作用时，任一支路电流或电压，可看作由各个电源单独作用时在该支路中产生的电流或电压的代数和。当某一电源单独作用时，其它不作用的电源应置为零(电压源电压为零，电流源电流为零)，即电压源用短路代替，电流源用开路代替。

例 1-8　如图 1-3-15(a)所示电路，试用叠加定理计算电流 I。

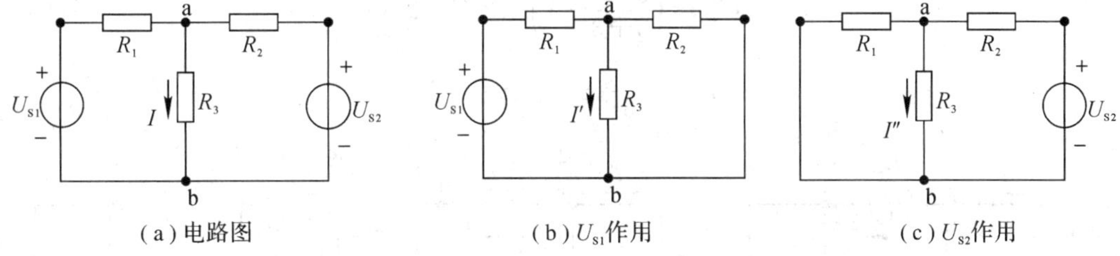

图 1-3-15　例 1-8 电路图

解：(1) 计算电压源U_{S1}单独作用于电路时产生的电流 I'，如图 1-3-15(b)所示。

$$I'=\frac{U_{S1}}{R_1+\frac{R_2R_3}{R_2+R_3}}\times\frac{R_2}{R_2+R_3}$$

(2) 计算电压源U_{S2}单独作用于电路时产生的电流 I''，如图 1-3-15(c)所示。

$$I''=\frac{U_{S2}}{R_2+\frac{R_1R_3}{R_1+R_3}}\times\frac{R_1}{R_1+R_3}$$

(3) 由叠加定理，计算电压源U_{S1}、U_{S2}共同作用于电路时产生的电流 I。

$$I=I'+I''=\frac{U_{S1}}{R_1+\frac{R_2R_3}{R_2+R_3}}\times\frac{R_2}{R_2+R_3}+\frac{U_{S2}}{R_2+\frac{R_1R_3}{R_1+R_3}}\times\frac{R_1}{R_1+R_3}$$

例 1-9　如图 1-3-16(a)所示电路，试用叠加定理计算电压 U。

解：(1) 计算 12 V 电压源单独作用于电路时产生的电压 U'，如图 1-3-16(b)所示。

$$U'=-\frac{3}{6+3}\times12\ \text{V}=-4\ \text{V}$$

(2) 计算 3 A 电流源单独作用于电路时产生的电压 U''，如图 1-3-16(c)所示。

$$U''=3\times\frac{6}{6+3}\times3\ \text{V}=6\ \text{V}$$

(3) 由叠加定理，计算 12 V 电压源、3 A 电流源共同作用于电路时产生的电压 U。

$$U=U'+U''=(-4+6)\ \text{V}=2\ \text{V}$$

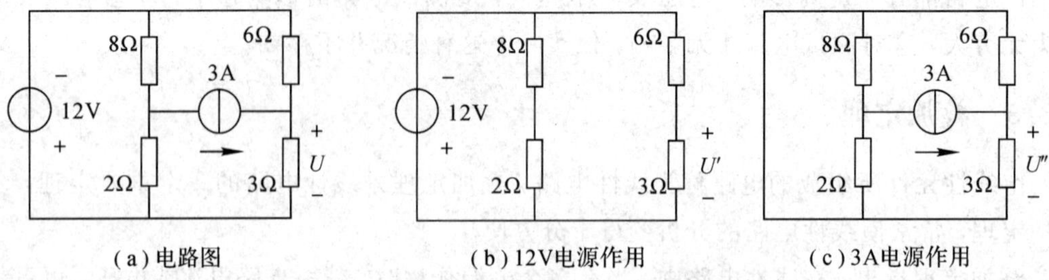

图 1-3-16　例 1-9 电路图

例 1-10　如图 1-3-17(a)所示电路，求电压 U_{ab}、电流 I 和 6 Ω 电阻的功率 P。

解：(1) 计算 3 A 电流源单独作用于电路产生的电压 U'_{ab}、电流 I'，如图 1-3-17(b)所示。

$$U'_{ab}=\left(\frac{6\times3}{6+3}+1\right)\times3\ \text{V}=9\ \text{V}$$

$$I'=-\frac{3}{6+3}\times3\ \text{A}=-1\ \text{A}$$

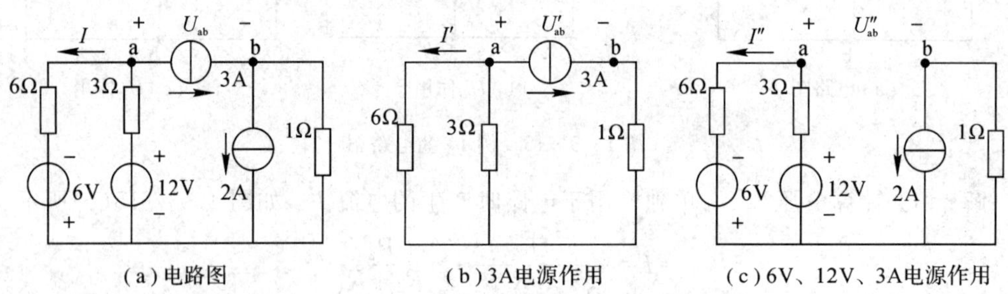

图 1-3-17　例 1-10 电路图

(2) 计算 2 A 电流源、6 V 电压源及 12 V 电压源共同作用于电路产生的电压 U''_{ab}、电流 I''，如图 1-3-17(c)所示。

$$I''=\frac{12+6}{6+3}\ \text{A}=2\ \text{A}$$

$$U''_{ab}=V_a-V_b=-3I''+12+2\times1\ \text{V}=8\ \text{V}$$

(3) 由叠加定理，计算 3 A、2 A 电流源，6 V、12 V 电压源共同作用于电路产生的电压 U_{ab}、电流 I。

$$U_{ab}=U'_{ab}+U''_{ab}=9+8=17\ \text{V}$$

$$I=I'+I''=-1+2=1\ \text{A}$$

(4) 计算 6 Ω 电阻的功率。

$$P=6I^2=6\times1^2=6\ \text{W}$$

由上面的例子可归纳出用叠加定理分析电路的一般步骤如下：

(1) 将复杂电路分解为含有一个(或几个)独立源单独(或共同)作用的分解电路。

(2) 分析各分解电路，分别求得各电流或电压分量。

(3) 叠加得最后结果。

用叠加定理分析电路时，应注意以下几点：

(1) 叠加定理仅适用于线性电路，不适用于非线性电路；仅适用于电压、电流的计算，不适用于功率的计算。

(2) 当某一独立源单独作用时，其它独立源的参数都应置为零，即电压源代之以短路，电流源代之以开路。

(3) 应用叠加定理求电压、电流时，应特别注意各分量的符号。若分量的参考方向与原电路中的参考方向一致，则该分量取正号；反之取负号。

(4) 叠加的方式是任意的，可以一次使一个独立源单独作用，也可以一次使几个独立源同时作用，叠加方式的选择取决于对分析计算问题的简便与否。

1.3.4 戴维南定理

在电路分析中，有时只要研究某一条支路的电压、电流或功率，因此，对所研究的支路而言，电路的其余部分就构成一个有源二端网络。戴维南定理和诺顿定理说明的就是如何将一个线性有源二端网络等效为一个电源的重要定理。如果将线性有源二端网络等效为电压源的形式，应用的则是戴维南定理；如果将线性有源二端网络等效为电流源的形式，应用的则是诺顿定理。

戴维南定律指出：任何一个线性有源二端网络，对于外电路而言，可以用一电压源和内电阻相串联的电路模型来代替，如图 1-3-18 所示；并且理想电压源的电压就是有源二端网络的开路电压 U_{oc}，即将负载断开后 a、b 两端之间的电压。内电阻等于有源二端网络中所有电源电压源短路(即其电压为零)、电流源开路(即其电流为零)时的等效电阻 R_i。

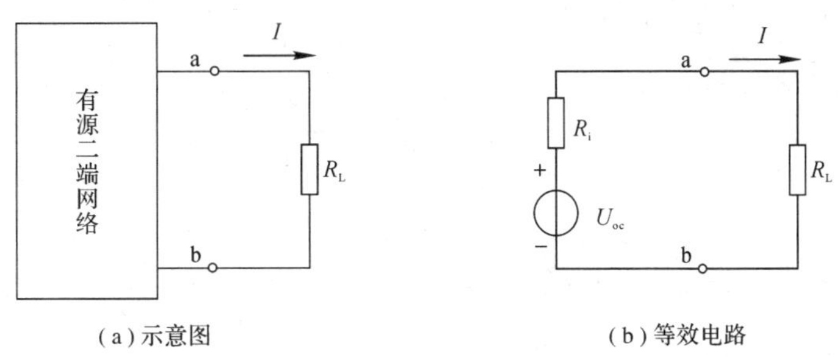

(a) 示意图　　(b) 等效电路

图 1-3-18　戴维南等效电路

因此对一个复杂的线性有源二端网络的计算，关键是求戴维南等效电路。

求戴维南等效电路的步骤如下：

(1) 求出有源二端网络的开路电压 U_{oc}；

(2) 将有源二端网络的所有电压源短路、电流源开路，求出无源二端网络的等效电阻 R_i；

(3) 画出戴维南等效电路图。

例 1-11 求如图 1-3-19 所示电路的戴维南等效电路。

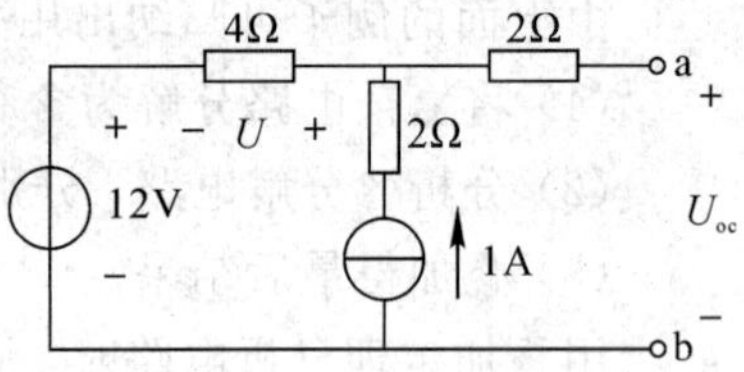

图 1-3-19 例 1-11 电路图

解：(1) 求有源二端网络的开路电压 U_{oc}。

由于回路中含有电流源，所以回路的电流为 1 A，方向为逆时针方向。

4 Ω 电阻的电压为

$$U=RI=4\times1=4\text{ V}$$

开路电压 U_{oc} 为

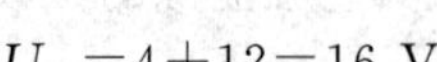

$$U_{oc}=4+12=16\text{ V}$$

(2) 求内电阻 R_i。将电压源短路，电流源开路，得如图 1-3-20 所示电路。其等效电阻即内电阻 R_i 为

$$R_i=2+4=6\ \Omega$$

其戴维南等效电路如图 1-3-21 所示。

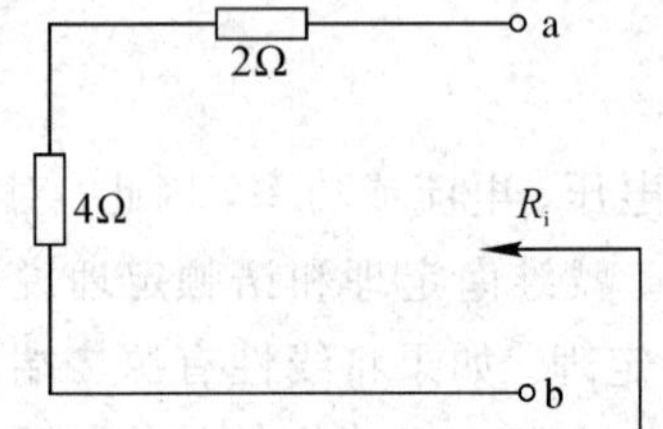

图 1-3-20 求解等效电阻

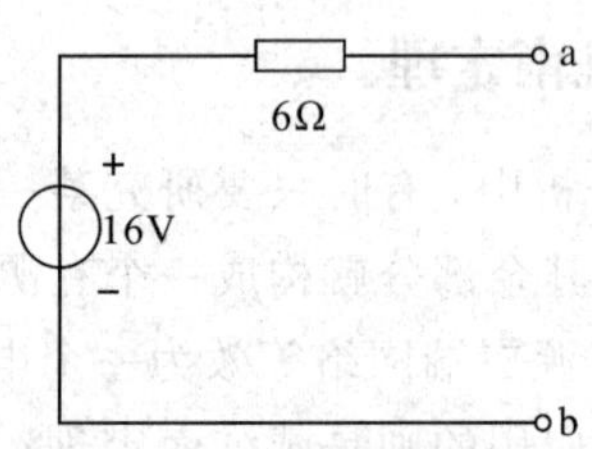

图 1-3-21 戴维南等效电路

例 1-12 求如图 1-3-22 所示电路的戴维南等效电路。

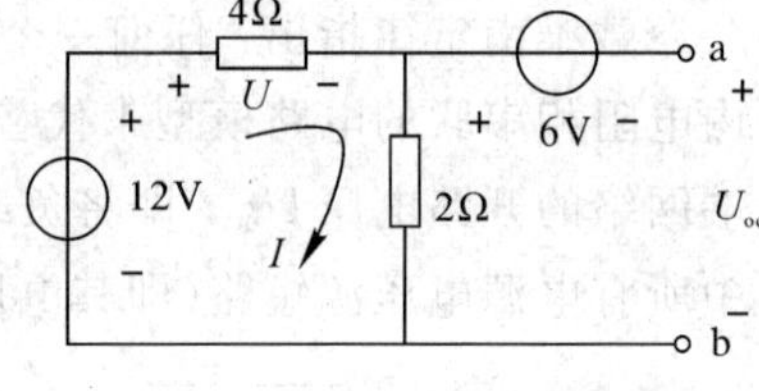

图 1-3-22 例 1-12 电路图

解：(1) 求有源二端网络的开路电压 U_{oc}。

设回路绕行方向是顺时针方向，则

$$I=\frac{12}{4+2}=2\text{ A}$$

4 Ω 电阻的两端电压 U 为

$$U=RI=4\times2=8\text{ V}$$

故

$$U_{oc}=U_{ab}=-6+(-8)+12=-2\text{ V}$$

(2) 求内电阻 R_i。将电压源短路，得图 1-3-23 所示电路。内电阻 R_i 约为

$$R_i=\frac{2\times4}{2+4}\approx1.33\ \Omega$$

戴维南等效电路如图 1-3-24 所示，注意电压源的方向。

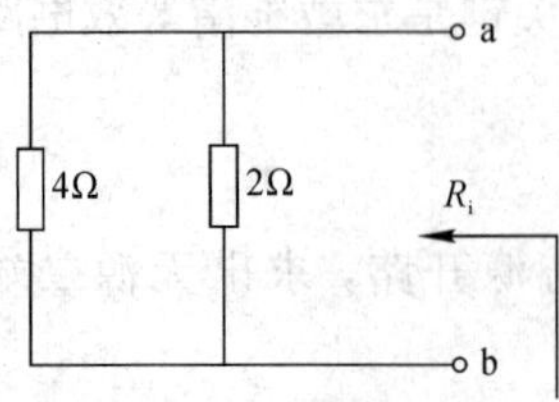

图 1-3-23 求解等效电阻

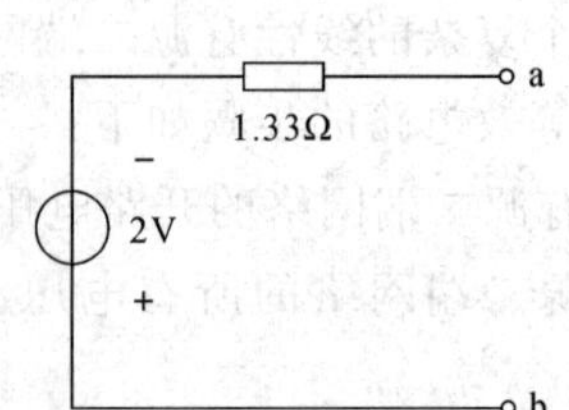

图 1-3-24 戴维南等效电路

1.3.5　电源的等效变换

(一) 电压源

1. 理想电压源

理想电压源简称为电压源，是一个二端元件，它有两个基本特点：

(1) 无论它的外电路如何变化，它两端的输出电压为恒定值 U_S，或为一定时间的函数 $u_S(t)$。

(2) 通过电压源的电流虽是任意的，但仅由它本身是不能决定的，还取决于与之相连接的外部电路，有时甚至完全取决于外电路。

电压源在电路图中的符号如图 1-3-25(a)所示，其电压用 u_S 表示。若 u_S 的大小和方向都不随时间变化，则称为直流电压源，其电压用 U_S 表示。图 1-3-25(b)是直流电压源的另一种符号，且长线表示参考正极性，短线表示参考负极性。

直流电压源的伏安特性如图 1-3-26 所示，它是一条以 I 为横坐标且平行于 I 轴的直线，表明其电流由外电路决定，不论电流为何值，直流电压源端电压总为 U_S。

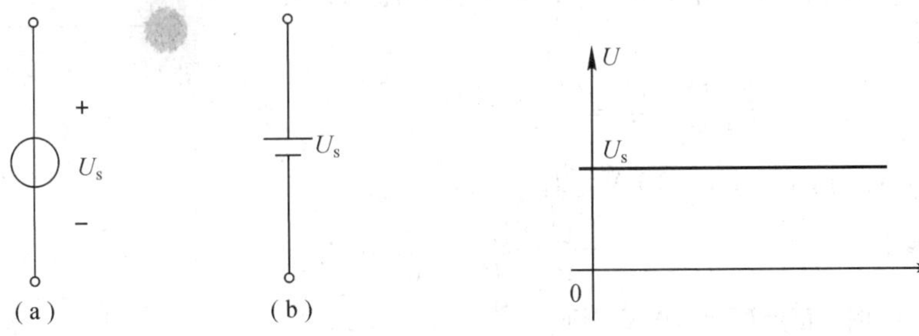

图 1-3-25　电压源符号　　图 1-3-26　电压源伏安特性

$u_S(t)=0$ 的电压源是电压保持为零、电流由其外电路决定的二端元件，因此，$u_S(t)=0$ 的电压源可相当于 $R=0$ 的电阻元件。在实际应用中，可以用一条短路导线来代替 $u_S(t)=0$ 的电压源。

同样，在实际应用中，不能将 $u_S(t)$不相等的电压源并联，也不能将 $u_S(t)\neq 0$ 的电压源短路。

2. 实际电压源

电压源这种理想二端元件实际上是不存在的。实际的电压源，其端电压都是随着电流的变化而变化的。例如，当电池接通负载后，其电压就会降低，这是因为电池内部存在电阻的缘故。由此可见，实际的直流电压源可用数值等于 U_S 的理想电压源和一个内阻 R_i 相串联的模型来表示，如图 1-3-27(a)所示。

于是，实际直流电压源的端电压为

$$U=U_S-U_R=U_S-IR_i \tag{1-3-13}$$

式中，U_S 的参考方向与U 的参考方向一致，取正号；U_R 的参考方向与U 的参考方向相反，取负号。式(1-3-13)所描述的 U 与 I 的关系，即实际直流电压源的伏安特性，如图 1-3-27(b)所示。

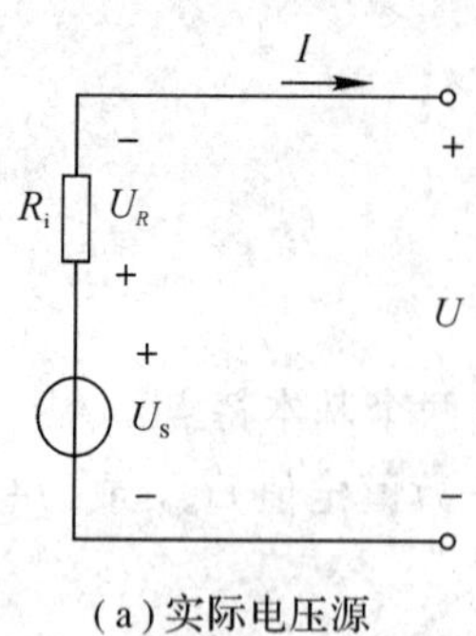

(a)实际电压源

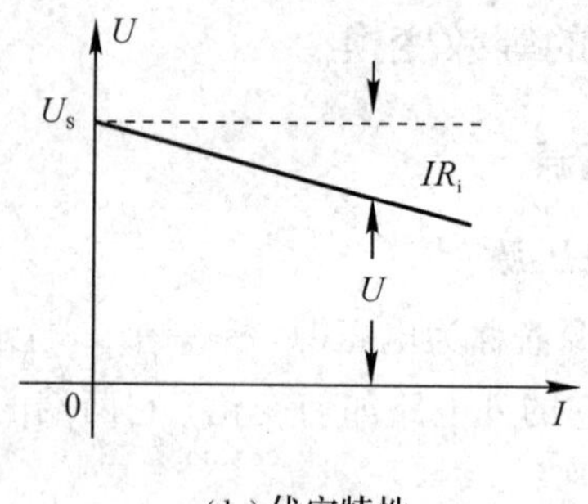

(b)伏安特性

图 1-3-27 实际电压源及伏安特性

例 1-13 图 1-3-28 所示电路，直流电压源的电压 U_S=10 V。求：

(1) $R\to\infty$时的电压 U、电流 I；

(2) $R=10\ \Omega$ 时的电压 U、电流 I；

(3) $R=0\ \Omega$ 时的电压 U、电流 I。

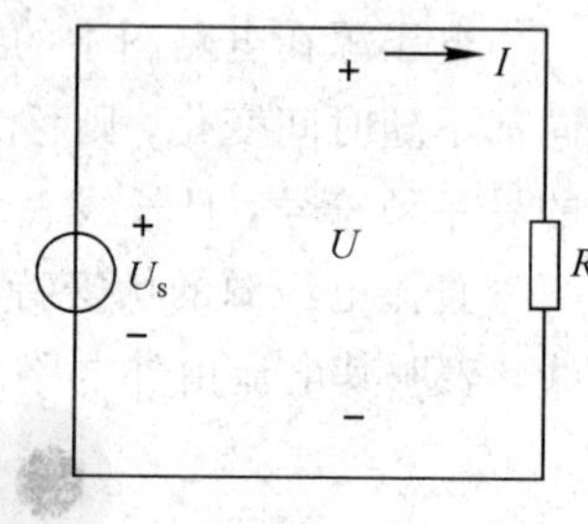

图 1-3-28 例 1-13 电路图

解：(1) $R\to\infty$时即外电路开路，U_S 为理想电压源，故 $U=U_S=10$ V，则

$$I=\frac{U}{R}=\frac{U_S}{R}=0$$

(2) $R=10\ \Omega$ 时，$U=U_S=10$ V，则

$$I=\frac{U}{R}=\frac{U_S}{R}=\frac{10}{10}=1\ \text{A}$$

(3) $R=0\ \Omega$ 时，$U=U_S=10$ V，则

$$I=\frac{U}{R}=\frac{U_S}{R}\to\infty$$

(二) 电流源

1. 理想电流源

理想电流源简称为电流源，是一个二端元件，它有两个基本特点：

(1) 无论它的外电路如何变化，它的输出电流为恒定值 I_S，或为一定时间的函数 $i_S(t)$。

(2) 电流源两端的电压虽是任意的，但仅由它本身是不能决定的，还取决于与之相连接的外部电路，有时甚至完全取决于外电路。

电流源在电路图中的符号如图 1-3-29 所示，其中电流源的电流用 i_S 表示，电流源的端电压为 u_S。若 $i_S(t)$的大小和方向都不随时间变化，则称为直流电流源，其电流用 I_S 表示。

直流电流源的伏安特性如图 1-3-30 所示，它是一条以 I 为横坐标且垂直于 I 轴的直线，表明其端电压由外电路决定，不论其端电压为何值，直流电流源输出电流总为 I_S。

$i_S(t)=0$ 的电流源是电流保持为零、电压由其外电路决定的二端元件，因此，$i_S(t)=0$ 的电流源就相当于 $R=\infty$的电阻元件。在实际应用中，可以用一条开路导线来代替 $i_S(t)=0$ 的电流源。

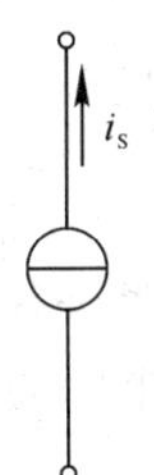

图 1－3－29　电流源符号

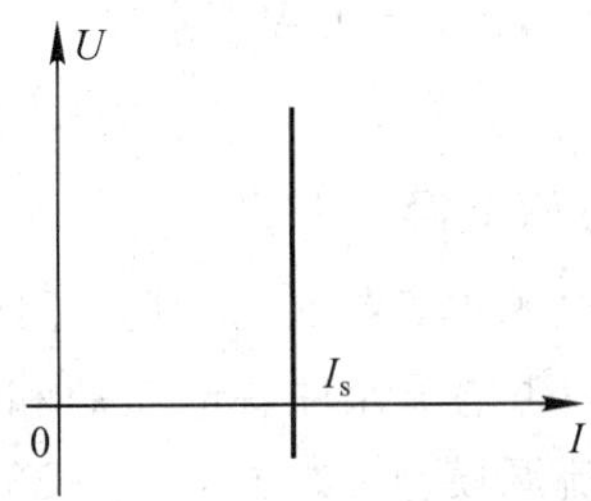

图 1－3－30　电流源伏安特性

同样，在实际应用中，不能将 $i_S(t)$不相等的电流源串联，也不能将 $i_S(t)\neq 0$ 的电流源开路。

2. 实际电流源

电流源这种理性二端元件实际上是不存在的。实际的电流源，其输出的电流是随着端电压的变化而变化的。例如，光电池在一定照度的光线照射下被光激发产生的电流并不能全部外流，其中的一部分将在光电池内部流动。由此可见，实际的直流电流源可用数值等于 I_S 的理想电流源和一个内阻 R_i' 相并联的模型来表示，如图 1－3－31(a)所示。

于是，实际直流电流源的输出电流为

$$I=I_S-\frac{U}{R_i'} \tag{1-3-14}$$

式中，I_S 为实际直流电流源产生的恒定电流；$\frac{U}{R_i'}$为其内部分流电流。式(1－3－14)所描述的 U 与 I 的关系，即实际直流电流源的伏安特性，如图 1－3－31(b)所示。

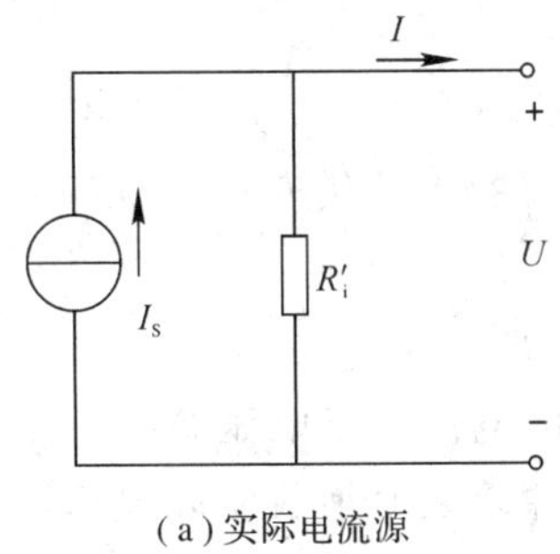

(a) 实际电流源

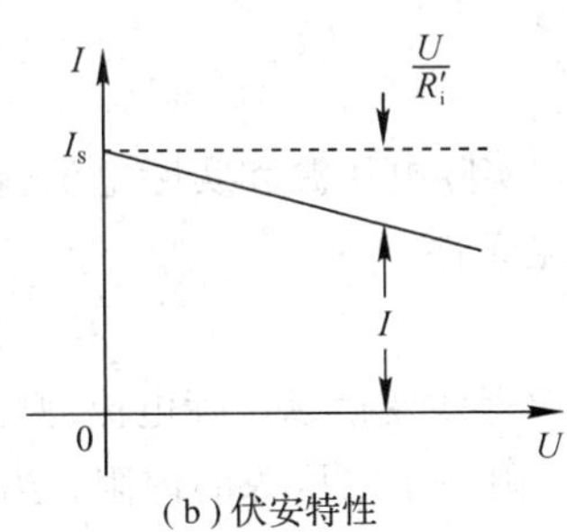

(b) 伏安特性

图 1－3－31　实际电流源及伏安特性

例 1－14　图 1－3－32 所示电路，直流电流源的电流$I_S=1$ A。求：

(1) $R\to\infty$时的电流 I，电压 U；

(2) $R=10\ \Omega$ 时的电流 I、电压 U；

(3) $R=0\ \Omega$ 时的电流 I、电压 U。

解：(1) $R\to\infty$时，即外电路开路，I_S 为理想电流源，故 $I=I_S=1$ A，则

$$U=IR\to\infty$$

(2) $R=10\ \Omega$ 时，$I=I_S=1$ A，则

$$U=IR=I_SR=1\times 10=10\ \text{V}$$

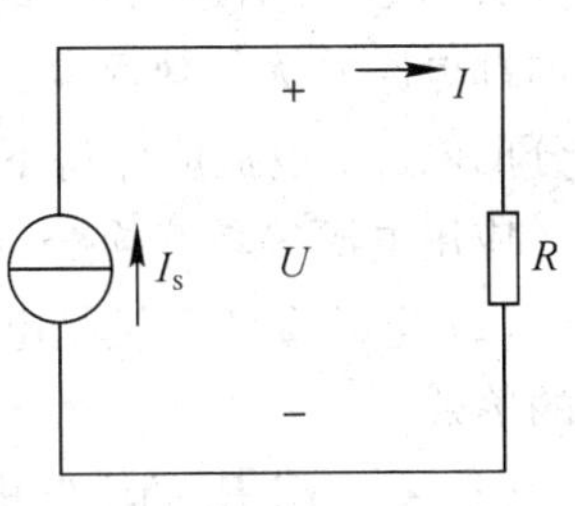

图 1－3－32　例 1－14 电路图

(3) $R=0\ \Omega$ 时，$I=I_S=1\ \text{A}$，则

$$U=IR=I_SR=0\ \text{V}$$

(三) 电源的等效变换

任何一个实际电源本身都具有内阻，因而实际电源的电路模型往往由理想电源元件与其内阻组合而成。理想电源元件有电压源和电流源，因此，实际电源的电路模型也相应地有电压源模型和电流源模型，如图 1-3-33 所示。

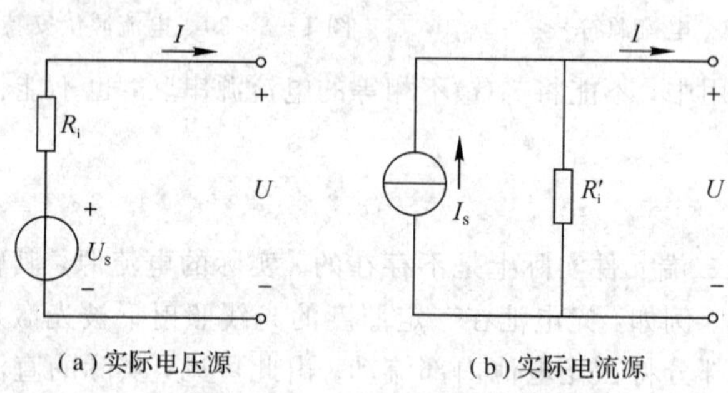

(a) 实际电压源　　(b) 实际电流源

图 1-3-33　实际电源模型

在图 1-3-33(a)所示电路中，由式(1-3-13)可知：

$$U=U_S-IR_i$$

式中，U_S 为电压源的电压。

在图 1-3-33(b)所示电路中，由式(1-3-14)可知：

$$I=I_S-\frac{U}{R_i'}$$

整理后得

$$U=I_SR_i'-IR_i'$$

由此可见，实际电压源和实际电流源若要等效互换，其伏安特性方程必相同，则其电路参数必须满足条件：

$$R_i=R_i',\ U_S=I_SR_i' \tag{1-3-15}$$

即当实际电压源等效变换成实际电流源时，电流源的电流等于电压源的电压与其内阻的比值，电流源的内阻等于电压源的内阻；当实际电流源等效变换成实际电压源时，电压源的电压等于电流源的电流与其内阻的乘积，电压源的内阻等于电流源的内阻。

在进行等效互换时，必须重视电压源的电压极性与电流源的电流方向之间的关系，即两者的参考方向要求一致，也就是说电压源的正极对应着电流源电流的流出端。

实际电源的两种模型的等效互换只能保证其外部电路的电压、电流和功率相同，对于其内部电路并无等效而言。通俗地讲，当电路中某一部分用其等效电路替代后，未被替代部分的电压、电流应保持不变。

应用电源等效互换分析电路时还应注意如下几点：

(1) 电源等效互换是电路等效变换的一种方法。这种等效是对电源输出电流 I、端电压 U 的等效。

(2) 有内阻 R_i 的实际电源，它的电压源模型与电流源模型之间可以互换等效；理想的电压源与理想的电流源之间不便互换。

(3) 电源等效互换的方法可以推广运用，如果理想电压源与外接电阻串联，可把外接电阻看作其内阻，则可互换为电流源形式；如果理想电流源与外接电阻并联，可把外接电阻看作其内阻，则可互换为电压源形式。

例 1-15　已知 $U_{S1}=4$ V，$I_{S2}=2$ A，$R_2=12\ \Omega$，试等效化简图 1-3-34(a)所示电路。

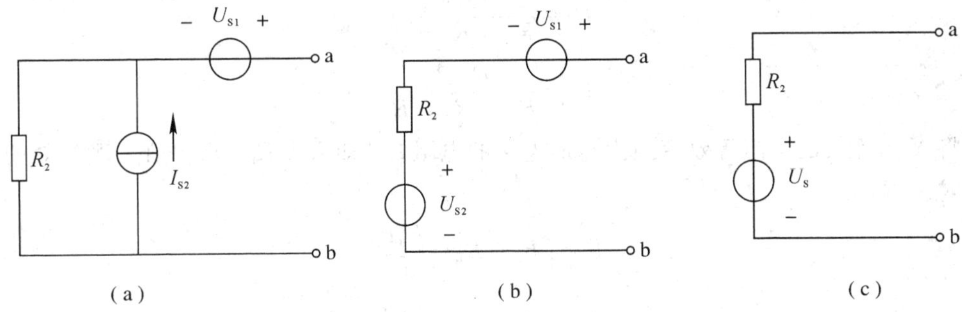

图 1-3-34　例 1-15 电路图

解：在图 1-3-34(a)所示电路中，把电流源 I_{S2} 与电阻 R_2 的并联变换为电压源 U_{S2} 与电阻 R_2 的串联，变换电路如图 1-3-34(b)所示，其中

$$U_{S2}=R_2\times I_{S2}=12\times 2=24\ \text{V}$$

在图 1-3-34(b)中，将电压源 U_{S2} 与电压源 U_{S1} 的串联变换为电压源 U_S，变换电路如图 1-3-34(c)所示，其中

$$U_S=U_{S2}+U_{S1}=(24+4)\ \text{V}=28\ \text{V}$$

知识扩展——电阻星形连接与三角形连接的等效变换

三个电阻的一端连接在一起构成一个节点 o，另一端分别为网络的三个端钮 a、b、c，它们分别与外电路相连，这种三端网络叫作电阻的星形连接，又叫电阻的 Y 形连接，如图 1-3-35(a)所示。

三个电阻串联起来构成一个回路，而三个连接点为网络的三个端钮 a、b、c，它们分别与外电路相连，这种三端网络叫作电阻的三角形连接，又叫电阻的△形连接。如图 1-3-35(b)所示。

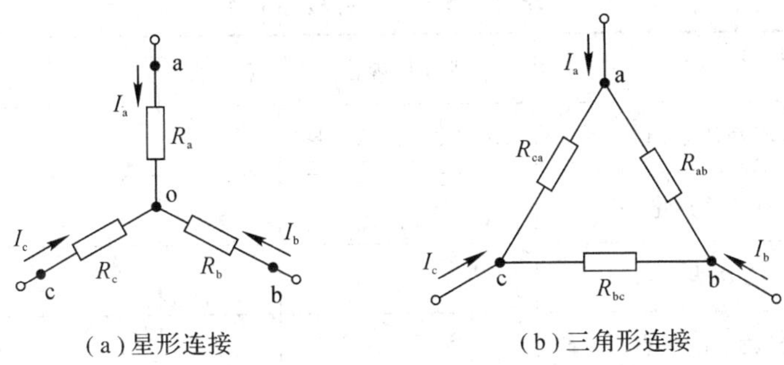

图 1-3-35　电阻的星形与三角形连接

在图示参考方向下，由 KCL、KVL 定理可知：

$$I_a+I_b+I_c=0$$

$$U_{ab}+U_{bc}+U_{ca}=0$$

可以证明，将△连接的电阻等效变换为Y形连接的电阻，已知电阻R_{ab}、R_{bc}、R_{ca}，则等效的电阻R_a、R_b、R_c为

$$R_a=\frac{R_{ab}R_{ca}}{R_{ab}+R_{bc}+R_{ca}}$$

$$R_b=\frac{R_{bc}R_{ab}}{R_{ab}+R_{bc}+R_{ca}}$$

$$R_c=\frac{R_{bc}R_{ca}}{R_{ab}+R_{bc}+R_{ca}}$$

将Y形连接的电阻等效变换为△形连接的电阻，已知R_a、R_b、R_c电阻，则等效的电阻R_{ab}、R_{bc}、R_{ca}为

$$R_{ab}=R_a+R_b+\frac{R_aR_b}{R_c}$$

$$R_{bc}=R_b+R_c+\frac{R_bR_c}{R_a}$$

$$R_{ca}=R_c+R_a+\frac{R_cR_a}{R_b}$$

三个相等电阻的Y形连接和△形连接分别叫作Y形的对称连接和△形的对称连接。如果Y形对称连接的电阻为R_Y，△形对称连接的电阻为$R_\triangle$，则有如下关系式：

$$R_\triangle=3R_Y$$

任务实施——直流电路验证性实验

1. 实验目的

(1) 用实验的方法验证叠加定理和基尔霍夫定律以提高对两定理的理解和应用能力。

(2) 掌握测量有源二端网络等效参数的一般方法。

(3) 通过实验加深对电位、电压与参考点之间关系的理解。

(4) 通过实验加深对电路参考方向的掌握和运用能力。

2. 实验器材(见表1-3-1)

表1-3-1 实验器材

序号	名　称	型号与规格	数　量	备注
1	直流稳压电源	+6 V、+12 V切换	1	
2	可调直流稳压电源	0～30 V	1	
3	万用表		1	
4	直流数字电压表		1	
5	直流数字毫安表		1	
6	实验电路板		1	DGJ—03

3. 实验内容及步骤

1) 验证基尔霍夫定理

(1) 实验前先任意设定三条支路的电流参考方向，如图 1-3-36 所示。

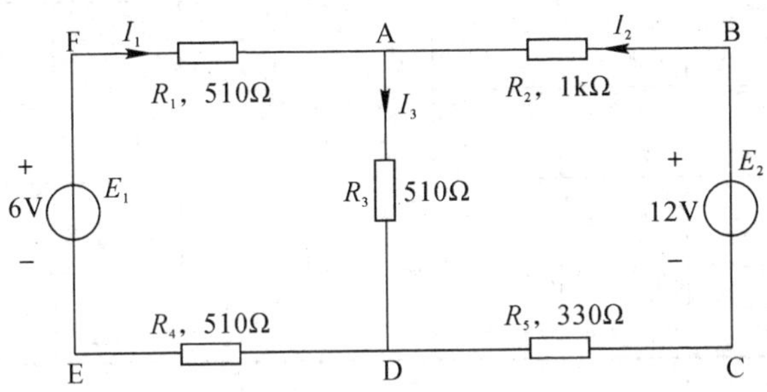

图 1-3-36　实验线路

(2) 分别将两路直流稳压电源接入电路，其中 $E_1=6$ V，$E_2=12$ V。

(3) 熟悉电流插头的结构，将电流插头的两端接至直流数字毫安表的"+""−"两端。

(4) 将电流插头分别插入三条支路的三个电流插座中，读出并记录电流值。

(5) 用直流数字电压表分别测量两路电源及电阻元件上的电压值，并记录之。

(6) 实验记录(见表 1-3-2)。

表 1-3-2　实验记录

被测量	I_1/mA	I_2/mA	I_3/mA	E_1/V	E_2/V	U_{FA}/V	U_{AB}/V	U_{AD}/V	U_{CD}/V	U_{DE}/V
计算值										
测量值										
相对误差										

2) 验证叠加定理

(1) 按图 1-3-37 接线，E_1 为+6 V 的电源，E_2 为+12 V 的直流稳压电源。

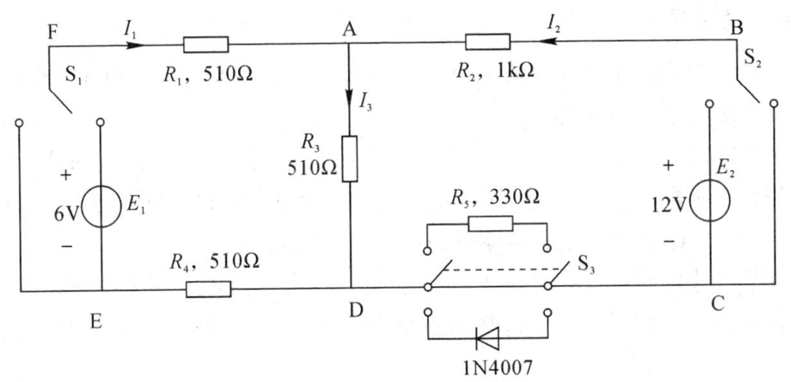

图 1-3-37　实验线路

(2) 令 E_1 单独作用时(将开关 S_1 投向 E_1 侧，开关 S_2 投向短路侧)，用直流数字电压表和毫安表(接电流插头)测量各支路电流及电阻元件两端的电压，数据记入表1-3-3中。

表1-3-3 测量结果

	E_1/V	E_2/V	I_1/mA	I_2/mA	I_3/mA	U_{AB}/V	U_{CD}/V	U_{AD}/V	U_{DE}/V	U_{FA}/V
E_1作用										
E_2作用										
E_1、E_2作用										
$2E_2$作用										

(3) 令E_2单独作用时(将开关S_1投向短路侧，开关S_2投向E_2侧)，重复实验步骤(2)的测量和记录。

(4) 令E_1和E_2共同作用(将开关S_1投向E_1侧，S_2投向E_2侧)，重复上述步骤(3)的测量和记录。

(5) 将R_5换成一只二极管1N4007(即将开关S_3投向二极管的D侧)重复步骤(1)～(4)的测量过程，数据记入表1-3-4中。

表1-3-4 测量结果

	E_1/V	E_2/V	I_1/mA	I_2/mA	I_3/mA	U_{AB}/V	U_{CD}/V	U_{AD}/V	U_{DE}/V	U_{FA}/V
E_1作用										
E_2作用										
E_1、E_2作用										
$2E_2$作用										

4. 实验注意事项

(1) 所有需要测量的电压值，均以电压表测量的读数为准，不以电源表盘指示值为准。

(2) 防止电源两端碰线短路。

(3) 若用指针式电流表进行测量，则要先识别电流插头所接电流表的“+”“－”极性。倘若不换接极性，则电表指针可能反偏(电流为负值时)，此时必须调换电流表极性，重新测量。注意：此时指针应该正偏，但读得的电流值必须冠以负号。

(4) 当参考点选定后，节点电压便随之确定，这是节点电压的单值性；当参考点改变时，各节点电压均改变相对量值，这是节点电压的相对性。但各节点间电压的大小和极性应保持不变。

5. 实验考核标准

实验考核标准见表1-3-5。

表 1-3-5　实验考核标准

<table>
<tr><td>考核项目</td><td>配分</td><td colspan="3">评分标准</td><td>扣分</td><td>得分</td></tr>
<tr><td rowspan="3">万用表使用</td><td rowspan="3">20</td><td colspan="3">选错测量挡，选错 1 次扣 2 分</td><td></td><td></td></tr>
<tr><td colspan="3">量程选择偏大、偏小，扣 2 分</td><td></td><td></td></tr>
<tr><td colspan="3">读数误差大，扣 3 分</td><td></td><td></td></tr>
<tr><td rowspan="2">实验线路</td><td rowspan="2">30</td><td colspan="3">实验线路连接不正确，每处扣 5 分</td><td></td><td></td></tr>
<tr><td colspan="3">实验线路连接不美观，扣 3 分</td><td></td><td></td></tr>
<tr><td rowspan="2">实验数据</td><td rowspan="2">50</td><td colspan="3">测试方法不准确，扣 3～5 分</td><td></td><td></td></tr>
<tr><td colspan="3">测试数据不准确，扣 3～5 分</td><td></td><td></td></tr>
<tr><td>安全文明生产</td><td colspan="4">违反安全文明生产规程，扣 5～10 分</td><td></td><td></td></tr>
<tr><td>定额时间 3 h</td><td colspan="4">超时 15 min 酌情扣分</td><td></td><td></td></tr>
<tr><td>备注</td><td colspan="6">除定额时间外，各项目的最高扣分不应超过所分配的分数</td></tr>
<tr><td>开始时间</td><td></td><td>结束时间</td><td></td><td>实际时间</td><td>总成绩</td><td></td></tr>
</table>

思考与练习

(一) 填空题

1. ______定律反映了电路的整体规律，其中______定律体现了电路中任意节点上汇集的所有______的约束关系，______定律体现了电路中任意回路上所有______的约束关系，具有普遍性。

2. 理想电压源输出的______值恒定，输出的______由它本身和外电路共同决定；理想电流源输出的______值恒定，输出的______由它本身和外电路共同决定。

3. 电阻均为 9 Ω 的△形电阻网络，若等效为 Y 形网络，各电阻的阻值应为______ Ω。

4. 在多个电源共同作用的______电路中，任一支路的响应均可看成是由各个激励单独作用下在该支路上所产生的响应的______，称为叠加定理。

5. “等效”是指对______以外的电路作用效果相同。戴维南等效电路是指一个电阻和一个电压源的串联组合，其中电阻等于原有源二端网络______后的______电阻，电压源等于原有源二端网络的______电压。

6. 实际电压源模型“20 V、1 Ω”等效为电流源模型时，其电流源 I_S=______ A，内阻 R_i=______ Ω。

7. 具有两个引出端钮的电路称为______网络，其内部含有的电源的称为______网络，内部不包含电源的称为______网络。

8. 在进行戴维南定理化简电路的过程中，如果出现受控源，则应注意除源后的二端网络等效化简的过程中，受控电压源应______处理；受控电流源应______处理。在对有源二端网络求解开路电压的过程中，受控源处理应与______分析方法相同。

(二) 判断题(正、误分别用"√""×"表示)

1. 电路中任意两个结点之间连接的电路统称为支路。( )
2. 网孔都是回路，而回路则不一定是网孔。( )
3. 应用基尔霍夫定律列写方程式时，可以不参照参考方向。( )
4. 两个电路等效，即它们无论其内部还是外部都相同。( )
5. 叠加定理只适合于直流电路的分析。( )

(三) 计算分析题

1. 电位器分压电路如题 1 图所示。已知输入电压 $U_i=10$ V，$R_1=350$ Ω，$R_P=200$ Ω，$R_2=450$ Ω，试求输出电压 U_o 的变化范围。

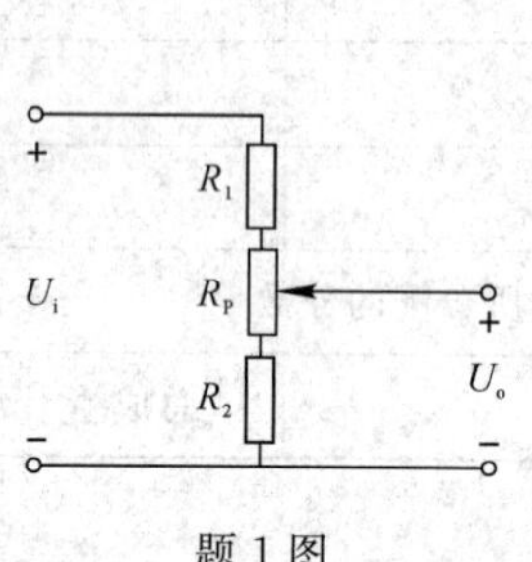

题 1 图

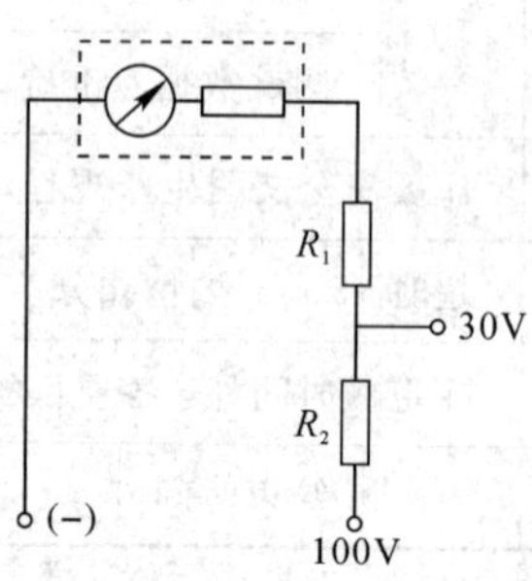

题 2 图

2. 有一磁电式微安表，内组 R_g 为 1500 Ω，量程为 100 μA，今欲将其改装成量程为30 V、100 V 的电压表，如题 2 图所示，计算分压电阻 R_1 和 R_2。

3. 两个电阻串联接到 120 V 电源上，电流为 3 A，并联接到同样的电源上时，电流变为 16 A，试求这两个电阻的值。

4. 试通过计算证明题 4 图所示两电路中的电流 I 相等。

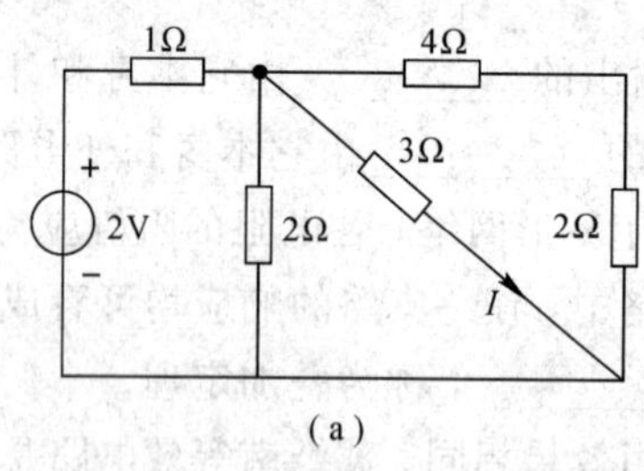

(a)

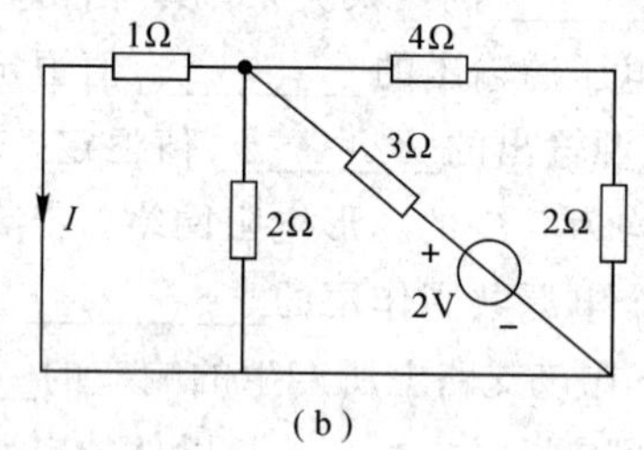

(b)

题 4 图

5. 试用叠加定理求题 5 图电路中的 I_1 和 I_2。

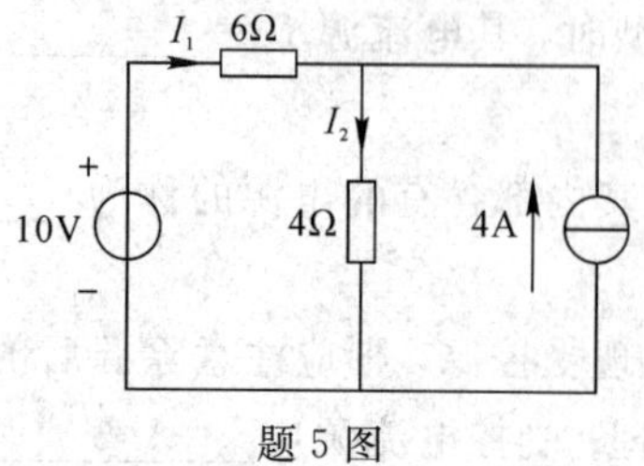

题 5 图

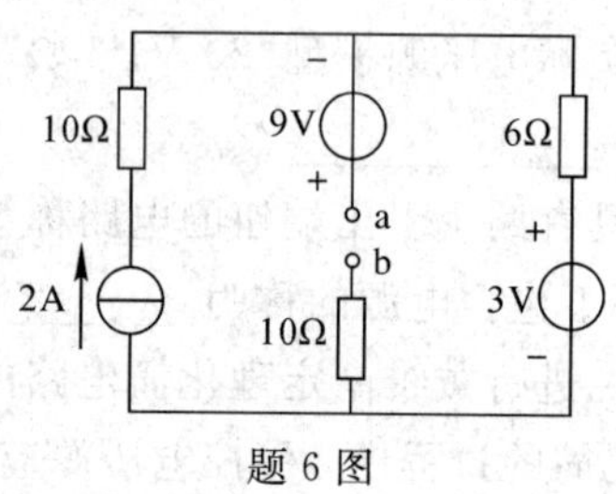

题 6 图

6. 求题 6 图所示电路的戴维南等效电路。

7. 试用叠加定理求题 7 图电路中 10 V 电压源产生的功率。

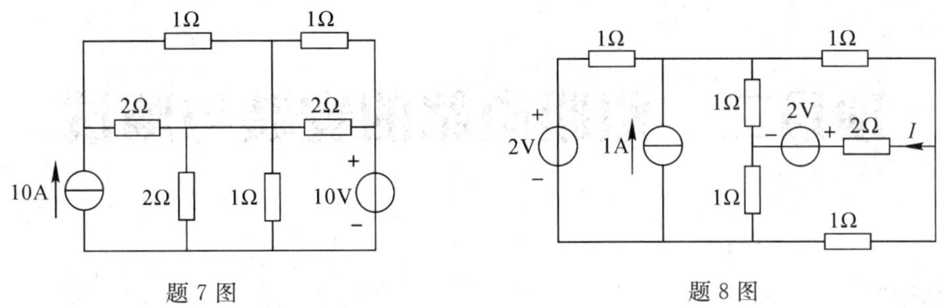

题 7 图　　　　题 8 图

8. 试用戴维南定理求题 8 图电路中的电流 I。

9. 试用戴维南定理求题 9 图电路中的电流 I。

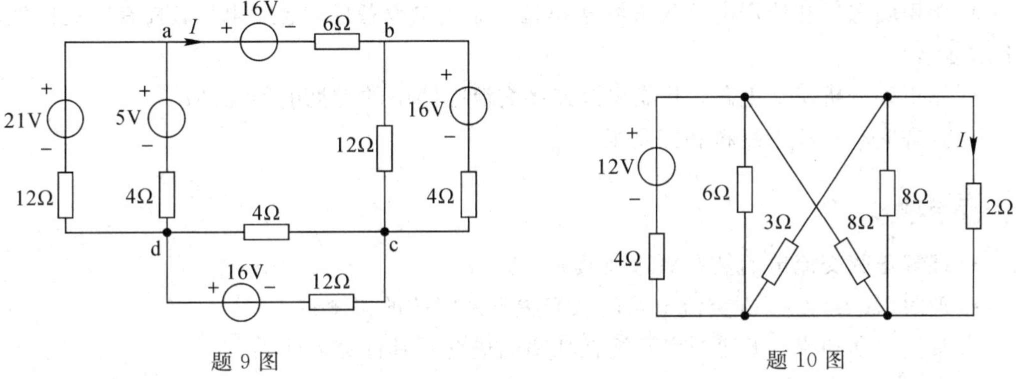

题 9 图　　　　题 10 图

10. 试用戴维南定理求题 10 图电路中的电流 I。

项目二 照明电路的安装与测试

技能目标

• 能够运用常见方法分析、计算较为复杂的交流电路；
• 能根据电路要求正确识读、选择和使用电容与电感元件；
• 能正确选择和使用电工仪表测量小型交流用电设备的电流、电压，具有一定的实验操作技能；
• 能正确分析交流电路，并能规范连接交流电路中的常见电器元件；
• 会查阅有关技术资料和工具书。

知识目标

• 理解正弦交流电的基本概念及其表示方法；
• 理解 R、L、C 元件交流电路的伏安关系及阻抗的概念；
• 掌握有功功率、无功功率及视在功率的概念及其计算方法；
• 掌握电路功率因数的概念及提高功率因数的意义和方法；
• 熟悉三相交流电源的产生及其特点，掌握三相电源与负载的连接方式；
• 熟悉三相交流电源相、线电压和相、线电流之间的关系以及对称三相电路的电压、电流和功率的计算方法；
• 掌握三相四线制电路的连接方法及电路分析方法，理解中线的作用；
• 熟悉对称三相电路电压、电流及功率的计算方法。

课程思政与素质

1. 通过日光灯电路的安装，帮助学生树立理论联系实际的学习习惯。
2. 通过三相交流电路参数的测量，培养学生善于观察、勤于动手的习惯。

项目要求

正弦交流电在工业生产和生活中有着广泛的应用，最基础的是照明。另外，各类小电器、工业上的电解和电镀的电能也是由正弦交流电转换而来的，在生产、输送和应用上比直流电有着变化平滑、不易产生高次谐波等优点，这有利于保护电气设备的绝缘性能和减少电器设备运行中的能量损耗。要正确使用交流电来解决生产生活中的问题，必须掌握正弦交流电路的基本分析方法，而且各种非正弦交流电都可由不同频率的正弦交流电叠加而成，因此掌握了正弦交流电路的分析方法，在一定程度上也会分析非正弦交流电路。目前世界各国几乎都采用三相电路供电。

项目分析

照明电路的安装与维护是电气技术人员必须掌握的常规技术，要求安装的照明电路走线规范，布局美观、合理；安装的照明电路可以正常工作，并能排除常见的照明电路故障。能正确分析、计算三相正弦交流电路是本项目要完成的基本要求。因此，将本项目分为两个任务：任务 2.1 日光灯电路的安装与测试；任务 2.2 三层小楼照明电路的安装与测试。

任务 2.1　日光灯电路的安装与测试

分析如图 2－1－1 所示的日光灯电路，将数据填入表 2－1－1 中。采用 220 V、50 Hz 的交流电源 U，额定功率为 40 W 的日光灯管，其中假设灯管额定电压为 220 V，灯管等效电阻为 200 Ω，铁芯式镇流器电感为 0.8 H，电容 C 分别为 1.0 μF、2.2 μF、4.7 μF，并分别求出开关 S_2 闭合前、闭合后电路中日光灯电路的端电压 U、灯管两端的电压 U_R、镇流器两端电压 U_{RL}、电路电流 I、日光灯电流 I_D 和电路总功率 P，并计算功率因数 $\cos\varphi$。

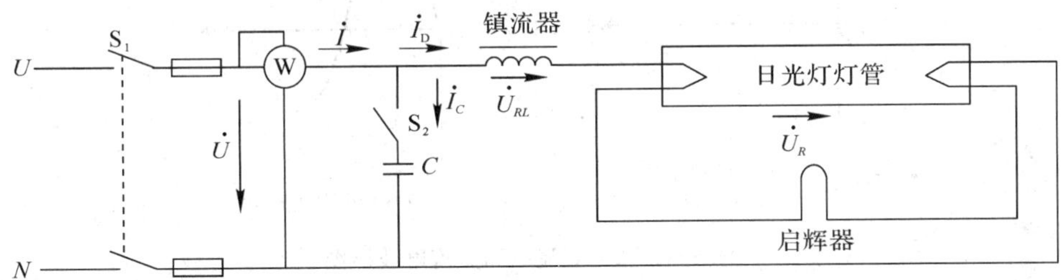

图 2－1－1　日光灯电路

表 2－1－1　日光灯电路工作参数

电容/μF	电源电压	镇流器电压	灯管电压	总电流	灯管电流	电容电流	镇流器功率	灯管功率	电路总功率	功率因数	电路性质
	单位：V			单位：A			单位：W				
C	U	U_{RL}	U_R	I	I_D	I_C	P_{RL}	P_R	P	$\cos\varphi$	
0											
1.0											
2.2											
4.7											

本任务与实际生活联系密切。要对日光灯电路进行详细分析，探讨功率和电源利用效率的问题，必须掌握正弦交流电的特点以及电容、电感的特性，才能进行正确分析。本任务的关键点是要弄清正弦交流电路中元器件的基本特性及基本原理等。

2.1.1 正弦交流电

(一) 交流电概述

1. 交流电路概述

在生产和生活中使用的电能，几乎都是交流电能，即使是电解、电镀、电信等行业需要直流供电，大多数也是将交流电能通过整流装置变成直流电能。在日常生产和生活中所用的交流电，一般都是指正弦交流电。因为交流电能够方便地用变压器改变电压，用高压输电，可将电能输送很远，而且损耗小；交流电机比直流电机构造简单、造价便宜、运行可靠，所以，现在发电厂所发的电都是交流电，工农业生产和日常生活中广泛应用的也是交流电。

交流电与直流电的区别在于：直流电的方向、大小不随时间变化；而交流电的方向、大小都随时间作周期性的变化，并且在一周期内的电流或/和电压的平均值为零。图 2-1-2 所示为直流电和交流电的电波波形。

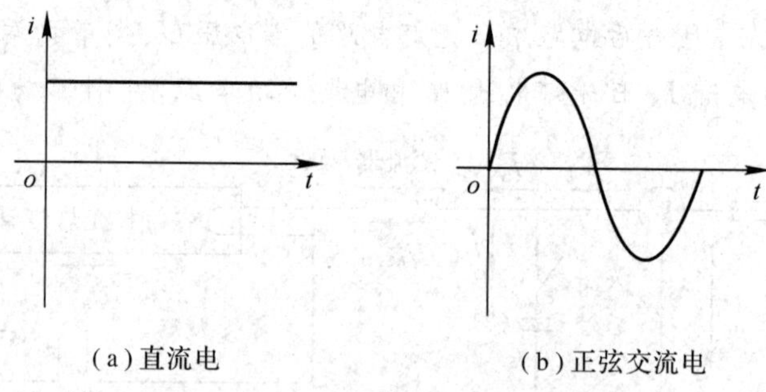

(a) 直流电　　(b) 正弦交流电

图 2-1-2　直流电和交流电波形图

正弦电压和电流等物理量，常统称为正弦量。正弦量的特征表现在变化的快慢、大小及初始值三个方面，而它们分别由频率(或周期)、幅值(或有效值)和初相位来确定。所以频率、幅值和初相位就称为确定正弦量的三要素。

2. 正弦交流电的基本特征和三要素

下面以电流为例介绍正弦量的基本特征。依据正弦量的概念，设某支路中正弦电流 i 在选定参考方向下的瞬时值表达式为

$$i=I_m\sin(\omega t+\varphi) \tag{2-1-1}$$

式中，I_m 为幅值，ω 为角频率，φ 为初相位。

1) 瞬时值、最大值和有效值

正弦交流电随时间按正弦规律变化，某时刻的数值不一定和其它时刻的数值相同。我们把任意时刻正弦交流电的数值称为瞬时值，用小写字母表示，如 i、u 及 e 表示电流、电压及电动势的瞬时值。瞬时值有正、有负，也可能为零。

最大的瞬时值称为最大值(也叫幅值、峰值)，用带下标的小写字母表示，如 I_m、U_m 及 E_m 分别表示电流、电压及电动势的最大值。最大值虽然有正有负，但习惯上最大值都以绝对值表示。

正弦电流、电压和电动势的大小往往不是用它们的幅值，而是常用有效值来计量的。

某一个周期电流 i 通过电阻 R 在一个周期 T 内产生的热量，和另一个直流电流通过同样大小的电阻在相等的时间内产生的热量相等，那么这个周期性变化的电流 i 的有效值在数值上就等于这个直流电流 I。规定，有效值都用大写字母表示，和表示直流量的字母一样。

周期电流的有效值为

$$I=\sqrt{\frac{1}{T}\int_0^T i^2\,dt} \tag{2-1-2}$$

当周期电流为正弦量时，可得

$$I=\frac{I_m}{\sqrt{2}} \tag{2-1-3}$$

同理，正弦电压和电动势的有效值分别为

$$U=\frac{U_m}{\sqrt{2}} \tag{2-1-4}$$

$$E=\frac{E_m}{\sqrt{2}} \tag{2-1-5}$$

一般所讲的正弦电压或电流的大小，例如交流电压 380 V 或者 220 V，都是指它的有效值。一般交流电流表和电压表的刻度也是根据有效值来确定的。

例 2-1　已知某交流电压为 $u=220\sqrt{2}\sin\omega t$ V，这个交流电压的最大值和有效值分别为多少？

解： 最大值约为

$$U_m=220\sqrt{2}\ \text{V}\approx 311\ \text{V}$$

有效值为

$$U=\frac{U_m}{\sqrt{2}}=\frac{220\sqrt{2}}{\sqrt{2}}=220\ \text{V}$$

2）频率与周期

正弦量变化一次所需的时间(秒)称为周期 T，如图 2-1-3 所示。每秒内变化的次数称为频率 f，它的单位是赫兹(Hz)。

频率是周期的倒数，即

$$f=\frac{1}{T} \tag{2-1-6}$$

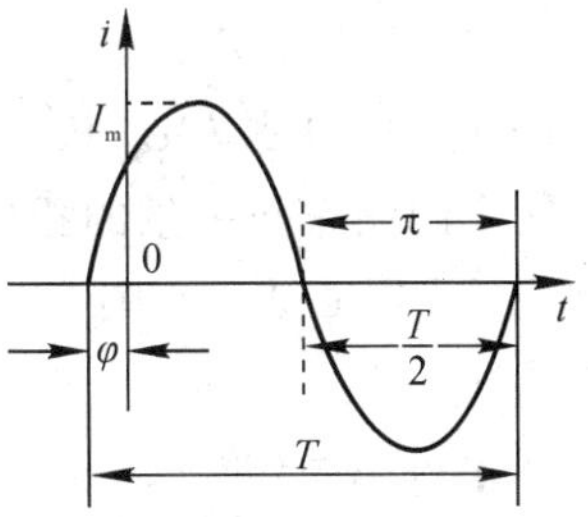

图 2-1-3　正弦电流波形图

在我国和大多数国家都采用 50 Hz 作为电力标准频率，有些国家(如美国、日本等)采用 60 Hz。这种频率在工业上应用广泛，习称工频。通常的交流电动机和照明负载都用这种频率。

正弦量变化的快慢除用周期和频率表示外，还可用角频率 ω 来表示，它的单位是弧度/秒(rad/s)。角频率是指交流电在 1 秒钟内变化的电角度。若交流电在 1 秒钟内变化了 1 次，则电角度正好变化了 2π 弧度，也就是说该交流电的角频率 $\omega=2\pi$ 弧度/秒。若交流电 1 秒钟内变化了 f 次，则可得角频率与频率的关系式为

$$\omega=2\pi f=\frac{2\pi}{T} \tag{2-1-7}$$

式(2-1-7)表示 T、f、ω 三个物理量之间的关系，只要知道其中之一，则其余均可求出。

例 2-2 求出我国工频 50 Hz 交流电的周期 T 和角频率 ω。

解： 由式(2-1-6)和式(2-1-7)可得

$$T=\frac{1}{f}=\frac{1}{50}\ \text{s}=0.02\ \text{s}$$

$$\omega=\frac{2\pi}{T}=\frac{2\pi}{0.02}\ \text{rad/s}=100\ \text{rad/s}$$

例 2-3 已知某正弦交流电压为 $u=311\sin 314t$ V，求该电压的最大值、频率、角频率和周期。

解： 由公式(2-1-1)与 $u=311\sin 314t$ V 对比可知

$$U_m=311\ \text{V}$$

$$\omega=314\ \text{rad/s}$$

$$f=\frac{\omega}{2\pi}=\frac{314}{2\times 3.14}\ \text{Hz}=50\ \text{Hz}$$

$$T=\frac{1}{f}=\frac{1}{50}\ \text{s}=0.02\ \text{s}$$

3) 初相位

式(2-1-1)中的$(\omega t+\varphi)$称为正弦量的相位角或相位，它反映出正弦量变化的进程。当相位角随时间连续变化时，正弦量的瞬时值随之作连续变化。

$t=0$ 时的相位角称为初相位角或初相位。式(2-1-1)中的 φ 就是这个电流的初相位。规定初相位的绝对值不能超过 π。

在一个正弦交流电路中，电压 u 和电流 i 的频率是相同的，但初相位不一定相同，如图 2-1-4 所示。图中 u 和 i 的波形可用下式表示：

$$u=U_m\sin(\omega t+\varphi_u)$$

$$i=I_m\sin(\omega t+\varphi_i)$$

它们的初相位分别为 φ_u 和 φ_i。

两个同频率正弦量的相位角之差或初相位角之差，称为相位差，用 φ 表示。图 2-1-4 中电压 u 和电流 i 的相位差为

$$\varphi=(\omega t+\varphi_u)-(\omega t+\varphi_i)=\varphi_u-\varphi_i \quad (2-1-8)$$

当两个同频率同正弦量的计时起点改变时，它们的相位和初相位即跟着改变，但是两者之间的相位差仍保持不变。

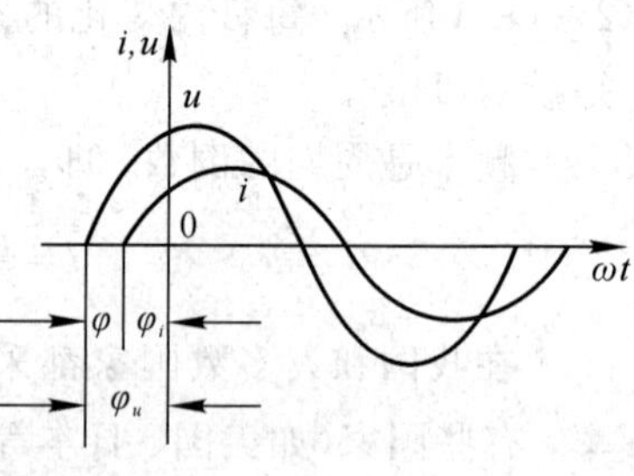

图 2-1-4 u 和 i 的相位不相等

由图 2-1-4 的正弦波形可见，因为 u 和 i 的初相位不同，所以它们的变化步调是不一致的，即不是同时到达正的幅值或零值。图中，$\varphi_u>\varphi_i$，所以 u 较 i 先到达正的幅值。这时我们说，在相位上 u 比 i 超前 φ 角，或者说 i 比 u 滞后 φ 角。

初相相等的两个正弦量，它们的相位差为零，这样的两个正弦量叫作同相量。同相的两个正弦量同时到达零值，同时到达最大值，步调一致。如图 2-1-5 中的 i_1 和 i_2。

相位差 φ 为 180°的两个正弦量叫作反相量。如图 2-1-5 中的 i_1 与 i_3，i_2 与 i_3。

由式(2-1-1)及波形图可以看出，正弦量的最大值(有效值)反映正弦量的大小，角频率(频率、周期)反映正弦量变化的快慢，初相位(角)反映正弦量的初始位置。因此，当正弦交流电的最大值(有效值)、角频率(频率、周期)和初相位确定时，正弦交流电才能被确定。也就是说这三个量是正弦交流电必不可少的要素，所以我们称其为正弦交流电的三要素。只有这三个要素确定之后，才能确定正弦量。

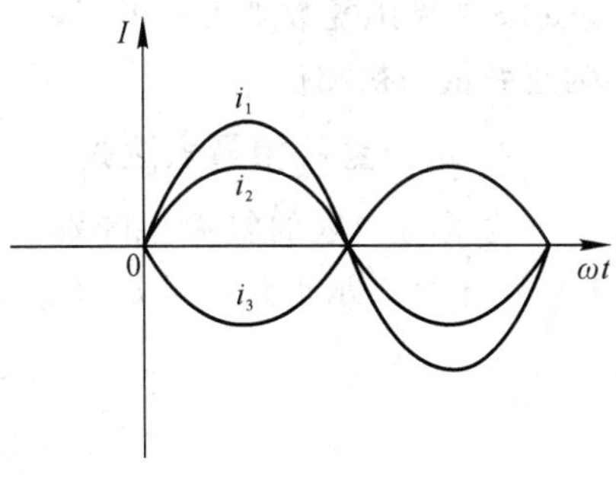

图 2-1-5 正弦量的同相与反相

例 2-4 已知某正弦电压在 $t=0$ 时为 $110\sqrt{2}$ V，初相角为30°，求其有效值。

解：此正弦电压表达式为

$$u=U_m\sin(\omega t+30°)$$

当 $t=0$ 时，

$$u(0)=U_m\sin 30°$$

所以

$$U_m=\frac{u(0)}{\sin 30°}=\frac{110\sqrt{2}}{0.5}\text{ V}=220\sqrt{2}\text{ V}$$

其有效值为

$$U=\frac{U_m}{\sqrt{2}}=\frac{220\sqrt{2}}{\sqrt{2}}\text{ V}=220\text{ V}$$

(二) 正弦量的相量表示

1. 相量法的定义

在正弦交流电路中，用复数表示正弦量，将用于分析计算正弦交流电路的方法称为相量法。

设有一正弦电压 $u=U_m\sin(\omega t+\varphi)$，其波形如图 2-1-6 右边图形所示，左边是一旋转有向线段 **A**，在直角坐标系中，有向线段的长度代表正弦量的幅值 U_m，它的初始位置($t=0$ 时的位置)与横轴正方向之间的夹角等于正弦量的初相位 φ，并以正弦量的角频率 ω 作逆时针方向旋转。可见，这一旋转有向线段具有正弦量的三个特征，故可用来表示正弦量。正弦量在某时刻的瞬时值就可以由这个旋转有向线段与该瞬时在纵轴上的投影表示出来。例如，在 $t=0$ 时，$u_0=U_m\sin\varphi$；在 $t=t_1$ 时，$u_1=U_m\sin(\omega t_1+\varphi)$。

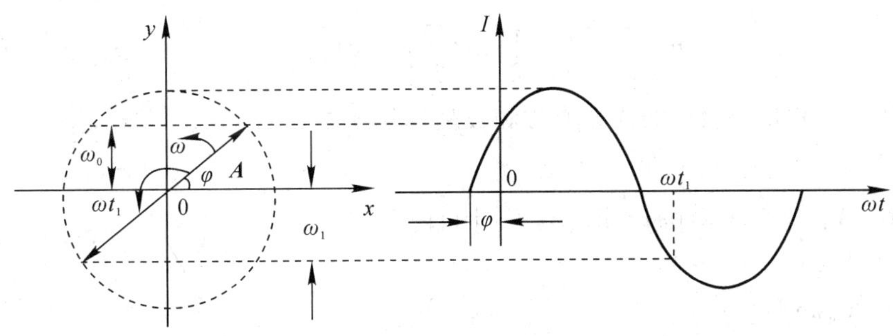

图 2-1-6 用正弦波形和旋转有向线段来表示正弦量

正弦量可用旋转有向线段表示，而有向线段可用复数表示，所以正弦量也可用复数来表示。如果用复数来表示正弦量，则复数的模即为正弦量的幅值或有效值，复数的幅角即为正弦量的初相位。

2. 正弦量的相量表达式

为了与一般的复数相区别，我们把表示正弦量的复数称为相量，并在大写字母上打“·”，于是表示正弦电压 $u=U_m\sin(\omega t+\varphi)$ 的相量为

$$\dot{U}_m=U_m(\cos\varphi+j\sin\varphi)=U_m e^{j\varphi}=U_m\angle\varphi \quad (2-1-9)$$

$$\dot{U}=U(\cos\varphi+j\sin\varphi)=Ue^{j\varphi}=U\angle\varphi \quad (2-1-10)$$

$\dot{U}_m$ 是电压的幅值相量。$\dot{U}$ 是电压的有效值相量。注意，相量只是表示正弦量，而不是等于正弦量。另外，图 2-1-6 中的旋转有向线段是初始位置的有向线段，表示它的复数只有两个特征，即模和辐角。

按照正弦量的大小和相位关系用初始位置的有向线段画出的若干个相量的图形，称为相量图。在相量图上能形象地看出各个正弦量的大小和相互间的相位关系。例如，在图 2-1-4 中用正弦波形表示的电压 u 和电流 i 两个正弦量，在式 $u=U_m\sin(\omega t+\varphi_u)$ 和 $i=I_m\sin(\omega t+\varphi_i)$ 中是用解析式表示的，如用相量图表示则如图 2-1-7 所示。电压相量 $\dot{U}$ 比电流相量 $\dot{I}$ 超前 φ 角，也就是正弦电压 u 比正弦电流 i 超前 φ 角。

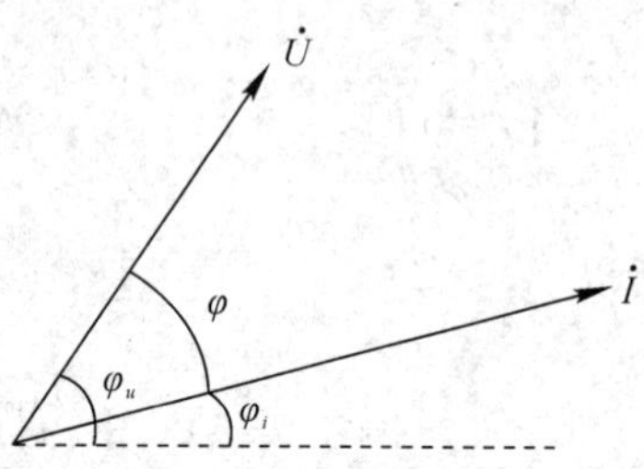

图 2-1-7　电压和电流的相量图

只有正弦周期量才能用相量表示，相量不能表示非正弦周期量。只有同频率的正弦量才能画在同一相量图上，不同频率的正弦量不能画在一个相量图上，否则就无法比较和计算。

由上可知，表示正弦量的相量有两种形式：相量图和复数式(相量式)。

例 2-5　试写出表示 $u_A=220\sqrt{2}\sin 314t$ V，$u_B=220\sqrt{2}\sin(314t-120°)$ V 和 $u_C=220\sqrt{2}\sin(314t+120°)$ V 的相量式，并画出相量图。

解： 分别用有效值相量 $\dot{U}_A$、$\dot{U}_B$ 和 $\dot{U}_C$ 表示正弦电压 u_A、u_B 和 u_C，则

$$\dot{U}_A=220\angle 0°=220 \text{ V}$$

$$\dot{U}_B=220\angle -120°=220\left(-\frac{1}{2}-j\frac{\sqrt{3}}{2}\right) \text{ V}$$

$$\dot{U}_C=220\angle 120°=220\left(-\frac{1}{2}+j\frac{\sqrt{3}}{2}\right) \text{ V}$$

这里用到了相量(复数)的代数形式和极坐标形式之间的转换公式：

$$\left.\begin{aligned}&\dot{A}=A_m\angle\varphi=A_m(\cos\varphi+j\sin\varphi)=a+jb\\&a=A_m\cos\varphi\\&b=A_m\sin\varphi\end{aligned}\right\}$$

相量图如图 2-1-8 所示。

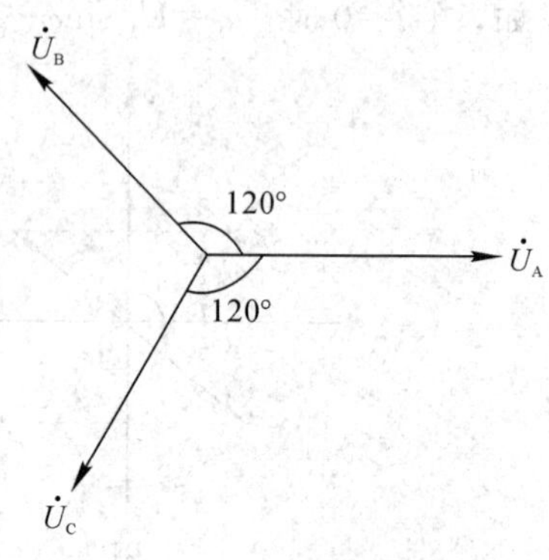

图 2-1-8　相量图

(三) 电路基本定律的相量形式

1. 基尔霍夫电流定律的相量形式

基尔霍夫定律适用于电路的任一瞬间，与元件性质无关。在交流电路中的任一瞬间，连接在电路任一节点(或闭合面)的各支路电流瞬时值的代数和为零。

正弦交流电路中，各电流、电压都是与电流同频率的正弦量，把这些正弦量用相量表示，便有：连接在电路任一节点的各支路电流的相量的代数和为零，即

$$\sum \dot{I} = 0 \tag{2-1-11}$$

这就是适用于正弦交流电路中的相量形式的 KCL。应用 KCL 时，一般对参考方向背离节点的电流的相量取正号，反之取负号。

由相量形式的 KCL 可知，正弦交流电路中连接在一个节点的各支路电流的相量组成一个闭合多边形。例如图 2-1-9，节点 O 的 KCL 相量表达式为 $\dot{I}_1+\dot{I}_2-\dot{I}_3-\dot{I}_4=0$，其相量图为一封闭的四边形。

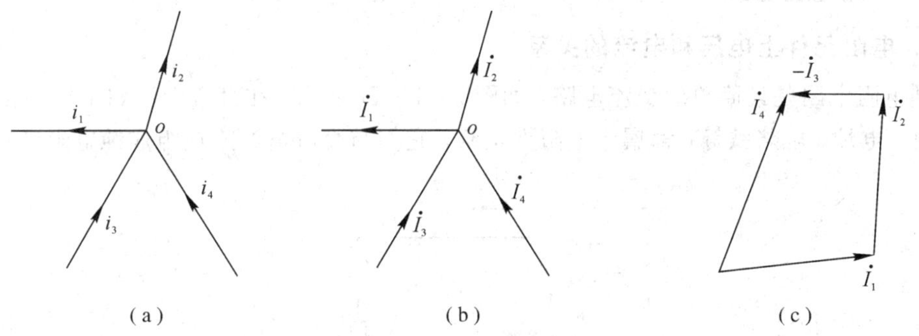

图 2-1-9　KCL 的相量形式

2. 基尔霍夫电压定律的相量形式

基尔霍夫电压定律(KVL)也适用于电路的任一瞬间，与元件性质无关。在交流电路的任一瞬间，任一回路的各支路电压瞬时值的代数和为零。

在正弦交流电路中，任一回路的各支路电压的相量的代数和为零，即

$$\sum \dot{U} = 0 \tag{2-1-12}$$

这就是适用于正弦交流电路中的相量形式的 KVL。应用 KVL 时，也是先对回路选一绕行方向，对参考方向与绕行方向一致的电压的相量取正号，反之取负号。

由相量形式的 KVL 可知，正弦交流电路中，一个回路的各支路电压的相量组成一个闭合多边形。例如图 2-1-10，回路的电压方程为

$$u_1+u_2+u_3-u_4=0$$

其 KVL 相量表达式为

$$\dot{U}_1+\dot{U}_2+\dot{U}_3-\dot{U}_4=0$$

支路电压在相量图上为一封闭的多边形。

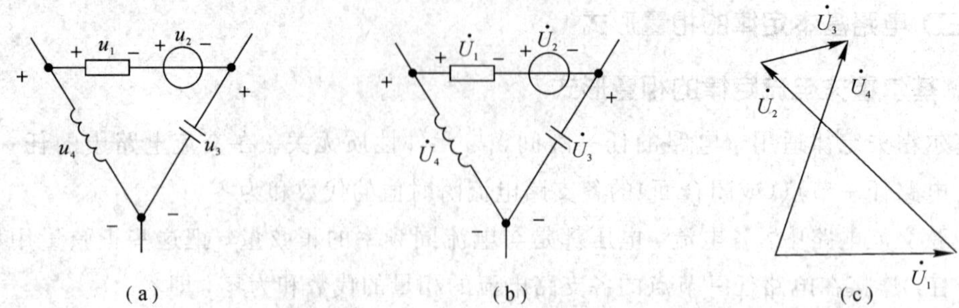

图 2-1-10 KVL 的相量形式

2.1.2 电阻、电感和电容电路

分析各种交流电路时，必须首先掌握单一理想元件电路中电压与电流的关系、它们之间的相量运算和相量图，以及对其功率和能量的分析。其它各种类型的交流电路无非是这些单一理想元件的不同组合而已。

(一) 纯电阻电路

1. 电阻元件上电压和电流的关系

纯电阻电路是最简单的交流电路，如图 2-1-11 所示。在日常生活和工作中接触到的白炽灯、电炉、电烙铁等，都属于电阻性负载，它们与交流电源连接组成纯电阻电路。

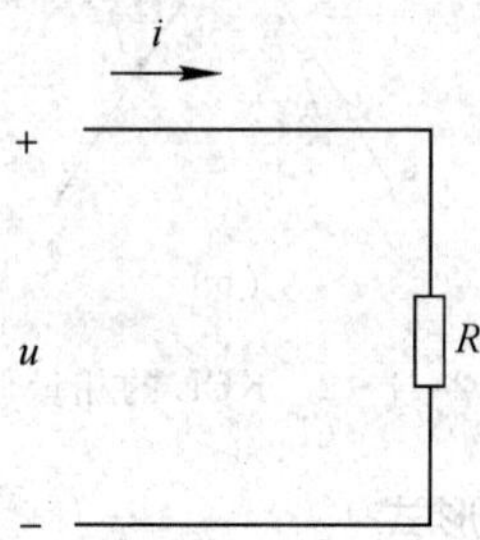

图 2-1-11 纯电阻元件交流电路

在电阻 R 两端加上正弦电压 u 时，电阻中就有正弦电流 i 通过。假设电阻两端的电压与电流采用关联参考方向。为了分析方便起见，选择电压经过零值将向正值增加的瞬间作为计时起点，即设电阻两端电压为

$$u(t)=U_m\sin\omega t$$

则

$$i(t)=\frac{u(t)}{R}=\frac{U_m\sin\omega t}{R}=I_m\sin\omega t \tag{2-1-13}$$

比较电压和电流的关系式可见：电阻两端电压 u 和电流 i 的频率相同，电压与电流的有效值(或最大值)的关系符合欧姆定律，而且电压与电流同相(相位差 $\varphi=0$)。它们在数值上满足关系式

$$U=RI \qquad 或 \qquad I=\frac{U}{R}$$

表示电阻上电压、电流的波形如图 2-1-12 所示。

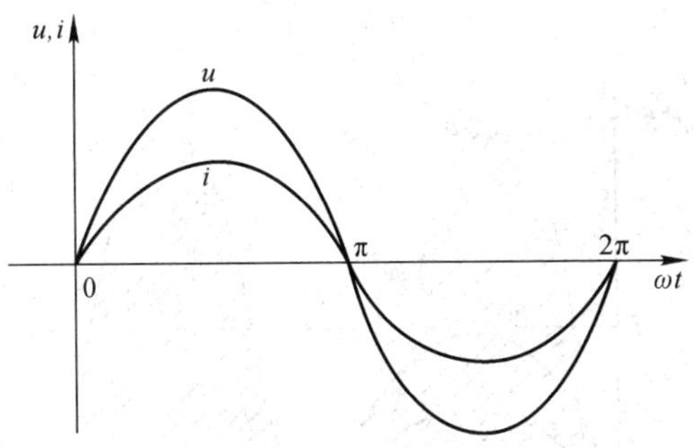

图 2-1-12　电阻上电压、电流的波形图

如用相量表示电压与电流的关系，则为

$$\dot{U}=U\mathrm{e}^{\mathrm{j}0^\circ}=U\angle 0^\circ$$

$$\dot{I}=I\mathrm{e}^{\mathrm{j}0^\circ}=I\angle 0^\circ$$

$$\frac{\dot{U}}{\dot{I}}=\frac{U}{I}\mathrm{e}^{\mathrm{j}0^\circ}=R$$

或

$$\dot{U}=R\dot{I} \tag{2-1-14}$$

式(2-1-14)即欧姆定律的相量表示式。它不仅表明了电压和电流之间的幅值(有效值)关系，而且还包含电压和电流之间的相位关系。电阻元件的电流、电压相量图如图 2-1-13 所示。

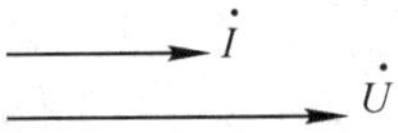

$\dot{I}$

$\dot{U}$

图 2-1-13　电阻元件的电流与电压的相量图

2. 电阻元件的功率

1) 瞬时功率

在纯电阻交流电路中，当电流 i 流过电阻 R 时，电阻上要产生热量，把电能转化为热能，电阻上必然有功率消耗。由于流过电阻的电流和电阻两端的电压都是随时间变化的，所以电阻 R 上消耗的功率也是随时间变化的。电阻中某一时刻消耗的电功率叫作瞬时功率，它等于电压 u 与电流 i 瞬时值的乘积，并用小写字母 p 表示，即

$$p=p_R=ui=U_\mathrm{m}I_\mathrm{m}\sin^2\omega t=U_\mathrm{m}I_\mathrm{m}\frac{1-\cos 2\omega t}{2}=UI(1-\cos 2\omega t) \tag{2-1-15}$$

式(2-1-15)表明：在任何瞬时，恒有 $p\geqslant 0$，说明电阻只要有电流就消耗能量，将电能转为热能，它是一种耗能元件。图 2-1-14 表示了瞬时功率随时间变化的规律。由于电阻电压与电流同相，所以当电压、电流同时为零时，瞬时功率也为零；电压、电流到达最大值时，瞬时功率达最大值。

2) 平均功率

瞬时功率虽然表明了电阻中消耗功率的瞬时状态，但不便于表示和比较大小，所以工程中常用瞬时功率在一个周期内的平均值表示功率，称为平均功率，用大写字母 P 表示。

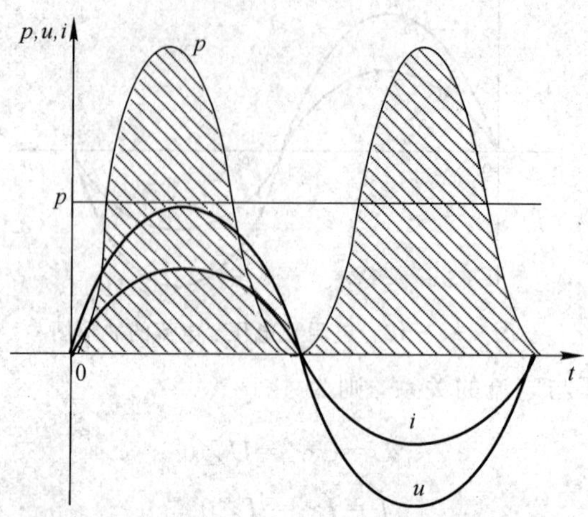

图 2-1-14　电阻元件瞬时功率的波形图

由图 2-1-14 所见：

$$P=\frac{U_{\mathrm{m}}I_{\mathrm{m}}}{2}=UI=I^2R=\frac{U^2}{R} \tag{2-1-16}$$

显然此表达方式与直流电路中电阻功率的形式相同，但式中的 U、I 不是直流电压、电流，而是正弦交流电的有效值。

例 2-6　如图 2-1-11 所示电路中，$R=10\ \Omega$，$u_R=10\sqrt{2}\sin(\omega t+30°)$ V，求电流 i 的瞬时值表达式、相量表达式和平均功率 P。

解：由 $u_R=10\sqrt{2}\sin(\omega t+30°)$ V 得

$$\dot{U}_R=10\angle 30°\ \mathrm{V}$$

$$\dot{I}=\frac{\dot{U}_R}{R}=\frac{10\angle 30°}{10}=1\angle 30°\ \mathrm{A}$$

$$i=\sqrt{2}\sin(\omega t+30°)$$

$$P=U_RI=10\times 1=10\ \mathrm{W}$$

(二) 纯电感电路

1. 元件上电压和电流的关系

若把线圈的电阻略去不计，则线圈就仅含有电感，这种线圈被认为是纯电感线圈，如图 2-1-15 所示。实际上线圈总是有些电阻的。

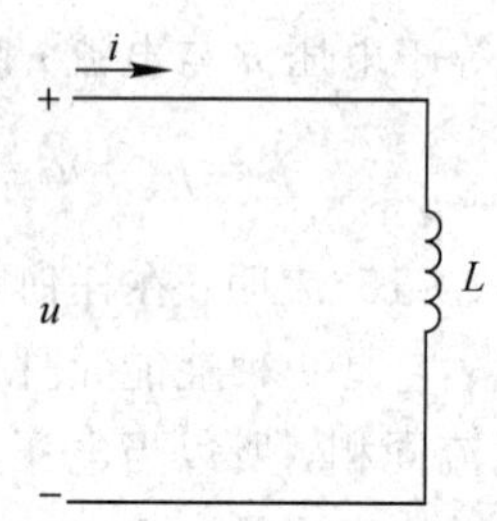

图 2-1-15　纯电感元件交流电路

当线圈中通过交流电流 i 时，就产生自感电动势 e_L 来反抗电流的变化，此规律就是电磁感应定律。由基尔霍夫电压定律可知，在任一瞬时总有

$$u_L=-e_L=L\frac{\mathrm{d}i}{\mathrm{d}t} \tag{2-1-17}$$

设电路正弦电流为

$$i=I_m\sin\omega t$$

在电压、电流关联参考方向下，可知电感元件两端电压为

$$u=L\frac{\mathrm{d}i}{\mathrm{d}t}=\omega LI_m\cos\omega t=\omega LI_m\sin(\omega t+90^\circ)=U_m\sin(\omega t+90^\circ) \tag{2-1-18}$$

比较电压和电流的关系式可见：电感两端电压 u 和电流 i 也是同频率的正弦量，电压的相位超前电流 90°，电压与电流在数值上满足关系式

$$U_m=\omega LI_m \quad 或 \quad \frac{U_m}{I_m}=\frac{U}{I}=\omega L \tag{2-1-19}$$

表示电感上电压、电流的波形如图 2-1-16 所示。

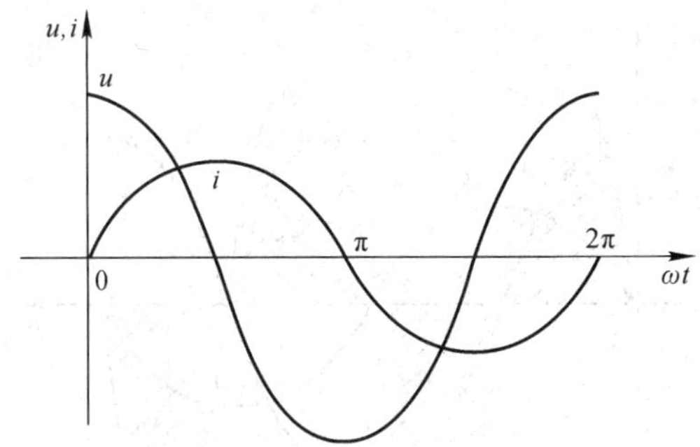

图 2-1-16　电感元件电压与电流的波形图

2. 感抗的概念

式(2-1-19)中电感上的电压有效值(或最大值)与电流有效值(或最大值)的比值为 ωL，它的单位是欧姆。当电压 U 一定时，ωL 越大，则电流 I 越小。可见电感具有对交流电流起阻碍作用的物理性质，所以称为感抗，用 X_L 表示，即

$$X_L=\omega L=2\pi fL \tag{2-1-20}$$

感抗是交流电路中的一个重要概念，它表示线圈对交流电流阻碍作用的大小。由 $X_L=2\pi fL$ 可知，感抗的大小与线圈本身的电感量 L 和通过线圈电流的频率有关。f 越高，X_L 越大，意味着线圈对电流的阻碍作用越大；f 越低，X_L 越小，即线圈对电流的阻碍作用也越小。当 $f=0$ 时 $X_L=0$，表明线圈对直流电流相当于短路。这就是线圈本身所固有的“直流畅通，高频受阻”作用。由于这个特性，电感线圈在电子及电工技术中有着广泛的应用。

如用相量表示电压与电流的关系，则为

$$\dot{U}=U\mathrm{e}^{\mathrm{j}90^\circ}=U\angle 90^\circ$$

$$\dot{I}=I\mathrm{e}^{\mathrm{j}0^\circ}=I\angle 0^\circ$$

$$\frac{\dot{U}}{\dot{I}}=\frac{U}{I}\mathrm{e}^{\mathrm{j}90^\circ}=\mathrm{j}X_L$$

或

$$\dot{U}=\mathrm{j}X_L\dot{I}=\mathrm{j}\,\omega L\dot{I} \tag{2-1-21}$$

式(2-1-21)表示电压的有效值等于电流的有效值与感抗的乘积，在相位上电压比电流超前 90°。

电感元件的电压、电流相量图如图 2-1-17 所示。

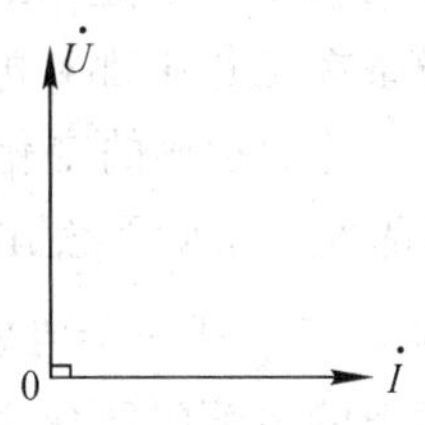

图 2-1-17　电感电路相量图

3. 电感元件的功率

1）瞬时功率

知道了电压 u 和电流 i 的变化规律和相互关系后，便可找出瞬时功率的变化规律，即

$$p=p_L=ui=U_m\sin(\omega t+90°)I_m\sin\omega t=\frac{1}{2}U_mI_m\sin2\omega t=UI\sin2\omega t \quad (2-1-22)$$

由式(2-1-22)可见，电感元件的瞬时功率 p_L 仍是一个按正弦规律变化的正弦量，只是变化频率是电源频率的两倍。其功率曲线如图 2-1-18 所示。

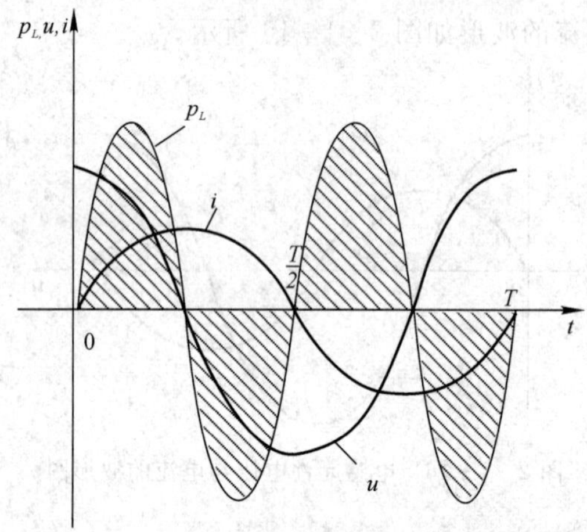

图 2-1-18　纯电感电路瞬时功率的波形图

从功率波形图可以看出，正弦交流电路中的理想电感不断地与电源进行能量交换，但却不消耗能量。

2）平均功率

纯电感条件下电路中仅有能量的交换而没有能量的损耗。由图 2-1-18 可见，电感元件的平均功率为

$$P_L=0$$

纯电感 L 虽不消耗功率，但是它与电源之间有能量交换。工程中为了表示能量交换的规模大小，将电感瞬时功率的最大值定义为电感的无功功率，简称感性无功功率，用 Q_L 表示，即

$$Q_L=UI=I^2X_L=\frac{U^2}{X_L} \quad (2-1-23)$$

Q_L 的基本单位是乏(var)。

无功功率并不是“无用”的功率，它的含义是表示电源与电感性负载之间能量的交换。许多设备在工作中都和电源存在着能量的交换，如异步电动机、变压器等要依靠电磁场的变化来工作，磁场的变化会引起磁场能量的变化，这就说明设备和电源之间存在能量的交换。因此发电机除了发出有功功率以外，还要发出适量的无功功率以满足这些设备的需要。

例 2-7　把一个电感量为 0.35 H 的线圈接到 $u=200\sqrt{2}\sin(100\pi t+60°)$ V 的电源上，求线圈中的电流瞬时值表达式。

解：由线圈两端电压的解析式

$$u=200\sqrt{2}\sin(100\pi t+60°)\ \text{V}$$

可以得到

$$U=200\ \text{V},\ \omega=100\pi\ \text{rad/s},\ \varphi=60°$$

电压 u 所对应的相量为

$$\dot{U}=200\angle 60°\ \text{V}$$

线圈的感抗为

$$X_L=\omega L=100\times 3.14\times 0.35\ \Omega\approx 110\ \Omega$$

因此可得

$$\dot{I}_L=\frac{\dot{U}_L}{\text{j}X_L}=\frac{220\angle 60°}{1\angle 90°\times 110}\ \text{A}=2\angle(-30°)\ \text{A}$$

因此通过线圈的电流瞬时值表达式为

$$i=2\sqrt{2}\sin(100\pi t-30°)\ \text{A}$$

(三) 纯电容电路

1. 元件上电压和电流关系

纯电容电路如图 2-1-19 所示。

当电压发生变化时，电容极板上的电荷也要随着发生变化，这样在电路中就引起电流

$$i=\frac{\text{d}q}{\text{d}t}=C\frac{\text{d}u}{dt}$$

如果在电容两端加一正弦电压 $u=U_\text{m}\sin\omega t$，则

$$\begin{aligned} i&=C\frac{\text{d}u}{\text{d}t}=CU_\text{m}\frac{\text{d}}{\text{d}t}(\sin\omega t)=\omega CU_\text{m}\cos\omega t\\ &=\omega CU_\text{m}\sin(\omega t+90°)\\ &=I_\text{m}\sin(\omega t+90°) \end{aligned} \tag{2-1-24}$$

比较电压和电流的关系式可见：电容两端电压 u 和电流 i 也是同频率的正弦量，电流的相位超前电压 90°，电压与电流在数值上满足如下关系式：

$$I_\text{m}=\omega CU_\text{m}\quad 或\quad \frac{U_\text{m}}{I_\text{m}}=\frac{U}{I}=\frac{1}{\omega C} \tag{2-1-25}$$

表示电容电压、电流的波形如图 2-1-20 所示。

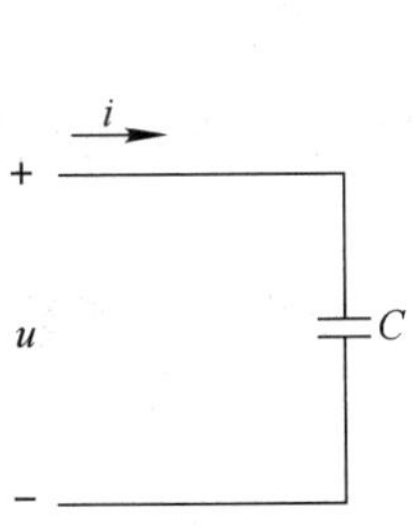

图 2-1-19　纯电容元件交流电路

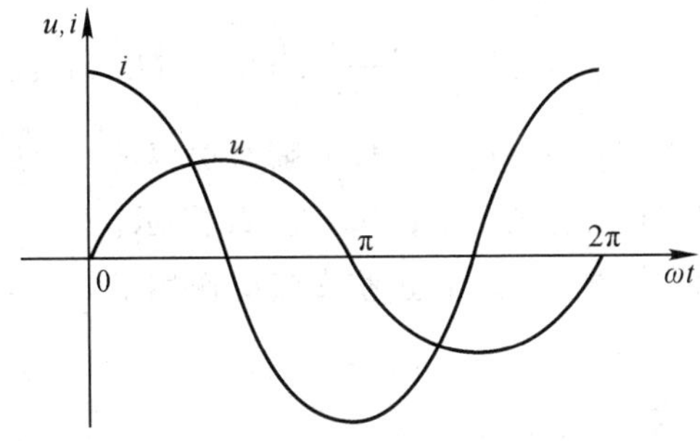

图 2-1-20　电容元件电压与电流的波形图

2. 容抗的概念

式(2-1-25)中电容电压有效值(或最大值)与电流有效值(或最大值)的比值为$\frac{1}{\omega C}$，它的单位也是欧姆(Ω)。当电压U一定时，$\frac{1}{\omega C}$越大，则电流I越小。可见电容具有对交流电流起阻碍作用的物理性质，所以称为容抗，用X_C表示，即

$$X_C=\frac{1}{\omega C}=\frac{1}{2\pi fC} \tag{2-1-26}$$

容抗X_C与电容C、频率f成反比，这是因为电容越大时，在同样电压下，电容所容纳的电荷量就越大，因而电流也就越大。当频率越高时，电容的充电与放电就进行得越快，在同样电压下，单位时间内电荷的移动量就越多，因而电流也就越大。所以电容元件对高频电流所呈现的容抗很小，相当于短路；而当频率f很低或$f=0$(直流)时，电容就相当于开路。这就是电容的隔直通交作用，电容这一特性在电子技术中被广泛应用。

如用相量表示电压与电流的关系，则为

$$\dot{U}=U\mathrm{e}^{\mathrm{j}0°}=U\angle 0°$$

$$\dot{I}=I\mathrm{e}^{\mathrm{j}90°}=I\angle 90°$$

$$\frac{\dot{U}}{\dot{I}}=\frac{U}{I}\mathrm{e}^{-\mathrm{j}90°}=-\mathrm{j}X_C$$

或

$$\dot{U}=-\mathrm{j}X_C\dot{I}=\mathrm{j}\,\frac{1}{\omega C}\dot{I}=\frac{\dot{I}}{\mathrm{j}\omega C} \tag{2-1-27}$$

式(2-1-27)表示电压的有效值等于电流的有效值与容抗的乘积，在相位上电压比电流滞后90°。

电容元件的电压、电流相量图如图2-1-21所示。

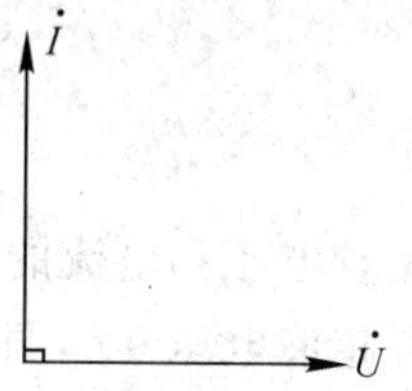

图2-1-21　电容电路相量图

3. 电容元件的功率

1) 瞬时功率

电容元件瞬时功率的变化规律：

$$\begin{aligned}p=p_C=ui&=U_\mathrm{m}\sin\omega t\cdot I_\mathrm{m}\sin(\omega t+90°)=U_\mathrm{m}I_\mathrm{m}\sin\omega t\cos\omega t\\&=\frac{U_\mathrm{m}I_\mathrm{m}}{2}\sin2\omega t=UI\sin2\omega t\end{aligned} \tag{2-1-28}$$

由上式可见，电容元件的瞬时功率是一个幅值为UI、以2ω的角频率随时间而变化的交变量，其变化波形如图2-1-22所示。

由图同样可知，在正弦交流电作用下，纯电容元件不断地与电源进行能量交换，但却不消耗能量。

2) 平均功率

由图2-1-22可见，纯电容元件的平均功率$P_C=0$。虽然纯电容不消耗功率，但是它

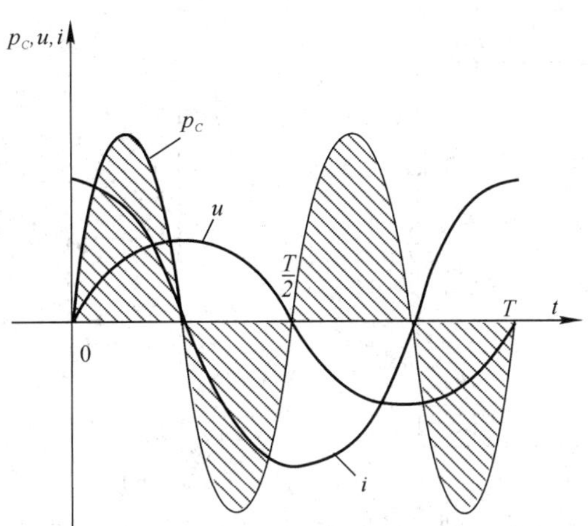

图 2-1-22 电容瞬时功率的波形图

与电源之间存在能量交换。为了表示能量交换的规模大小，将电容瞬时功率的最大值定义为电容的无功功率，或称容性无功功率，用 Q_C 表示，即

$$Q_C=UI=I^2X_C=\frac{U^2}{X_C} \tag{2-1-29}$$

Q_C 的单位也是乏(var)。

例 2-8 把电容量为 40 μF 的电容接到交流电源上，通过电容的电流为 $i=2.75\times\sqrt{2}\sin(314t+30°)$ A，试求电容两端的电压瞬时值表达式。

解：由通过电容的电流解析式

$$i=2.75\times\sqrt{2}\sin(314t+30°)\ \text{A}$$

可以得到

$$I=2.75\ \text{A},\ \omega=314\ \text{rad/s},\ \varphi=30°$$

电流所对应的相量为

$$\dot{I}=2.75\angle30°\ \text{A}$$

电容的容抗为

$$X_C=\frac{1}{\omega C}=\frac{1}{314\times40\times10^{-6}}\ \Omega\approx80\ \Omega$$

因此可得

$$\dot{U}_C=-\text{j}X_C\dot{I}=1\angle(-90°)\times80\times2.75\angle30°\ \text{V}=220\angle(-60°)\ \text{V}$$

电容两端电压瞬时值表达式为

$$u=220\sqrt{2}\sin(314t-60°)\ \text{V}$$

(四) *RLC* 串联电路

1. 串联电路中电压和电流的关系

电阻、电感、电容元件串联的电路如图 2-1-23(a)所示。电路的各元件通过同一电流。电流与各个电压的参考方向如图中所示。可根据前面得到的结论分析此电路。

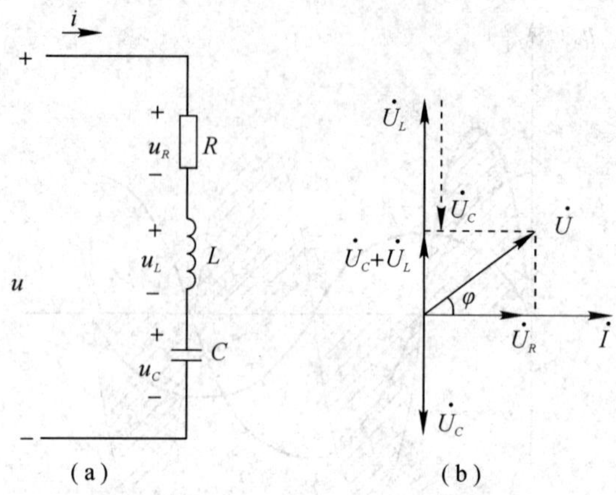

图 2-1-23　电阻、电感、电容元件串联的电路

根据基尔霍夫电压定律可列出

$$u=u_R+u_L+u_C$$

设电路中的电流为

$$i=I_m\sin\omega t$$

则电阻元件上的电压 u_R 与电流同相，即

$$u_R=Ri=RI_m\sin\omega t=U_{Rm}\sin\omega t$$

电感元件上的电压 u_L 比电流超前90°，即

$$u_L=\omega LI_m\sin(\omega t+90°)=U_{Lm}\sin(\omega t+90°)$$

电容元件上的电压 u_C 比电流滞后90°，即

$$u_C=\frac{I_m}{\omega C}\sin(\omega t-90°)=U_{Cm}\sin(\omega t-90°)$$

在上面各式中，我们可以看到

$$\frac{U_{Rm}}{I_m}=\frac{U_R}{I}=R$$

$$\frac{U_{Lm}}{I_m}=\frac{U_L}{I}=\omega L=X_L$$

$$\frac{U_{Cm}}{I_m}=\frac{U_C}{I}=\frac{1}{\omega C}=X_C$$

同频率的正弦量相加，所得出的仍为同频率的正弦量。所以电源的电压为

$$u=u_R+u_L+u_C=U_m\sin(\omega t+\varphi) \tag{2-1-30}$$

其幅值为 U_m，其与电流 i 之间的相位差为 φ。

利用相量图来求幅值 U_m（或有效值 U）和相位差 φ 最为简便。如果将电压求幅值 u_R、u_L、u_C 用相量 $\dot{U}_R$、$\dot{U}_L$、$\dot{U}_C$ 表示，则相量相加即可得出电源电压 u 的相量 $\dot{U}$。如图 2-1-23(b)所示。由电压相量 $\dot{U}$、$\dot{U}_R$ 及 $\dot{U}_L+\dot{U}_C$ 所组成的直角三角形称为电压三角形，如图 2-1-24 所示。

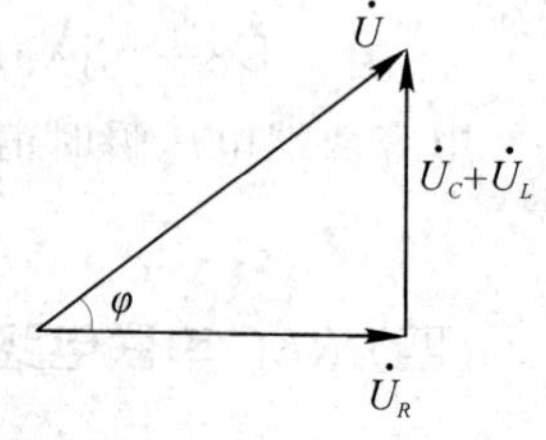

图 2-1-24　电压三角形

利用电压三角形，可求得电源电压的有效值，即

$$U=\sqrt{U_R^2+(U_L-U_C)^2}=\sqrt{(RI)^2+(X_LI-X_CI)^2}=I\sqrt{R^2+(X_L-X_C)^2}$$

上式也可以写成

$$\frac{U}{I}=\sqrt{R^2+(X_L-X_C)^2} \qquad (2-1-31)$$

2. 电路中阻抗及相量图

由式(2-1-31)可见，电路中电压与电流的有效值(或幅值)之比为$\sqrt{R^2+(X_L-X_C)^2}$。它的单位也是欧姆，也具有对电流起阻碍作用的性质，我们称它为电路的阻抗模，用$|Z|$表示，即

$$|Z|=\sqrt{R^2+(X_L-X_C)^2}=\sqrt{R^2+\left(\omega L-\frac{1}{\omega C}\right)^2} \qquad (2-1-32)$$

可见$|Z|$、R、X_L-X_C三者之间的关系也可用一个直角三角形——阻抗三角形来表示，如图2-1-25所示。

电源电压u与电流i之间的相位差φ也可从电压三角形得出，即

$$\varphi=\arctan\frac{U_L-U_C}{U_R}=\arctan\frac{X_L-X_C}{R} \qquad (2-1-33)$$

随着电路参数的不同，电压u与电流i之间的相位差φ也就不同，因此，φ的大小是由电路的参数决定的。如用相量表示电压与电流的关系，则为

$$\dot{U}=\dot{U}_R+\dot{U}_L+\dot{U}_C=R\dot{I}+jX_L\dot{I}-jX_C\dot{I}=[R+j(X_L-X_C)]\dot{I}$$

将上式写成

$$\frac{\dot{U}}{\dot{I}}=R+j(X_L-X_C) \qquad (2-1-34)$$

式中的$R+j(X_L-X_C)$称为电路的阻抗，用大写的Z表示，即

$$Z=R+j(X_L-X_C)=\sqrt{R^2+(X_L-X_C)^2}\,e^{j\arctan\frac{X_L-X_C}{R}}=|Z|e^{j\varphi} \qquad (2-1-35)$$

由上式可见，阻抗的实部为电阻，虚部为电抗，它表示了电路的电压与电流之间的关系，既表示了大小关系，又表示了相位关系。阻抗的幅角φ即为电流与电压之间的相位差。对于感性电路，φ为正；对于容性电路，φ为负。用阻抗来表示的RLC串联电路如图2-1-26所示。

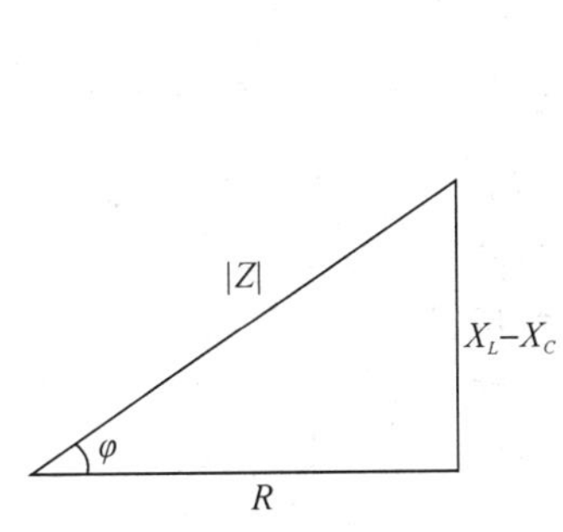

图2-1-25　阻抗三角形

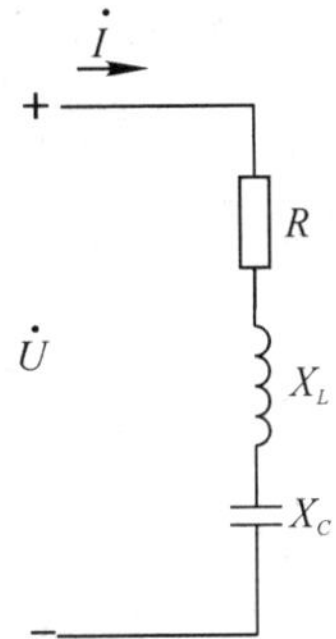

图2-1-26　用阻抗形式表示的RLC电路

3. RL串联电路

实际的设备大部分是呈感性的，如日光灯负载，可以用理想电阻与理想电感相串联的

电路模型表示，这类负载称为电感性负载，简称 RL 电路。这种电路的分析就相当于 RLC 串联电路中去掉电容 C 的电路，如图 2-1-27 所示。

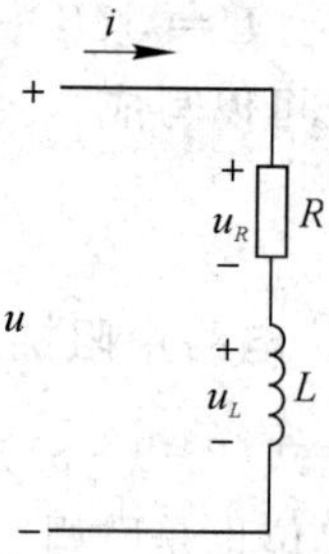

电路的电压方程为

$$u=u_R+u_L$$

其相量形式为

$$\dot{U}=\dot{U}_R+\dot{U}_L$$

RL 串联电路的阻抗为

$$Z=R+\mathrm{j}X_L \tag{2-1-36}$$

图 2-1-27　RL 串联电路

电路阻抗的模为

$$|Z|=\sqrt{R^2+X_L^2} \tag{2-1-37}$$

辐角或阻抗角为

$$\varphi=\arctan\frac{X_L}{R} \tag{2-1-38}$$

例 2-9　在 RLC 串联交流电路中，电源电压为 $u=220\sqrt{2}\sin\omega t$ V，另外已知 $R=30\ \Omega$，$X_L=40\ \Omega$，$X_C=80\ \Omega$，求电路的电流、电阻电压、电感电压和电容电压。

解： 电路中总电流为

$$\dot{I}=\frac{\dot{U}}{Z}=\frac{\dot{U}}{R+\mathrm{j}(X_L-X_C)}=\frac{220\angle 0^\circ}{30+\mathrm{j}(40-80)}\ \mathrm{A}=\frac{220\angle 0^\circ}{50\angle -53^\circ}\ \mathrm{A}=4.4\angle 53^\circ\ \mathrm{A}$$

电阻、电感、电容两端的电压分别为

$$\dot{U}_R=R\dot{I}=(30\times 4.4\angle 53^\circ)\ \mathrm{V}=132\angle 53^\circ\ \mathrm{V}$$

$$\dot{U}_L=\mathrm{j}X_L\dot{I}=(40\angle 90^\circ\times 4.4\angle 53^\circ)\ \mathrm{V}=176\angle 143^\circ\ \mathrm{V}$$

$$\dot{U}_C=-\mathrm{j}X_C\dot{I}=(80\angle -90^\circ\times 4.4\angle 53^\circ)\ \mathrm{V}=352\angle -37^\circ\ \mathrm{V}$$

例 2-10　一只日光灯和一只白炽灯并联接在 $f=50$ Hz、电压 $U=220$ V 的电源上，如图 2-1-28 所示。日光灯的额定电压 $U_N=220$ V，取用功率 $P_1=40$ W，其功率因数 $\cos\varphi_1=0.5$；白炽灯的额定电压 $U_N=220$ V，取用功率 $P_2=60$ W。求电流 I_1、I_2 和总电流 I 的大小。

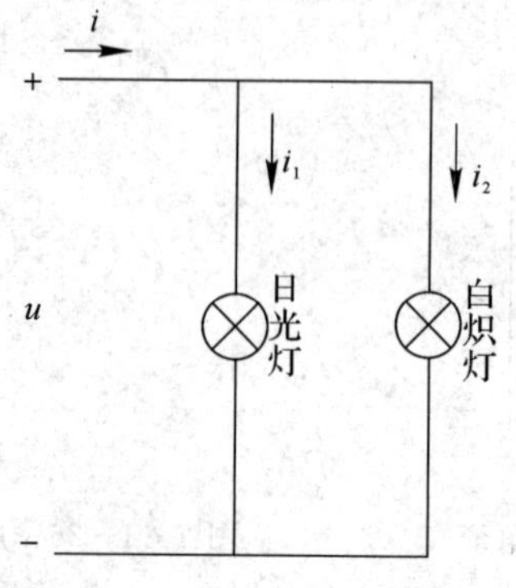

图 2-1-28　例 2-10 电路图

解： 日光灯支路的电流

$$I_1=\frac{P}{U\cos\varphi_1}=\frac{40}{220\times0.5}=0.363\ \text{A}$$

由于 $\cos\varphi_1=0.5$，所以 $\varphi_1=60°$，即 $\dot{I}_1$ 比 $\dot{U}$ 滞后60°。设电压相量 $\dot{U}$ 为参考相量，令 $\dot{U}=220\angle0°$，则电流 I_1 的相量为

$$\dot{I}_1=0.363\angle-60°$$

白炽灯支路的电流

$$I_2=\frac{P}{U}=\frac{60}{220}=0.272\ \text{A}$$

白炽灯为电阻性负载，$\cos\varphi_2=1$，$\dot{I}_2$ 和 $\dot{U}$ 同相位。所以电流 I_2 的相量为

$$\dot{I}_2=0.272\angle0°$$

在并联电路中，有

$$\begin{aligned}\dot{I}=\dot{I}_1+\dot{I}_2&=0.363\angle-60°+0.272\angle0°\\&=(0.1815-\text{j}0.314)+0.272\\&=0.4535-\text{j}0.314=0.552\angle-34.7°\ \text{A}\end{aligned}$$

因此有

$$I=0.552\ \text{A},\ \cos\varphi=\cos(-34.7°)=0.822$$

各电流与电压的相量图如图 2-1-29 所示。

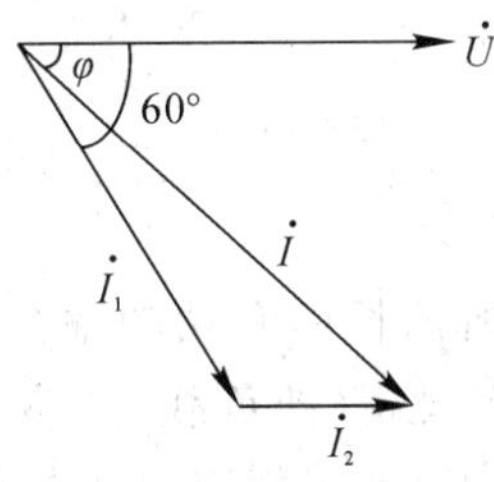

图 2-1-29 例 2-10 相量图

2.1.3 正弦交流电路中的功率及功率因数

(一) 正弦交流电路中的功率

1. 瞬时功率

如图 2-1-30 所示，若通过负载的电流为 $i=I_m\sin\omega t$，则负载两端的电压为 $u=U_m\sin(\omega t+\varphi)$，其参考方向如图中所示。

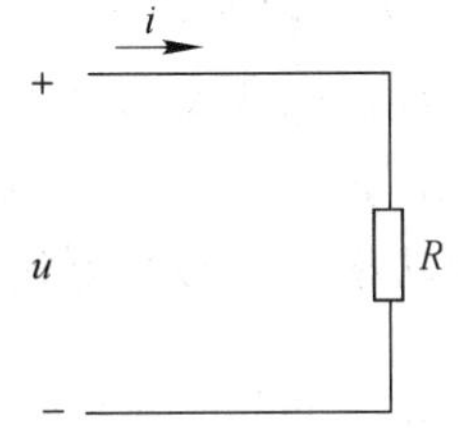

图 2-1-30 交流电路中的功率

在电压与电流关联参考方向下，瞬时功率为

$$p=ui=U_m\sin(\omega t+\varphi)I_m\sin\omega t$$

其中 $\sin(\omega t+\varphi)\cdot\sin\omega t=\frac{1}{2}\cos\varphi-\frac{1}{2}\cos(2\omega t+\varphi)$，因此

$$p=ui=UI\cos\varphi-UI\cos(2\omega t+\varphi)$$

由上可见，瞬时功率由两部分组成，一部分是恒定分量，是一个与时间无关的量；另一

部分是正弦分量，其频率为电源频率的两倍。

2. 平均功率(有功功率)

负载是要消耗电能的，其所消耗的能量可以用平均功率来表示。将一个周期内瞬时功率的平均值称为平均功率，也称有功功率。有功功率为

$$P=UI\cos\varphi \tag{2-1-39}$$

可见，对交流电路而言，其平均功率等于负载上的电压与电流有效值和 $\cos\varphi$ 的乘积，无论电路的连接形式如何，φ 角为电路负载的阻抗角，也就是电路中电压与电流的相位差，当负载一定时，$\cos\varphi$ 是一常数，称之为负载的功率因数，φ 角为功率因数角。

当电路为纯电阻电路时，电压与电流同相，即 $\varphi=0$，$\cos\varphi=1$，$P=UI$；当电路为纯电感或纯电容电路时，电压与电流的相位差为90°，即 $\cos\varphi=0$，$P=0$。此结论与前面的讨论完全一致。

3. 无功功率

电路中的电感元件与电容元件要与电源之间进行能量交换，根据电感元件、电容元件的无功功率，考虑到$\dot{U}_L$ 与$\dot{U}_C$ 相位相反，于是

$$Q=(U_L-U_C)I=(X_L-X_C)I^2=UI\sin\varphi \tag{2-1-40}$$

在感性电路中，由于 $\sin\varphi$ 为正值，所以 Q 为正值，即 $Q_L>Q_C$；在容性电路中，$\sin\varphi$ 为负值，所以 Q 为负值，即 $Q_L<Q_C$。显然，在既有电感又有电容的电路中，总的无功功率为 Q_L 与 Q_C 的代数和，即

$$Q=Q_L-Q_C \tag{2-1-41}$$

4. 视在功率

在实际交流电路中，电器设备所消耗的有功功率是由电压、电流和功率因数决定的。但在制造变压器等电器设备时，用电设备(即负载)的功率因数是不知道的。因此这些设备的额定功率不能用有功功率来表示，而是用额定电压与额定电流的乘积来表示，我们把它称为视在功率，即

$$S=UI \tag{2-1-42}$$

视在功率常用来表示电器设备的容量，其单位为伏安。视在功率不是表示交流电路实际消耗的功率，而只能表示电源可能提供的最大功率，或指某设备的容量。

5. 功率三角形

将交流电路表示电压间关系的电压三角形的各边乘以电流 I 即成为功率三角形，如图 2-1-31 所示。

由功率三角形可得到 P、Q、S 三者之间的关系为

$$P=UI\cos\varphi \tag{2-1-43}$$

$$Q=UI\sin\varphi \tag{2-1-44}$$

$$S=UI=\sqrt{P^2+Q^2} \tag{2-1-45}$$

$$\varphi=\arctan\frac{Q}{P} \tag{2-1-46}$$

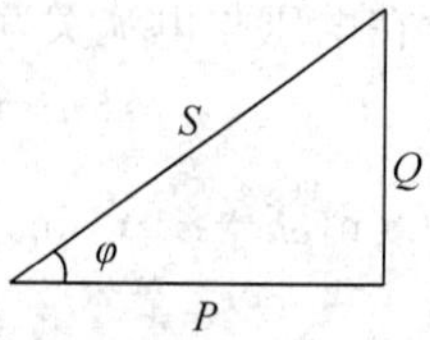

图 2-1-31　功率三角形

6. 功率因数

前面我们提过功率因数 $\cos\varphi$，其大小等于有功功率与视在功率的比值，在电工技术中，一般用 λ 表示。当负载为纯电阻负载时，$\cos\varphi=1$；但对于大部分负载而言，功率因数一般在 0～1 之间，如计算机的功率因数一般为 0.6 左右，异步电动机在额定情况下工作时为 0.6～0.9，工频感应加热炉为 0.1～0.3，日光灯为 0.5～0.6。

φ 角称为功率因数角。它既是电路总阻抗的阻抗角，又是该电路端电压与总电流的相位差角。

例 2-11　在 RLC 串联电路中，$R=30\ \Omega$，$L=382\ \text{mH}$，$C=40\ \mu\text{F}$，电源电压 $u=220\sqrt{2}\sin(314t+30°)\ \text{V}$。求电路的 P、Q 和 S。

解： 电路的阻抗

$$Z=R+\text{j}(X_L-X_C)=30+\text{j}\left(314\times382\times10^{-3}-\frac{1}{314\times40\times10^{-6}}\right)$$

$$=30+\text{j}(120-80)=50\angle53.1°\ \Omega$$

根据 $u=220\sqrt{2}\sin(314t+30°)\ \text{V}$ 可知电压相量为

$$\dot{U}=220\angle30°\ \text{V}$$

因此电流相量为

$$\dot{I}=\frac{\dot{U}}{Z}=\frac{220\angle30°}{50\angle53.1°}=4.4\angle-23.1°\ \text{A}$$

因此电路的平均功率、无功功率、视在功率分别为

$$P=UI\cos\varphi=220\times4.4\cos53.1°=581\ \text{W}$$

$$Q=UI\sin\varphi=220\times4.4\sin53.1°=774\ \text{var}$$

$$S=UI=220\times4.4=968\ \text{V}\cdot\text{A}$$

由上可见，$\varphi>0$，电压超前电流，因此电路为感性。

(二) 功率因数的提高

在生产和生活中使用的电气设备大多属于感性负载，它们的功率因数都较低。如供电系统的功率因数是由用户负载的大小和性质决定的，在一般情况下，供电系统的功率因数总是小于 1。例如，变压器容量为 1000 kV·A，$\cos\varphi=1$ 时能提供 1000 kW 的有功功率，而在 $\cos\varphi=0.7$ 时则只能提供 700 kW 的有功功率。

1. 提高功率因数的意义

无功功率的存在会引起以下两个问题：

(1) 发电设备容量不能充分利用。

每个供电设备都有额定容量，即视在功率 $S=UI$。在电路正常工作时是不允许超过额定功率值的，否则会损坏供电设备。对于非电阻负载电路，供电设备输出的总功率 S 中，一部分为有功功率 $P=S\cos\varphi$，另一部分为无功功率 $Q=S\sin\varphi$，即电源发生的能量得不到充分利用，其中一部分不能成为有用功，只能在电源与负载中的储能元件之间进行交换。

(2) 增加输电线路上的损耗。

功率因数低，还会增加发电机绕组、变压器和线路的功率损失。当负载电压和有功功率一定时，电路中的电流与功率因数成反比，功率因数越低，电路中的电流越大，线路上的

压降也就越大，电路的功率损失也就越大。这样，不仅使电能白白地消耗在线路上，而且使得负载两端的电压降低，影响负载的正常工作。

因此，为了节省电能和提高电源设备的利用率，必须提高用电设备的功率因数。根据供电管理规则，高压供电的工业企业用户的平均功率因数不低于 0.95，低压供电的用户的平均功率因数不低于 0.9。

2. 提高功率因数的方法

提高功率因数常用的方法是在感性负载的两端并联电容。感性负载提高功率因数的原理可用图 2-1-32 来说明。

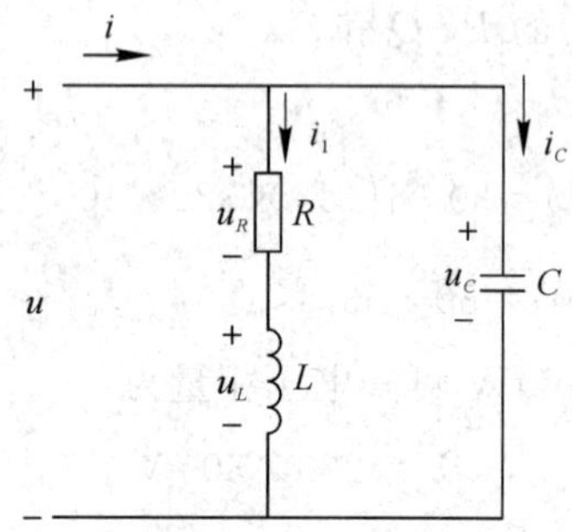

图 2-1-32　RL 与电容并联电路

RL 支路中的电流为

$$I_1=\frac{U}{|Z_L|}=\frac{U}{\sqrt{R^2+X_L^2}}$$

由于该支路为电感性负载，所以 i_1 比外加电压 u 滞后 φ_1 角，φ_1 角可由下式求出：

$$\varphi_1=\arctan\frac{X_L}{R}$$

电容支路中的电流为

$$I_C=\frac{U}{X_C}$$

理想电容电路中，i_C 超前电压 u 90°。由于两条支路中电流相位不同，所以

$$I\neq I_C+I_1$$

但是，总电流相量等于两条支路中电流的相量和。如设电压 u 为参考相量，令其初相位为零，则有

$$\dot{I}_1=\frac{\dot{U}}{R+\mathrm{j}X_L}=\frac{\dot{U}}{R+\mathrm{j}\omega L}$$

$$\dot{I}_C=\frac{\dot{U}}{-\mathrm{j}X_C}=\frac{\dot{U}}{-\mathrm{j}\,\dfrac{1}{\omega C}}$$

且 $\dot{I}=\dot{I}_C+\dot{I}_1$，其相量图如图 2-1-33 所示。

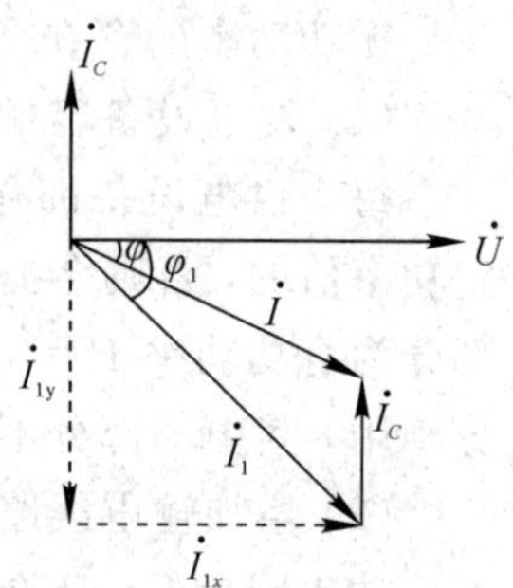

图 2-1-33　电路相量图

并联电容后，使总电流与总电压之间的相位差 φ 比没有并联电容时感性负载上的电流与总电压的相位差 φ_1 减小，这样就提高了整个电路的功率因数 $\cos\varphi$。当 $I_C=I_{1y}$ 时，$\varphi=0$，$\cos\varphi=1$；当

$I_C > I_{1y}$时，$\cos\varphi$ 随着 I_C 增大会越来越低，这时整个电路呈电容性。

由于 $I_C = \frac{U}{X_C}$，由相量图可知

$$I_C = I_1 \sin\varphi_1 - I\sin\varphi$$

即

$$U\omega C = I_1 \sin\varphi_1 - I\sin\varphi$$

因此

$$I_C = U\omega C = \frac{P}{U\cos\varphi_1}\sin\varphi_1 - \frac{P}{U\cos\varphi}\sin\varphi$$

所以并联电容的电容值为

$$C = \frac{P}{\omega U^2}(\tan\varphi_1 - \tan\varphi) \tag{2-1-47}$$

例 2-12 有一电感性负载，其功率 $P=10$ kW，功率因数 $\cos\varphi=0.6$，接在电压 $U=220$ V 电源上，电源频率 $f=50$ Hz。

(1) 如要将功率因数提高到 $\cos\varphi=0.95$，试求与负载并联的电容的电容值和电容并联前后的线路电流。

(2) 如要将功率因数 $\cos\varphi$ 从 0.95 再提高到 1，试问并联电容的电容值还需增加多少？

解：(1) $\cos\varphi_1=0.6$，即 $\varphi_1=53°$；$\cos\varphi=0.95$，即 $\varphi=18°$。

因此所需电容值为

$$C = \frac{P}{\omega U^2}(\tan\varphi_1 - \tan\varphi) = \frac{10\times10^3}{2\pi\times50\times220^2}(\tan 53° - \tan 18°)\ \text{F} = 656\ \mu\text{F}$$

电容并联前的线路电流(负载电流)为

$$I_1 = \frac{P}{U\cos\varphi_1} = \frac{10\times10^3}{220\times0.6} = 75.7\ \text{A}$$

并联后的线路电流(负载电流)为

$$I = \frac{P}{U\cos\varphi} = \frac{10\times10^3}{220\times0.95} = 47.8\ \text{A}$$

(2) 如要将功率因数从 0.95 再提高到 1，则需增加的电容值为

$$C = \frac{P}{\omega U^2}(\tan\varphi_1 - \tan\varphi) = \frac{10\times10^3}{2\pi\times50\times220^2}(\tan 18° - \tan 0°)\ \text{F} = 213.6\ \mu\text{F}$$

可见，$\cos\varphi=0.95$ 时再继续提高，则所需电容值很大(不经济)，所以一般不必将功率因数提高到 1。

例 2-13 现有电压 $u=220\sqrt{2}\sin 314t$ V 电源上，额定视在功率 $S=10$ kV·A 的正弦交流电源供电给有功功率 $P=8$ kW、功率因数 $\cos\varphi=0.6$ 的感性负载。试问：

(1) 该电源供出电流是否超过额定值？

(2) 欲将电路的功率因数提高到 0.95，应并联多大电容？

(3) 并联电容后，电源供出的电流是多少？

解：(1) 由 $P=UI\cos\varphi$ 可求出电源供出电流为

$$I = \frac{P}{U\cos\varphi} = \frac{8\times10^3}{220\times0.6}\ \text{A} = 60.6\ \text{A}$$

而电源的额定电流为

$$I_N=\frac{S}{U}=\frac{10\times10^3}{220}\ \text{A}=45.5\ \text{A}$$

可见该电源提供的电流已超过额定电流值，使电源过载工作，即

$$S=UI=220\times60.6\ \text{V}\cdot\text{A}=13.3\ \text{kV}\cdot\text{A}$$

(2) $\cos\varphi_1=0.6$，即 $\varphi_1=53°$；$\cos\varphi=0.95$，即 $\varphi=18°$。

因此所需电容值为

$$C=\frac{P}{\omega U^2}(\tan\varphi_1-\tan\varphi)=\frac{8\times10^3}{314\times220^2}(\tan 53°-\tan 18°)\text{F}=526\ \mu\text{F}$$

(3) 并联后的线路电流(负载电流)为

$$I=\frac{P}{U\cos\varphi}=\frac{8\times10^3}{220\times0.95}=38.3\ \text{A}$$

此时电源提供的电流 38.3 A 小于其额定电流 45.5 A，使电源不再过载工作。电源向负载提供的视在功率为

$$S=UI=220\times38.3\ \text{V}\cdot\text{A}=8.4\ \text{kV}\cdot\text{A}$$

知识扩展——串联谐振与并联谐振

(一) 串联谐振

1. 谐振条件

对于如图 2-1-34 所示的 RLC 串联电路，其总阻抗为

$$Z=R+\text{j}\omega L-\text{j}\frac{1}{\omega C}=R+\text{j}(X_L-X_C)=R+\text{j}X=|Z|\angle\varphi$$

其中

$$|Z|=\sqrt{R^2+\left(\omega L-\frac{1}{\omega C}\right)^2}$$

电抗为

$$X=X_L-X_C=\omega L-\frac{1}{\omega C}$$

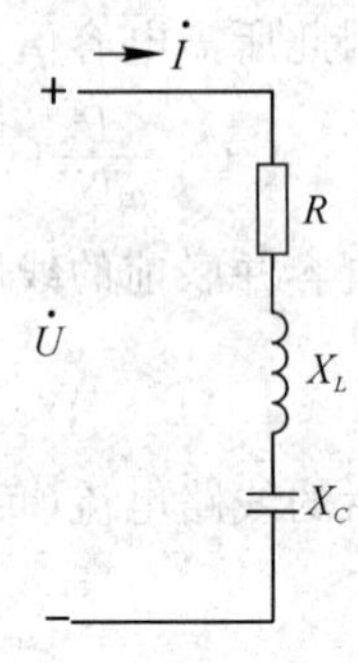

图 2-1-34 RLC 串联电路

假设元件参数 L 及 C 不变，则电抗 X 将随频率变化。当 $X_L>X_C$ 时，电路呈感性，电压超前电流；当 $X_L<X_C$ 时，电路呈容性，电压滞后电流；当 ω 为某一值，恰好使感抗 X_L 和容抗 X_C 相等时，则 $X=0$，此时电路中的电流和电压同相位，电路的阻抗最小，且等于电阻($|Z|=R$)。电路的这种状态称为谐振。由于是在 RLC 串联电路中发生的谐振，故又称为串联谐振。

从上面的分析可以看出，对于 RLC 串联电路，谐振时应满足以下条件：

$$X=\omega L-\frac{1}{\omega C}=0\quad 或\quad \omega L=\frac{1}{\omega C}$$

式中，ω 为谐振角频率，用 ω_0 表示，则

$$\omega_0=\frac{1}{\sqrt{LC}}\tag{2-1-48}$$

电路发生谐振的频率称为谐振频率

$$f_0=\frac{1}{2\pi\sqrt{LC}} \tag{2-1-49}$$

在 RLC 串联电路中，当电路中的参数 L、C 一定时，谐振频率也就确定了。当电源频率等于谐振频率时，电路就发生谐振。反之，当外加电压的频率固定时，也可以通过改变电路参数(L 或 C)使电路达到谐振。

2. 谐振电路分析

当电路发生谐振时，$X=0$，因此 $|Z|=R$，即此时电路的阻抗最小，因而在电源电压不变的情况下，电路中的电流将在谐振时达到最大，其数值为

$$I=I_0=\frac{U}{R} \tag{2-1-50}$$

式中 I_0 为谐振电流。

由于电源电压与电路中电流同相，因此电路对电源呈现电阻性，电源供给电路的能量全被电阻所消耗，电源与电路之间不发生能量的互换。能量的互换只发生在电感线圈与电容之间。

发生谐振时，电路中的感抗和容抗相等，而电抗为零。故电感和电容两端电压有效值必然相等，即 $U_L=U_C$，而 $\dot{U}_L$ 和 $\dot{U}_C$ 在相位上相反，互相抵消，对整个电路不起作用，因此电源电压 $\dot{U}=\dot{U}_R$，如图 2-1-35 相量图所示。

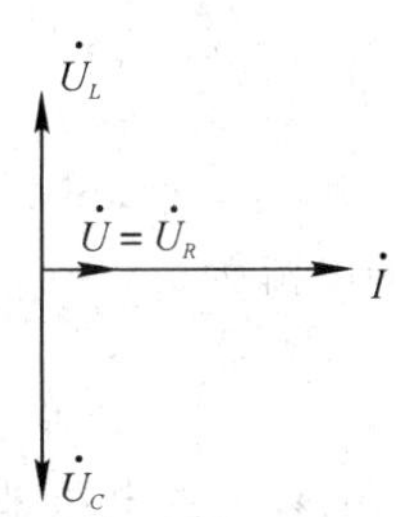

图 2-1-35 RLC 串联谐振相量图

因为

$$U_L=IX_L=X_L\frac{U}{R}$$

$$U_C=IX_C=X_C\frac{U}{R}$$

当 $X_L=X_C>R$ 时，U_L 和 U_C 都高于电源电压 U。如果电压过高，可能会击穿线圈和电容的绝缘，因此，在电力工程中一般应避免发生串联谐振。但有时在电子技术工程领域也常利用串联谐振以获得较高电压，电容或电感元件上的电压常高于电源电压几十倍或几百倍。

因为串联谐振时 U_L 和 U_C 可能超过电源电压许多倍，所以串联谐振也称电压谐振。

U_L 或 U_C 与电源电压 U 的比值通常用 Q 来表示：

$$Q=\frac{U_L}{U}=\frac{U_C}{U}=\frac{X_L}{R}=\frac{X_C}{R}$$

Q 称为电路的品质因数，它表示在谐振时电容或电感元件上的电压是电源电压的 Q 倍。例如，$Q=120$、$U=10$ V，那么在谐振时电容或电感上的电压就高达 1200 V。

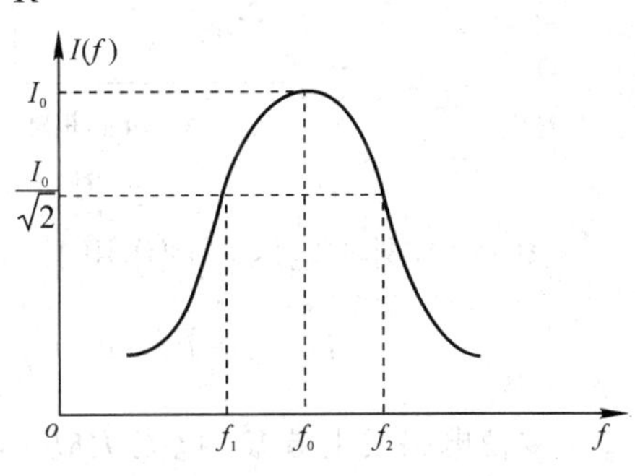

图 2-1-36 电流谐振曲线

在 RLC 串联电路中，阻抗随频率的变化而改变，由于 $I=U/Z$，在外加电压 U 不变的情况下，I 也将随频率变化，这一曲线称为电流谐振曲线，如图 2-1-36 所示。从图中可以看出，f 越接近 f_0，

电流越大，信号越易通过；f 越偏离 f_0，电流越小，信号越不易通过。电路具有这种选择接近于谐振频率附近的电流通过的性能称为选择性。选择性与电路的品质因数 Q 有关，品质因数越大，电流谐振曲线越尖锐，选择性越好。

例 2-14 在电阻、电感、电容串联谐振电路中，$L=0.05\ \text{mH}$，$C=200\ \text{pF}$，品质因数 $Q=100$，交流电压的有效值 $U=1\ \text{mV}$。试求：

(1) 电路的谐振频率 f_0。

(2) 谐振时电路中的电流 I。

(3) 电容上的电压 U_C。

解：(1) 电路的谐振频率为

$$f_0=\frac{1}{2\pi\sqrt{LC}}=\frac{1}{2\times3.14\times\sqrt{5\times10^{-5}\times2\times10^{-10}}}\ \text{Hz}=1.59\ \text{MHz}$$

(2) 由于品质因数为

$$Q=\frac{X_L}{R}=\frac{\omega_0 L}{R}=\frac{1}{R}\sqrt{\frac{L}{C}}$$

故

$$R=\frac{1}{Q}\sqrt{\frac{L}{C}}=\frac{1}{100}\sqrt{\frac{5\times10^{-5}}{2\times10^{-10}}}=5\ \Omega$$

谐振电流为

$$I_0=\frac{U}{R}=\frac{1\times10^{-3}}{5}\ \text{A}=0.2\ \text{mA}$$

(3) 电容上的电压是电源电压的 Q 倍，即

$$U_C=QU=100\times1\times10^{-3}\ \text{A}=100\ \text{mV}$$

(二) 并联谐振

1. 谐振条件

在电子技术中为提高谐振电路的选择性，常常需要提高 Q 值。但是当信号源内阻很大时，采用串联谐振会使 Q 值大为降低，使谐振电路的选择性显著变差。这种情况下，常采用并联谐振电路。下面讨论 RLC 并联谐振电路，电路图如图 2-1-37(a)所示。

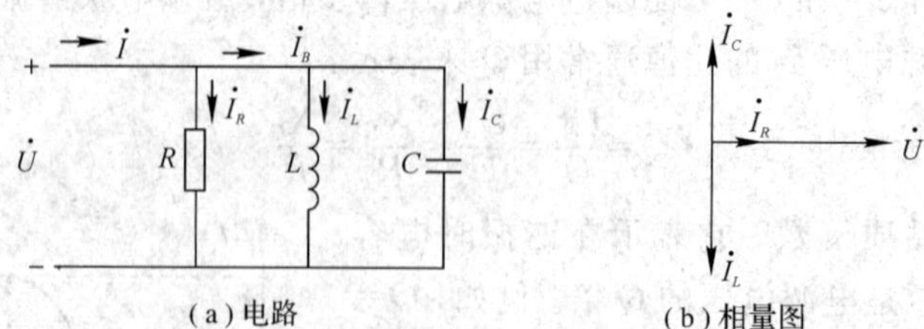

(a) 电路　　(b) 相量图

图 2-1-37　RLC 并联谐振电路

图中，在外加电压 U 的作用下，各支路电流为 $\dot{I}_R$、$\dot{I}_L$、$\dot{I}_C$，电路的总电流

$$I=\dot{I}_R+\dot{I}_L+\dot{I}_C=\frac{\dot{U}}{R}+\frac{\dot{U}}{\text{j}\omega L}+\text{j}\omega C\dot{U}=\dot{U}\left[\frac{1}{R}+\text{j}\left(\omega C-\frac{1}{\omega L}\right)\right] \qquad (2-1-51)$$

要使电路发生谐振，电流 $\dot{I}$ 应与电压 $\dot{U}$ 同相位，即上式中虚部为零，因此应满足下列条件：

$$\omega C-\frac{1}{\omega L}=0$$

即

$$\omega_0=\frac{1}{\sqrt{LC}} \tag{2-1-52}$$

谐振频率为

$$f_0=\frac{1}{2\pi\sqrt{LC}} \tag{2-1-53}$$

可见 RLC 并联谐振和串联谐振回路的谐振条件及谐振频率相同。图 2-1-37(b)为 RLC 并联电路的相量图。

2. 谐振电路的特点

在 RLC 并联电路中，当 $X_L=X_C$，即 $\omega L=\frac{1}{\omega C}$时，从电源流出的电流最小，电路的总电压与总电流同相，我们把这种现象称为并联谐振。谐振时，电路中电流与电压同相，电路呈现电阻性，谐振电流

$$I_0=\frac{U}{R} \tag{2-1-54}$$

并联谐振电路也可引入品质因数 Q，且与串联回路的 Q 值一样，即

$$Q=\frac{\omega_0 L}{R}=\frac{1}{R}\sqrt{\frac{L}{C}} \tag{2-1-55}$$

RLC 并联谐振电路的特点有些与串联谐振电路相似，有些与串联谐振电路相反。下面通过对比，简单介绍并联谐振电路的特点。

① 并联谐振电路的总阻抗最大，这与串联谐振电路相反。

$$|Z|=\frac{1}{RC}=Q^2R \tag{2-1-56}$$

② 并联谐振电路的总电流最小，这与串联谐振电路相反。

$$I_0=\frac{U}{R}$$

③ 谐振时，回路阻抗为纯电阻，回路端电压与总电流同相。这与串联谐振电路相同。

(三) R、L 与 C 并联谐振电路

1. 谐振条件

在实际工程电路中，最常见的、用途极广泛的谐振电路是由电感线圈和电容并联组成的电路，如图 2-1-38 所示。当电容损耗很小，可以忽略不计时，可将其看成一个纯电容。线圈的电阻是不可忽略的，可将其看成一个纯电感和电阻串联而成。

电感线圈与电容并联谐振电路的谐振频率为

$$f_0=\frac{1}{2\pi\sqrt{LC}}\sqrt{1-\frac{CR^2}{L}} \tag{2-1-57}$$

式中，R 为线圈的电阻，单位为欧姆(Ω)。

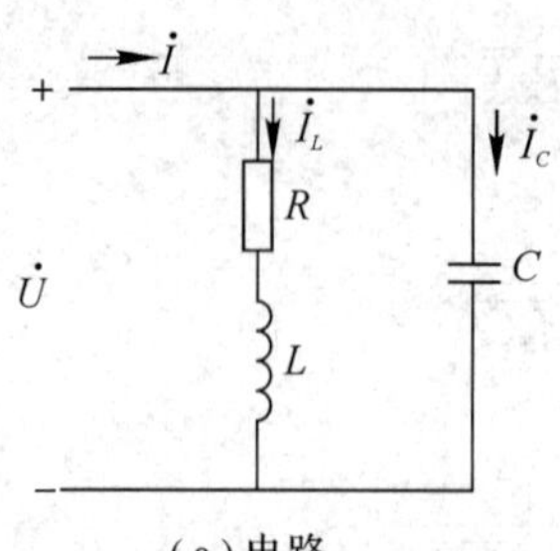

(a)电路

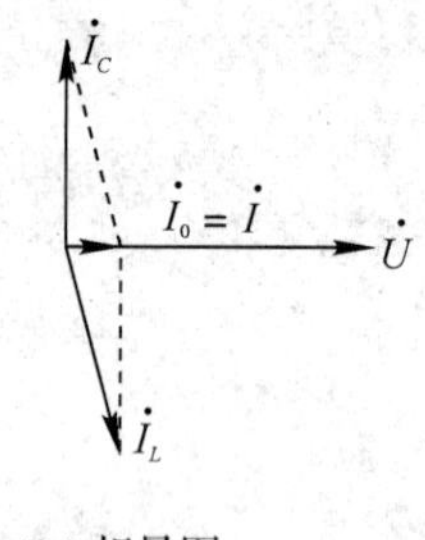

(b)相量图

图 2-1-38　R、L 与 C 并联谐振电路

在一般情况下，线圈的电阻比较小，$\sqrt{\frac{L}{C}}\gg R$，即 $Q\gg 1$，则$\frac{CR^2}{L}\approx 0$，所以振荡频率近似为

$$f_0=\frac{1}{2\pi\sqrt{LC}} \tag{2-1-58}$$

这个公式与串联谐振频率公式相同。在实际电路中，如果电阻的损耗较小，应用此公式计算出的结果的误差是很小的。

2. 谐振电路的特点

电感线圈与电容并联的电路，谐振时具有的特点与 RLC 并联谐振电路相同。

① 电路呈纯电阻特性，总阻抗最大，当$\sqrt{\frac{L}{C}}\gg R$ 时，

$$|Z|=\frac{L}{RC} \tag{2-1-59}$$

② 品质因数定义为

$$Q=\frac{1}{R}\sqrt{\frac{L}{C}} \tag{2-1-60}$$

③ 总电压与总电流同相，数量关系为

$$U=I_0|Z| \tag{2-1-61}$$

④ 支路电流为总电流的 Q 倍，即

$$I_L=I_C=QI \tag{2-1-62}$$

因此，并联谐振又叫作电流谐振。

例 2-15　在图 2-1-39 所示线圈与电容并联电路中，已知线圈的电阻 $R=10\ \Omega$，电感 $L=0.127$ mH，电容 $C=200$ pF。求电路的谐振频率 f_0 和谐振阻抗 Z_0。

解：谐振回路的品质因数为

$$Q=\frac{1}{R}\sqrt{\frac{L}{C}}=\frac{1}{10}\sqrt{\frac{0.127\times10^{-3}}{200\times10^{-12}}}\approx 80$$

回路的品质因数 $Q\gg 1$，因此谐振频率为

$$f_0=\frac{1}{2\pi\sqrt{LC}}=\frac{1}{2\times3.14\times\sqrt{0.127\times10^{-3}\times200\times10^{-12}}}$$
$$=10^6\ \text{Hz}$$

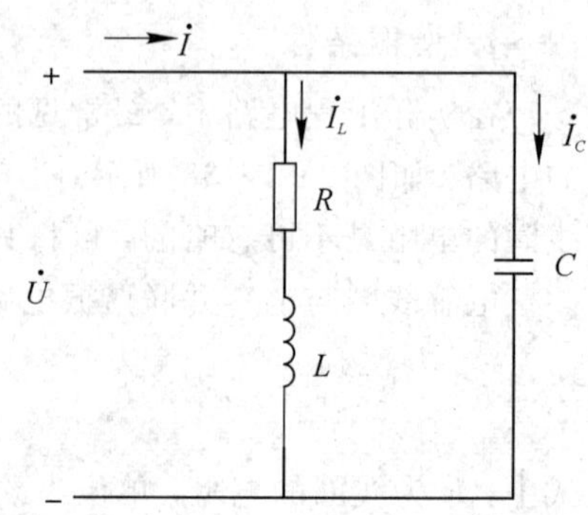

图 2-1-39　线圈与电容并联谐振电路

谐振阻抗为

$$Z_0=\frac{L}{RC}=Q^2R=80^2\times10\ \Omega=64\ \text{k}\Omega$$

任务实施——日光灯电路的安装与检测

本任务主要以电感式镇流器单管电路为例来说明日光灯电路的安装，其安装接线原理图如图 2-1-40 所示。在安装过程中，主要是以灯架的组装、固定、接线，以及灯管的安装和启辉器的安装为主，以掌握其安装步骤和工艺要求；而日光灯电路的故障排除主要是应能够了解几种常见故障产生的原因并能快速检修、处理，如了解灯管完全不发光、日光灯抖动或发光后熄灭，镇流器有杂音或电磁声，镇流器过热或冒烟等现象及处理方法。

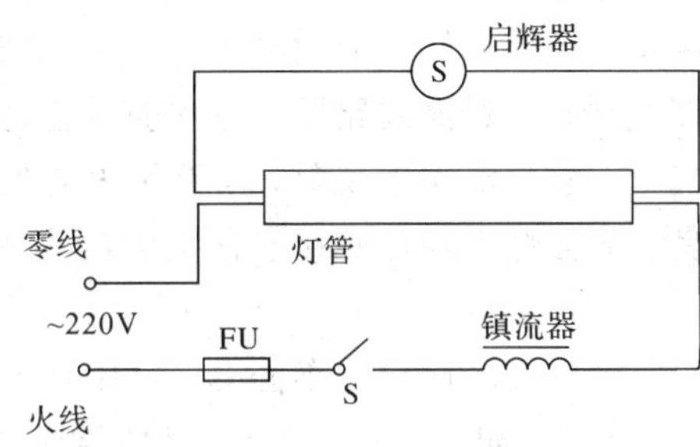

图 2-1-40　日光灯电路的安装

1. 实训目的

(1) 提高专业意识，培养良好的职业道德和职业习惯。

(2) 能够正确并较熟练地安装日光灯电路。

(3) 能够判别日光灯电路中常见的故障并能排除。

2. 实训工具

通用电工工具、万用表、灯架、日光灯管、灯座、镇流器、启辉器、开关、熔断器、BVV 塑料护套线、铝片线卡及挂线盒。

3. 实训内容与步骤

1) 日光灯电路各零部件的检测

① 日光灯的检测：灯管两端灯丝应有几欧姆的电阻，将万用表置于 $R\times1$ 挡。

② 镇流器的检测：将万用表置于 $R\times10$ 或 $R\times1$ 挡。

③ 启辉器的检测：启辉器不导通，电容应有充电效应。

④ 日光灯灯座、启辉器的底座的检测：检查日光灯插座、启辉器的底座内接线是否良好，有否损坏。

⑤ 灯管功率和镇流器功率的检测：检测两者是否相同，如不同，则灯管不能发光或是使灯管和镇流器损坏。

2) 日光灯电路的安装

① 准备灯架：根据日光灯管长度的要求，购置或制作与之配套的灯架。

② 组装灯架：对分散控制的日光灯，将镇流器安装在灯架的中间位置，对集中控制的

几盏日光灯，几只镇流器应集中安装在控制点的一块配电板上；然后将启辉器座安装在灯架的一端，两个灯座分别固定在灯架两端，中间距离要按所用灯管长度量好，使灯管两端灯脚既能插进灯座插孔，又能有较紧的配合。各配件位置固定后，按电路图进行接线，只有灯座才是边接线边固定在灯架上。接线完毕，要对照电路图详细检查，以免接错、接漏。

③ 固定灯架：固定灯架的方式有吸顶式和悬吊式两种。悬吊式又分为金属链条悬吊和钢管悬吊两种。安装前先在设计的固定点打孔预埋合适的紧固件，然后将灯架固定在紧固件上。

④ 最后把启辉器旋入底座，把日光灯管装入灯座，开关、熔断器等按白炽灯安装方法进行接线。检查无误后，即可通电试用。

3）日光灯电路的检测

以日光灯不能启动或不能发光为例，分析可能产生这种情况的原因并检测。

① 启辉器损坏或与底座接触不良：维修或更换。

② 新装日光灯可能的接线错误：对照线路图仔细检查，若是接线错误，应更正。

③ 灯丝断开或灯管漏气：观察通电瞬间现象，用万用表电阻挡分别检测两端灯丝。

④ 灯脚与灯座接触不良：除去灯脚与灯座接触面上的氧化物，再将灯脚插入灯座通电进行试用。

⑤ 镇流器内部线圈开路、接头松动或灯管不配套：可用一个在其他日光灯路上正常工作而又与该灯管配套的镇流器代替。如灯管正常工作，则证明镇流器有问题，应更换。

⑥ 电源电压太低或线路电压降太大：可用万用表交流挡检查日光灯电源电压。

4. 实训注意事项

(1) 在通电试验中，严禁用手乱摸荧光灯，在出现故障时一定要先脱离(断开)电源再找原因，绝不可在通电情况下排除故障。

(2) 不允许带电接、拆线，发生异常现象时应立即断开电源开关。

(3) 万用表挡位不可拨错。

(4) 实验过程中注意同学间相互协助。

(5) 分工明确，注意教师引导。

(6) 注意人身安全和设备安全。

5. 实训考核标准

实训考核标准见表 2-1-2。

表 2-1-2 实训考核标准

考核项目	配分	评分标准	扣分	得分
布置元件位置	10	不能识图扣 10 分		
		开关未接在相线上扣 5 分		
布线安装	45	导线敷设未达工艺要求，每处扣 5 分		
		电气元件安装不端正，每处扣 5 分		
		线卡分布尺寸不规范，每处扣 10 分		
		相线未进开关或接错，每处扣 10 分		

续表

考核项目	配分	评 分 标 准	扣分	得分
试灯及线路质量	45	一次试灯不成功扣 10 分		
		发现线路故障扣 20 分		
		线路不美观、不整齐扣 10 分		
安全文明生产	违反安全文明生产规程，扣 5～10 分			
定额时间 90 min	超时 15 min 酌情扣分			
备注	除定额时间外，各项目的最高扣分不应超过所分配的分数			
开始时间		结束时间		实际时间		总成绩	

思 考 与 练 习

(一) 填空题

1. 正弦交流电的三要素是指正弦量的________、________和________。

2. 反映正弦交流电振荡幅度的量是它的________；反映正弦量随时间变化快慢程度的量是它的________；确定正弦量计时开始位置的是它的________。

3. 已知一正弦量 $i=7.07\sin(314t-30^\circ)$ A，则该正弦电流的最大值是________ A；有效值是________ A；角频率是________ rad/s；频率是________ Hz；周期是________ s；随时间的变化进程相位是________；初相位是________，合________弧度。

4. 正弦量的________值等于它的瞬时值的平方在一个周期内的平均值的________，所以________值又称为方均根值。

5. 两个________正弦量之间的相位之差称为相位差，________频率的正弦量之间不存在相位差的概念。

6. 实际应用的电表交流指示值和我们实验用的交流测量值，都是交流电的________值。工程上所说的交流电压、交流电流的数值通常也都是它们的________值，此值与交流电最大值的数量关系为________。

7. 电阻元件上的电压、电流在相位上是________关系；电感元件上的电压、电流相位存在________关系，且电压________电流；电容元件上的电压、电流相位存在________关系，且电压________电流。

8. ________的电压和电流构成的是有功功率，用 P 表示，单位为________；________的电压和电流构成无功功率，用 Q 表示，单位为________。

9. 能量转换中过程不可逆的功率称为________，能量转换中过程可逆的功率称为________。能量转换过程不可逆的功率意味着不但________，而且还有________；能量转换过程可逆的功率则意味着只________不________。

10. ________三角形是相量图，因此可定性地反映各电压相量之间的________关系及相位关系，__________三角形和__________三角形不是相量图，因此它们只能定性地反映各量之间的__________关系。

11. RLC 串联电路中，电路复阻抗虚部大于零时，电路呈________性；电路复阻抗虚部小于零时，电路呈________性；当电路复阻抗的虚部等于零时，电路呈________性，此时电路中的总电压和电流相量在相位上呈________关系，称电路发生串联________。

12. RL 串联电路中，电阻两端电压为 120 V，电感两端电压为 160 V，则电路总电压是__________ V。

13. RLC 并联电路中，测得电阻上通过的电流为 3 A，电感上通过的电流为 8 A，电容元件上通过的电流是 4 A，总电流是__________ A，电路呈__________性。

14. 在含有 L、C 的电路中，出现总电压、电流同相位，这种现象称为________。这种现象若发生在串联电路中，则电路中阻抗________，电压一定时电流________，且在电感和电容两端将出现________；该现象若发生在并联电路中，电路阻抗将________，电压一定时电流则________，但在电感和电容支路中将出现________现象。

15. 谐振发生时，电路中的角频率 $\omega_0=$__________，$f_0=$__________。

16. 串联谐振电路的品质因数 $Q=$__________。

17. 理想并联谐振电路谐振时的阻抗 $Z=$__________，总电流等于__________。

（二）判断题

1. 正弦量可以用相量来表示，因此相量等于正弦量。（　　）
2. 几个复阻抗相加时，它们的和增大；几个复阻抗相减时，其差减小。（　　）
3. 串联电路的总电压超前电流时，电路一定呈感性。（　　）
4. 并联电路的总电流超前路端电压时，电路应呈感性。（　　）
5. 电感电容相串联，$U_L=120$ V，$U_C=80$ V，则总电压等于 200 V。（　　）
6. 电阻电感相并联，$I_R=3$ A，$I_L=4$ A，则总电流等于 5 A。（　　）
7. 提高功率因数，可使负载中的电流减小，因此电源利用率提高。（　　）
8. 避免感性设备的空载，减少感性设备的轻载，可自然提高功率因数。（　　）
9. 只要在感性设备两端并联一电容，即可提高电路的功率因数。（　　）
10. 视在功率在数值上等于电路中有功功率和无功功率之和。（　　）
11. 正弦量的三要素是指它的最大值、角频率和相位。（　　）
12. $u_1=220\sqrt{2}\sin 314t$ V 超前 $u_2=311\sin(628t-45°)$ V 为 45°电角。（　　）
13. 电抗和电阻的概念相同，都是阻碍交流电流的因素。（　　）
14. 电阻元件上只消耗有功功率，不产生无功功率。（　　）
15. 从电压、电流瞬时值关系式来看，电感元件属于动态元件。（　　）
16. 无功功率的概念可以理解为这部分功率在电路中不起任何作用。（　　）
17. 串联谐振电路不仅广泛应用于电子技术中，也广泛应用于电力系统中。（　　）
18. 谐振电路的品质因数越高，电路选择性越好，因此实用中 Q 值越大越好。（　　）
19. 串联谐振在 L 和 C 两端会出现过电压现象，因此也把串联谐振称为电压谐振。（　　）
20. 并联谐振在 L 和 C 支路上会出现过流现象，因此常把并联谐振称为电流谐振。（　　）

(三) 单项选择题

1. 在正弦交流电路中，电感元件的瞬时值伏安关系可表达为(　　)。

A. $u=iX_L$　　B. $u=\mathrm{j}i\omega L$　　C. $u=L\frac{\mathrm{d}i}{\mathrm{d}t}$

2. 已知工频电压有效值和初始值均为 380 V，则该电压的瞬时值表达式为(　　)。

A. $u=380\sin 314t$ V

B. $u=537\sin(314t+45°)$ V

C. $u=380\sin(314t+90°)$ V

3. 已知 $i_1=10\sin(314t+90°)$ A，$i_2=10\sin(628t+30°)$ A，则(　　)。

A. i_1超前 i_2 60°　　B. i_1滞后 i_2 60°　　C. 相位差无法判断

4. 电容元件的正弦交流电路中，电压有效值不变，当频率增大时，电路中电流将(　　)。

A. 增大　　B. 减小　　C. 不变

5. 电感元件的正弦交流电路中，电压有效值不变，当频率增大时，电路中电流将(　　)。

A. 增大　　B. 减小　　C. 不变

6. 实验室中的交流电压表和电流表的读值是交流电的(　　)。

A. 最大值　　B. 有效值　　C. 瞬时值

7. 某电阻元件的额定数据为“1 kΩ，2.5 W”，正常使用时允许流过的最大电流为(　　)。

A. 50 mA　　B. 2.5 mA　　C. 250 mA

8. 标有额定值为“220 V，100 W”和“220 V，25 W”的白炽灯两盏，将其串联后接入 220 V 工频交流电源上，其亮度情况是(　　)。

A. 100 W 的灯泡较亮　　B. 25 W 的灯泡较亮　　C. 两只灯泡一样亮

9. 在 RL 串联的交流电路中，R 上端电压为 16 V，L 上端电压为 12 V，则总电压为(　　)。

A. 28 V　　B. 20 V　　C. 4 V

10. 已知电路复阻抗 $Z=(3-\mathrm{j}4)\ \Omega$，则该电路一定呈(　　)。

A. 感性　　B. 容性　　C. 阻性

11. 在图中所示电路中，$R=X_L=X_C$，并已知安培表 A_1 的读数为 3 A，则安培表 A_2、A_3 的读数应为(　　)。

A. 1 A，1 A　　B. 3 A，0A　　C. 4.24 A，3 A

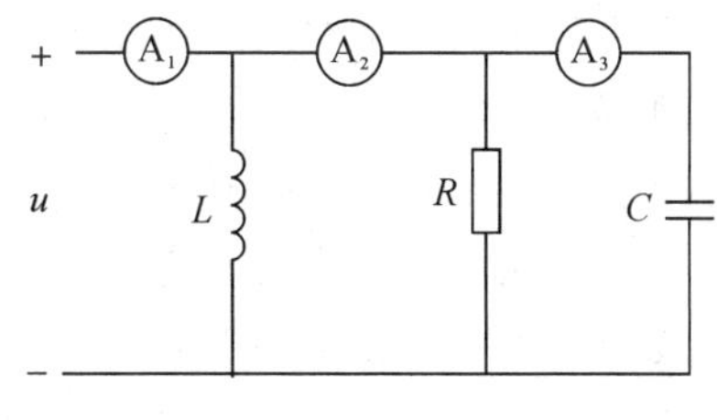

题 11 图

12. 每只日光灯的功率因数为0.5，当 N 只日光灯相并联时，总的功率因数(　　)；若再与 M 只白炽灯并联，则总功率因数(　　)。

A. 大于0.5　　B. 小于0.5　　C. 等于0.5

13. 日光灯电路的灯管电压与镇流器两端电压和电路总电压的关系为(　　)。

A. 两电压之和等于总电压

B. 两电压的相量和等于总电压

C. 两电压的有效值之和等于总电压

14. RLC 并联电路在 f_0 时发生谐振，当频率增加到 $2f_0$ 时，电路性质呈(　　)。

A. 电阻性　　B. 电感性　　C. 电容性

15. 处于谐振状态的 RLC 串联电路，当电源频率升高时，电路将呈现出(　　)。

A. 电阻性　　B. 电感性　　C. 电容性

16. 发生串联谐振的电路条件是(　　)。

A. $\frac{\omega_0 L}{R}$　　B. $f_0=\frac{1}{\sqrt{LC}}$　　C. $\omega_0=\frac{1}{\sqrt{LC}}$

(四) 计算分析题

1. 试求下列各正弦量的周期、频率和初相，二者的相位差如何？

(1) $3\sin 314t$；　　(2) $8\sin(10t+25°)$

2. 某电阻元件的参数为8 Ω，接在 $u=220\sqrt{2}\sin 314t$ V 的交流电源上。试求通过电阻元件上的电流 i，如用电流表测量该电路中的电流，其读数为多少？电路消耗的功率是多少瓦？若电源的频率增大一倍，电压有效值不变，又如何？

3. 某线圈的电感量为0.1 H，电阻可忽略不计。接在 $u=220\sqrt{2}\sin 314t$ V 的交流电源上。试求电路中的电流及无功功率；若电源频率为100 Hz，电压有效值不变，又如何？写出电流的瞬时值表达式。

4. 已知工频正弦交流电流在 $t=0$ 时的瞬时值等于0.5 A，计时始该电流初相为30°，求这一正弦交流电流的有效值。

5. 已知图中所示电路的 $R=X_C=10\ \Omega$，$U_{AB}=U_{BC}$，且电路中路端电压与总电流同相，求复阻抗 Z。

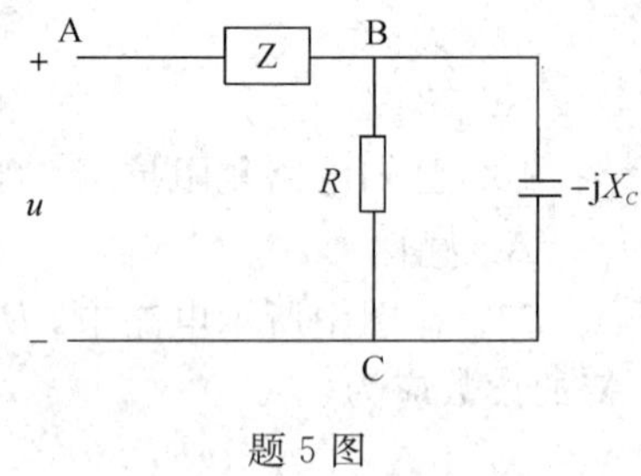

题5图

6. 在1 μF的电容两端加上 $u=70.7\sqrt{2}\sin(314t-\pi/6)$ V 的正弦电压，求通过电容中的电流有效值及电流的瞬时值解析式。若所加电压的有效值与初相不变，而频率增加为100 Hz，则通过电容中的电流有效值又是多少？

7. RL 串联电路接到220 V的直流电源上时功率为1.2 kW，接在220 V、50 Hz的电源上时功率为0.6 kW，试求它的 R、L 值。

8. 已知一串联谐振电路的参数 $R=10\ \Omega$，$L=0.13$ mH，$C=558$ pF，外加电压 $U=5$ mV。试求电路在谐振时的电流、品质因数及电感和电容上的电压。

9. 已知串谐电路的线圈参数为"$R=1\ \Omega$，$L=2$ mH"，接在角频率 $\omega=2500$ rad/s 的10 V电压源上，问电容 C 为何值时电路发生谐振？求谐振电流 I_0、电容两端电压 U_C、线圈两端电压 U_{RL} 及品质因数 Q。

任务 2.2　三层小楼照明电路的安装与测试

一栋三层小楼照明电路出现图 2-2-1 所示四种连接情况，连接在三相电源 $U_L/U_P=380/220$ V 时，请分析各种电路的工作情况，并说明其正确与否。

(a) 每层楼的灯互相并联，分别接至各相电压上；

(b) 每层楼的灯互相并联，分别接至各相电压上，但零线断开；

(c) 一楼全部断开，二、三楼仍然接通，零线仍然断开；

(d) 一楼全部断开，二、三楼仍然接通，且二楼灯的数量为三层的 1/4，零线仍断开。

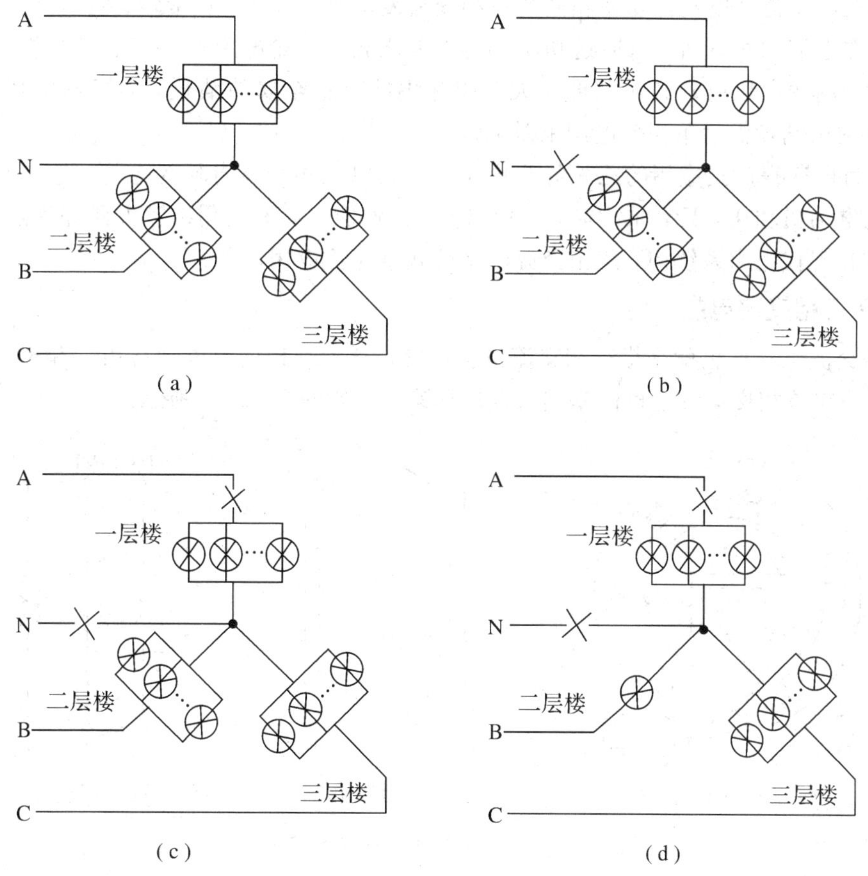

图 2-2-1　照明电路连接图

通过对电路的分析可以发现：在电路中同楼层的灯和不同楼层间灯的处理方式，运用已学过的电路知识已不难理解。如果是直流电源或者单相正弦交流电源也能够正确处理，但现在是正弦三相交流电源，其特性与直流电源和单相正弦交流电源有区别。只有正确掌握三相交流电源的特性才能正确分析和运用三相交流电源。熟悉和掌握三相交流电在实际生活中的应用是本项目的重点。

2.2.1 三相交流电的产生

(一) 三相交流电路的定义

电能是现代化生产、管理及生活的主要能源，电能的生产、传输、分配和使用等许多环节构成一个完整的系统，这个系统叫作电力系统。电力系统目前普遍采用三相交流电源供电。由三相交流电源供电的电路称为三相交流电路。所谓三相交流电路，是指由三个频率相同、最大值(或有效值)相等、在相位上互差120°的单相交流电动势组成的电路，这三个电动势称为三相对称电动势。

(二) 三相交流电的特点

三相交流电与单相交流电相比具有如下优点：

(1) 三相交流发电机比功率相同的单相交流发电机体积小、重量轻、成本低。

(2) 在电能输送方面，当输送功率相等、电压相同、输电距离一样、线路损耗也相同时，用三相制输电比单相制输电可大大节省输电线有色金属的消耗量，即输电成本较低。三相输电的用铜量仅为单相输电用铜量的75%。

(3) 目前获得广泛应用的三相异步电动机，是以三相交流电作为电源，它与单相电动机或其它电动机相比，具有结构简单、价格低廉、性能良好和使用维护方便等优点。

因此在现代电力系统中，三相交流电路已获得广泛应用。

(三) 三相交流电的产生

三相交流电的产生就是指三相交流电动势的产生。三相交流电动势由三相交流发电机产生，它是在单相交流发电机的基础上发展而来的，如图2-2-2所示。

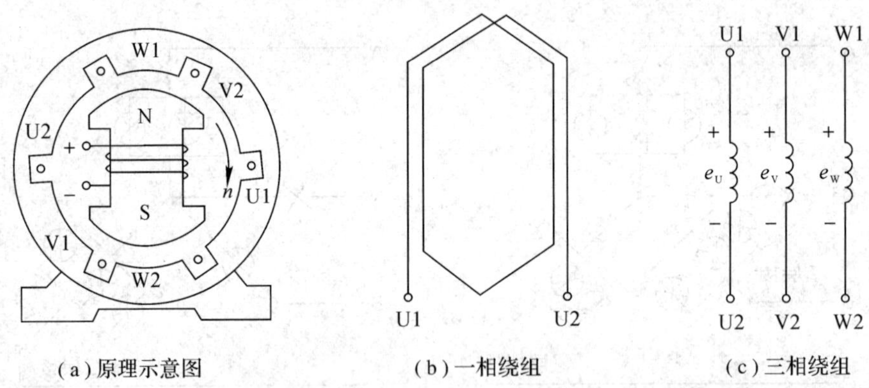

(a)原理示意图　(b)一相绕组　(c)三相绕组

图2-2-2 三相交流电动势示意图及绕组

在发电机定子(固定不动的部分)上嵌放了三相结构完全相同的线圈U1U2、V1V2、W1W2(通称绕组)，这三相绕组在空间位置上各相差120°电角度，分别称为U相、V相和W相。U1、V1、W1三端称为首端，U2、V2、W2则称为末端。工厂或企业配电站或厂房内的三相电源线(用裸铜排时)一般用黄、绿、红分别代表U、V和W三相。

磁极放在转子上，一般均由直流电通过励磁绕组产生一个很强的恒定磁场。当转子由原动机拖动作匀速转动时，三相定子绕组即切割转子磁场而感应出三相交流电动势。由于三相绕组在空间上各相差120°，因此三相绕组中感应出的三个交流电动势在时间上也相差

三分之一周期(也就是 120°)。这三个电动势的三角函数表达式为

$$\begin{cases} e_U = E_m \sin\omega t \\ e_V = E_m \sin(\omega t - 120°) \\ e_W = E_m \sin(\omega t - 240°) \end{cases} \quad (2-2-1)$$

其波形图如图 2-2-3(a)所示，相量图如图 2-2-3(b)所示。

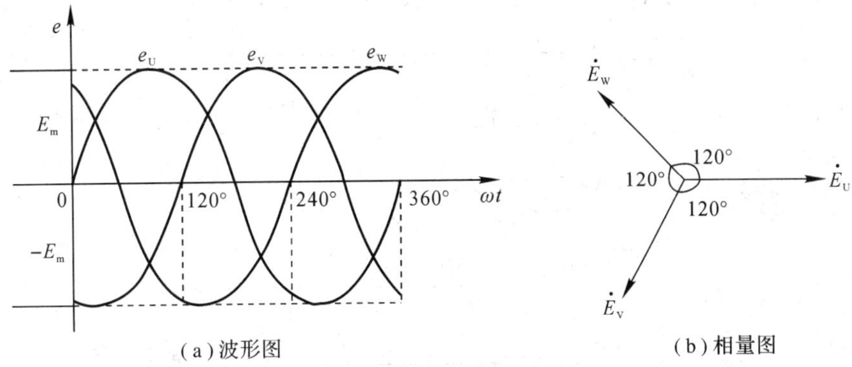

(a)波形图　　(b)相量图

图 2-2-3　三相交流电动势

从图 2-2-3(a)中可以看出，三相正弦交流电动势在任一瞬间其三个电动势的代数和为零，即

$$e_U + e_V + e_W = 0 \quad (2-2-2)$$

从图 2-2-3(b)中还可以看出，三相正弦交流电动势的相量和也等于零，即

$$\dot{E}_U + \dot{E}_V + \dot{E}_W = 0 \quad (2-2-3)$$

我们把它们称作三相对称电动势，规定每相电动势的正方向是从线圈的末端指向首端(或由低电位指向高电位)。

2.2.2　三相电源与负载的连接

我们知道，三相交流发电机实际有三个绕组，六个接线端，如果这三相电源分别用输电线向负载供电，则需六根输电线(每相用两根输电线)。这样很不经济，我们目前采用的是将这种三相交流电按照一定的方式连接成一个整体向外送电。连接的方法通常为星形法和三角形法。

电力系统的负载，从它们的使用方法来看可以分成两类：一类是像电灯这样有两根出线的，叫作单相负载，电风扇、收音机、电烙铁、单相电动机等都是单相负载；另一类是像三相电动机这样的有三个接线端的负载，叫作三相负载。

在三相负载中，如每相负载的电阻均相等，电抗也相等(且均为容抗或均为感抗)，则称其为三相对称负载。如果各相负载不同，就是不对称的三相负载，如三相照明电路中的负载。

任何电气设备都设计在某一规定的电压下使用(称额定电压)。若加在电气设备上的电压高于此额定电压，则设备的使用寿命就会降低；若所加电压低于额定电压，则不能正常工作。因此，使用任何电气设备时都要注意保证负载本身的额定电压与电源电压一致。负载也和电源一样可以采用两种不同的连接方法，即星形连接和三角形连接。

(一) 三相电源的连接

1. 三相电源的星形连接(Y 接)

1) 基本概念

(1) 星形连接：将电源的三相绕组末端 U2、V2、W2 连在一起，首端 U1、V1、W1 分别与负载相连，这种方式就叫作星形连接。其接法如图 2-2-4 所示。

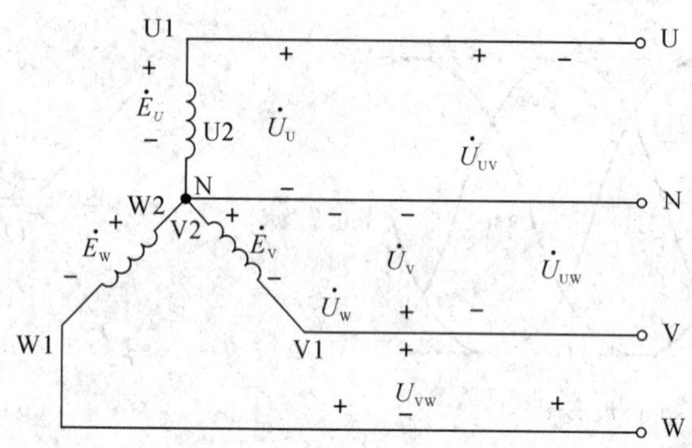

图 2-2-4 星形连接

(2) 中点、中性线、相线：三相绕组末端相连的一点称为中点或零点，一般用“N”表示。从中点引出的线叫中性线(简称中线)。由于中线一般与大地相连，通常又称为地线(或零线)。从首端 U1、V1、W1 引出的三根导线称为相线(或端线)。由于它与大地之间有一定的电位差，一般通称为火线。

(3) 输电方式：由三根火线和一根地线所组成的输电方式称为三相四线制(通常在低压配电系统中采用)。只由三根火线所组成的输电方式称为三相三线制(在高压输电时采用较多)。

2) 三相电源星形连接时的电压关系

三相绕组连接成星形时，可以得到两种电压：

相电压 U_P 即每个绕组的首端与末端之间的电压。相电压的有效值用 U_U、U_V、U_W 表示；

线电压 U_L 即各绕组首端与首端之间的电压，即任意两根相线之间的电压叫作线电压，其有效值分别用 U_{UV}、U_{VW}、U_{WU} 表示。

相电压与线电压的参考方向是这样规定的：相电压的正方向是由首端指向中点 N，例如电压 U_U 是由首端 U1 指向中点 N；线电压的方向，如电压 U_{UV} 是由首端 U1 指向首端 V1。

3) 线电压 U_L 与相电压 U_P 的关系

根据以上定义，可以画出三相电源 Y 形连接时的电压相量图，如图 2-2-5 所示。

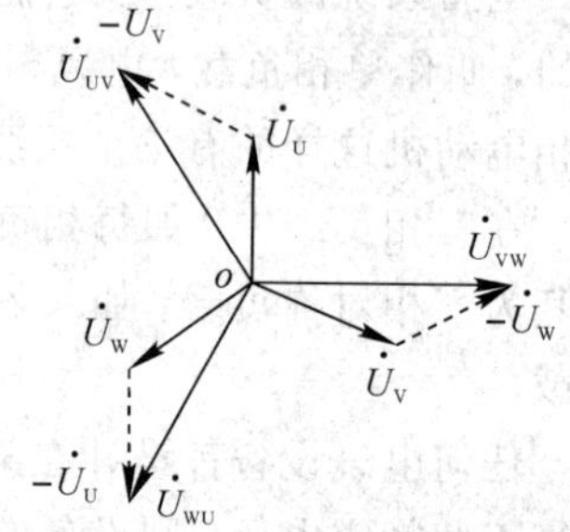

图 2-2-5 电源星形连接时的电压相量图

三个相电压大小相等，在空间各相差 120°电角度。由于 U 相绕组的末端 U2 并不是和 V 相绕组的首端 V1 相连，而是和 V 相绕组的末端 V2 相连，故两端线 U 和 V 之间的线电压应该是两个相应的相电压之差，即

$$\begin{cases}\dot{U}_{UV}=\dot{U}_U-\dot{U}_V\\ \dot{U}_{VW}=\dot{U}_V-\dot{U}_W\\ \dot{U}_{WU}=\dot{U}_W-\dot{U}_U\end{cases} \tag{2-2-4}$$

线电压的大小利用几何关系可求得，为

$$U_{UV}=2U_U\cos30°=\sqrt{3}U_U$$

同理可得：$U_{VW}=\sqrt{3}U_V$，$U_{WU}=\sqrt{3}U_W$。

所以我们可得出结论：三相电路中线电压的大小是相电压的$\sqrt{3}$倍，其公式为

$$U_L=\sqrt{3}U_P \tag{2-2-5}$$

因此平常讲的电源电压为 220 V，即是指相电压(亦即火线与地线之间的电压)；讲电源电压为 380 V，即是指线电压(两根火线之间的电压)。由此可见：三相四线制的供电方式可以给负载提供两种电压，即线电压 380 V 和相电压 220 V，因而三相四线制在实际中获得了广泛的应用。

2. 三相电源的三角形连接(△接)

1）基本概念

三角形连接：如图 2-2-6 所示，将电源一相绕组的末端与另一相绕组的首端依次相连(接成一个三角形)，再从首端 U1、V1、W1 分别引出端线，这种连接方式就叫作三角形连接。

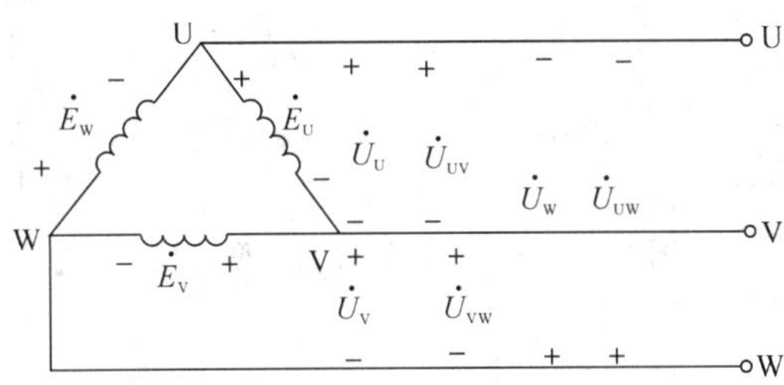

图 2-2-6　三相电源的三角形连接

2）三相电源三角形连接时的电压关系

由图 2-2-6 可见，

$$\begin{cases}\dot{U}_U=\dot{U}_{UV}\\ \dot{U}_V=\dot{U}_{VW}\\ \dot{U}_W=\dot{U}_{WU}\end{cases} \tag{2-2-6}$$

所以我们知道，三相电源三角形连接时，电路中线电压的大小与相电压的大小相等，即

$$U_L=U_P \tag{2-2-7}$$

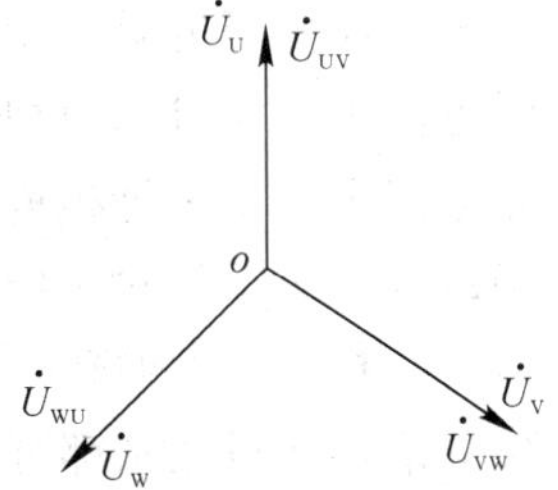

图 2-2-7　电源三角形连接的相量图

相量图如图 2-2-7 所示。由相量图可以看出，三个线电压之和为零，即

$$\dot{U}_{UV}+\dot{U}_{VW}+\dot{U}_{WU}=0 \tag{2-2-8}$$

同理可得，在电源的三相绕组内部三个电动势的相量和也为零，即

$$\dot{E}_{UV}+\dot{E}_{VW}+\dot{E}_{WU}=0 \quad (2-2-9)$$

因此当电源的三相绕组采用三角形连接时，在绕组内部是不会产生环路电流(环流)的。但如果不慎将某一相绕组接反(例如图 2-2-6 中的 W 相接反)，则三个电动势之和为

$$\dot{E}_U+\dot{E}_V+(-\dot{E}_W)=-2\dot{E}_W$$

由于电源内阻很小，因此在电源内部会产生很大的环流，导致电源的绕组烧毁。所以在采用三角形连接时，必须首先判断出每相绕组的首、末端，再按正确的方法接线，绝对不允许接反。

(二) 三相负载的连接

1. 三相负载的星形连接

1) 接线特点

如图 2-2-8 所示为三相负载星形连接电路图，它的接线原则与电源的星形连接相似，即将每相负载末端连成一点 N(中性点 N)，首端 U、V、W 分别接到电源线上。

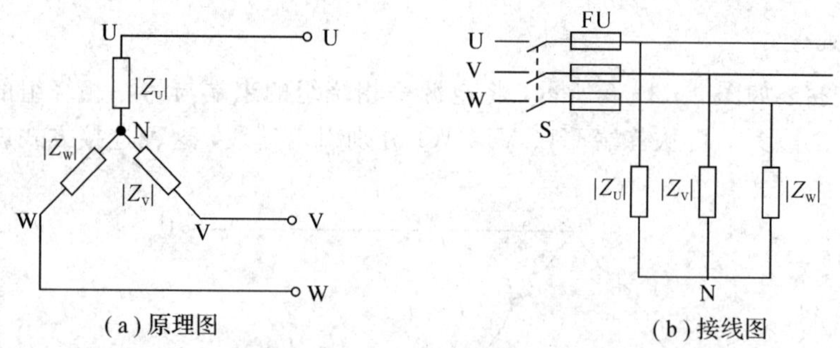

图 2-2-8 三相负载的星形连接

2) 电压、电流关系

为讨论问题方便，先作如下说明：

线电压 U_L：三相负载的线电压就是电源的线电压，也就是两根相线(火线)之间的电压；

相电压 U_P：每相负载两端的电压称作负载的相电压，在忽略输电线上的电压降时，负载的相电压就等于电源的相电压，因此 $U_L=\sqrt{3}U_P$；

线电流 I_L：流过每根相线上的电流叫线电流；

相电流 I_P：流过每相负载的电流叫相电流；

中线电流 I_N：流过中线的电流叫中线电流。

对于三相电路中的每一相而言，可以将其看成一个单相电路，所以各相电流与电压间的相位关系及数量关系都可用讨论单相电路的方法来讨论。

若三相负载对称，则在三相对称电压的作用下，流过三相对称负载中每相负载的电流应相等，即

$$I_L=I_U=I_V=I_W=\frac{U_P}{|Z_P|}$$

而每相电流间的相位差仍为120°。由KCL定律可知，中线电流 $i_N = i_U = i_V = i_W = 0$，对应的相量式为

$$\dot{I}_N = \dot{I}_U + \dot{I}_V + \dot{I}_W = 0 \quad (2-2-10)$$

接线方式中只有三根相线，而没有中性线的电路，即三相三线制。三相三线制电路除供电给三相负载外，还可供电给单相负载，故凡有照明、单相电动机、电扇、各种家用电器的场合，也就是说在一般低压用电场所，大多采用三相三线制。

3）三相四线制的特点

（1）相电流 I_P 等于线电流 I_L，即

$$I_P = I_L \quad (2-2-11)$$

（2）加在负载上的相电压 U_P 和线电压 U_L 之间有如下关系：

$$U_L = \sqrt{3} U_P \quad (2-2-12)$$

（3）流过中性线N的电流 $\dot{I}_N$ 为

$$\dot{I}_N = \dot{I}_U + \dot{I}_V + \dot{I}_W \quad (2-2-13)$$

当三相电路中的负载完全对称时，在任意一个瞬间，三个相电流中，总有一相电流与其余两相电流之和大小相等，方向相反，正好互相抵消。所以，流过中性线的电流等于零。这从图2-2-9中的三相电流变化的曲线中也可清楚地看出。

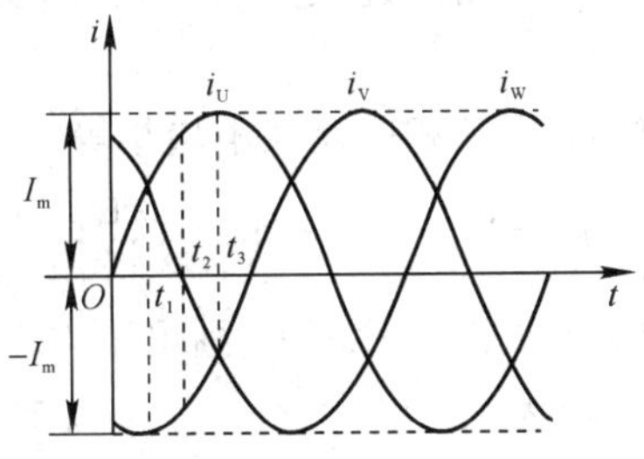

图2-2-9　对称三相电流波形

因此，在三相对称电路中，当负载采用星形连接时，由于流过中性线的电流为零，取消中性线也不会影响到各相负载的正常工作，这样三相四线制供电就可以变成三相三线制供电，如三相异步电动机及三相电炉等负载，当采用星形连接时，电源对该类负载就不需接中性线。通常在高压输电时，由于三相负载都是对称的三相变压器，所以都采用三相三线制供电。

若三相负载不对称，则中性线电流 $\dot{I}_N = \dot{I}_U + \dot{I}_V + \dot{I}_W \neq 0$，中性线不能省略。因为当有中性线存在时，它能使星形连接的各相负载即使在不对称的情况下也均有对称的电源相电压，从而保证了各相负载能正常工作。如果中性线断开变成三相三线制供电，则将导致各相负载的相电压分配不均匀，有时会出现很大的差别，造成有的相电压超过额定相电压而使用电设备不能正常工作。故三相四线制供电时中性线决不允许断开。因此在中性线上不能安装开关、熔断器，而且中性线本身强度要好，接头处应连接牢固。

另外，接在三相四线制电网上的单相负载，例如照明电路、单相电动机、小型电热设备、各种家用电器、电焊机等，在设计安装供电线路时也应尽量做到把各单相负载均匀地分配给三相电源，以保证供电电压的对称和减少流过中性线的电流。

2. 三相负载的三角形连接

1）接线特点

将三相负载分别接在三相电源的每两根相线之间的接法，称为三相负载的三角形连接，如图 2-2-10 所示。

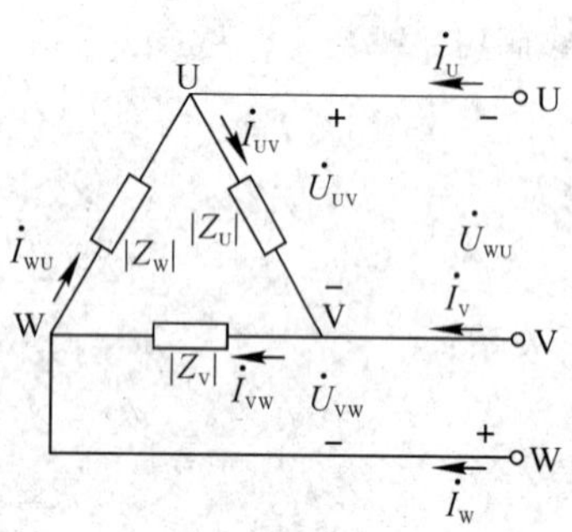
图 2-2-10　三相负载的三角形连接

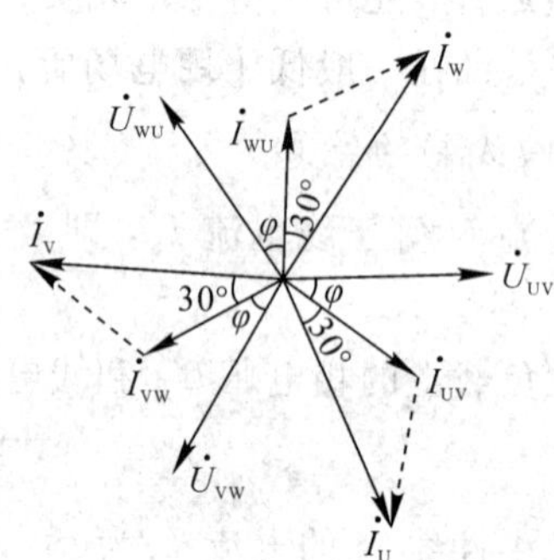
图 2-2-11　三相对称负载(感性)三角形连接时的相量图

2）电压、电流关系

对于三角形连接的每相负载来说，也是单相交流电路，所以各相电流、电压和阻抗三者的关系仍与单相电路相同。由于三角形连接的各相负载是接在两根相线之间，因此负载的相电压就是线电压。

假设三相电源及负载均对称，则三相电流大小均相等，为

$$I_P = I_{UV} = I_{VW} = I_{WU} = \frac{U_P}{|Z_P|}$$

三个相电流在相位上互差 120°，图 2-2-11 画出了它们的相量图，并假定电压超前电流一个电角度。所以，线电流分别为

$$\begin{cases} \dot{I}_U = \dot{I}_{UV} - \dot{I}_{WU} \\ \dot{I}_V = \dot{I}_{VW} - \dot{I}_{UV} \\ \dot{I}_W = \dot{I}_{WU} - \dot{I}_{VW} \end{cases}$$

通过几何关系不难证明 $I_L = \sqrt{3} I_P$，即当三相对称负载采用三角形连接时，线电流等于相电流的$\sqrt{3}$倍。从矢量图中还可看到线电流和相电流不同相，线电流滞后相应的相电流30°。

因此三相对称负载三角形连接时的电流、电压关系为

(1) 线电压 U_L 与相电压 U_P 相等，即

$$U_L = U_P \tag{2-2-14}$$

(2) 线电流 I_L 是相电流 I_P 的$\sqrt{3}$倍，即

$$I_L = \sqrt{3} I_P \tag{2-2-15}$$

在三相三线制电路中，根据 KCL，把整个三相负载看成一个节点的话，则不论负载的接法如何以及负载是否对称，三相电路中的三个线电流的瞬时值之和或三个线电流的相量和总是等于零，即

$$i_U + i_V + i_W = 0$$

对应的相量式为

$$\dot{I}_U + \dot{I}_V + \dot{I}_W = 0 \tag{2-2-16}$$

2.2.3　对称三相电路的计算

三相电路按电源和负载接成 Y 形或△形，分为 Y_0/Y_0、Y/Y、Y/△、△/Y 和△/△五种连接方式。其中，斜杠的左边表示电源的连接，右边表示负载的连接；下标“0”表示有中性线，否则表示无中性线。

三相电路中，三相电源一般都是对称的，如果三相负载对称、三根输电线的复阻抗也对称，那么就构成了三相对称电路。其中任一部分的不对称，就形成不对称电路。

对称三相电路的计算看起来很复杂，但只要对其特点进行分析，我们便可以找出简便的计算方法，计算出各相负载上的电压和电流。

(一) Y_0/Y_0 三相系统

图 2-2-12 是一个三相四线制的三相电路，图中，Z_L 为输电线的复阻抗，Z_N 为中性线复阻抗，Z 为三相对称负载。

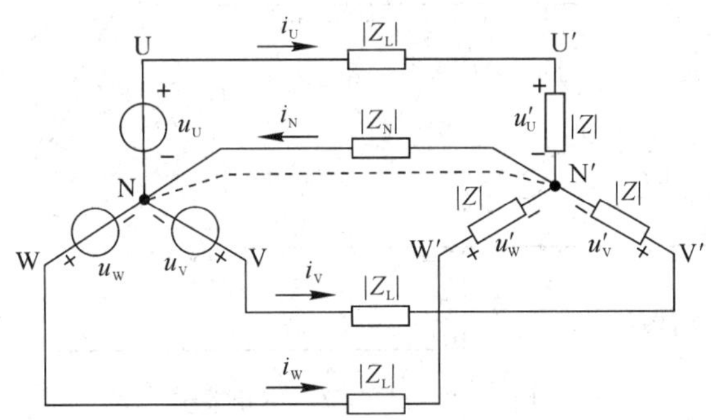

图 2-2-12　对称三相电路的计算

观察图 2-2-12 可见，电路有两个节点，可先求出节点电压，然后求支路电流。通过前面的学习和分析，我们可以得出如下结论：

(1) 中线不起作用，即在对称三相电路中，不管有无中线，中线阻抗多大，对电路都没有影响；

(2) 各相负载的电压和电流均由该相的电源和负载决定，与其他两相无关，各相具有独立性；

(3) 各相电压、相电流均是与电源同相序的对称三相正弦量；

(4) 对于对称三相电路的计算，只需取出一相，按单相电路计算；

(5) 电源、负载采用三角形连接时，先等效成星形连接，再按单相电路计算。

例 2-16　在图 2-2-12 所示的对称三相四线制电路中，每相输电线和负载的电阻 $R=80\ \Omega$，感抗 $X=60\ \Omega$，中性线电阻 $R_N=4\ \Omega$，感抗 $X_N=3\ \Omega$，U 相电源电压为 $u_U=220\sqrt{2}\sin\omega t$。试求负载的相电流。

解： 根据本节的分析，对于对称三相电路的计算，只需取出一相，按单相电路计算，因此取出其中一相(如 U 相)进行计算，其计算电路图如图 2-2-13 所示。

U 相电流(Y 接：相电流等于线电流)的有效值

$$I_U=\frac{U_U}{\sqrt{R^2+X^2}}=\frac{220}{\sqrt{80^2+60^2}}\ A=2.2\ A$$

i_U 滞后于 u_U 的相位角等于负载的阻抗角，即

$$\varphi_U=\arctan\frac{X}{R}=\arctan\frac{60}{80}=36.87°$$

所以，U 相电流(即线电流)为

$$i_U=2.2\sqrt{2}\sin(\omega t-36.87°)\ A$$

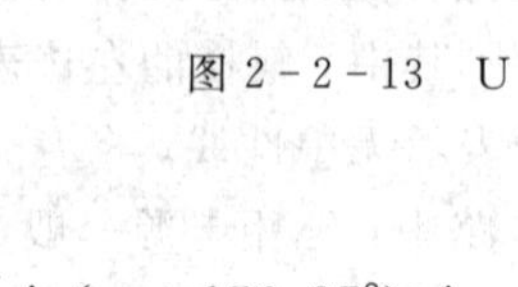

图 2-2-13　U 相的电路

根据对称性，可以写出另外两相电流

$$i_V=2.2\sqrt{2}\sin(\omega t-36.87°-120°)\ A=2.2\sqrt{2}\sin(\omega t-156.87°)\ A$$

$$i_W=2.2\sqrt{2}\sin(\omega t-156.87°-120°)\ A=2.2\sqrt{2}\sin(\omega t+83.13°)\ A$$

(二) Y/△三相系统

如图 2-2-14 所示三相对称电源，相电压的有效值为 U_P，角频率为 ω，线路阻抗为零，三相负载也是对称的，每相负载的电阻为 R，电抗为 X。该电路中的电流如何计算？

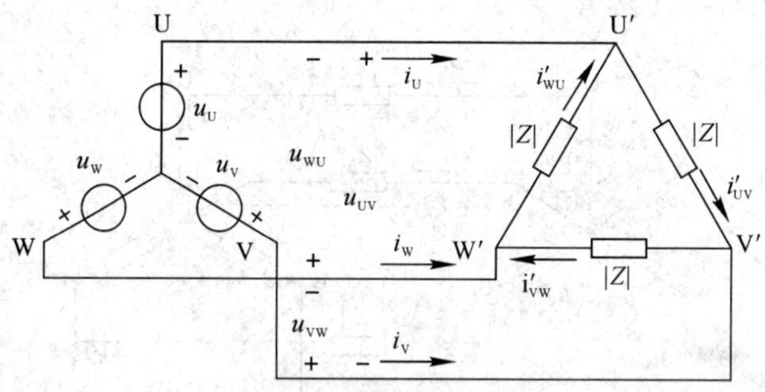

图 2-2-14　Y/△三相系统

根据对称星形连接的三相电路的线电压与相电压的关系，可求得电源线电压的有效值为

$$U_{UV}=U_{VW}=U_{WU}=\sqrt{3}U_P \tag{2-2-17}$$

因为线路阻抗为零，所以负载线电压(也即负载相电压)等于电源线电压。根据电路欧姆定律可得，负载相电流的有效值为

$$I'_{UV}=I'_{VW}=I'_{WU}=\frac{U_{UV}}{\sqrt{R^2+X^2}}=\frac{\sqrt{3}U_P}{\sqrt{R^2+X^2}} \tag{2-2-18}$$

根据对称三角形连接的三相电路的线电流与相电流的关系，可求得线电流的有效值为

$$I_U=I_V=I_W=\sqrt{3}I'_{UV}=\frac{3U_P}{\sqrt{R^2+X^2}} \tag{2-2-19}$$

负载的相电压与相电流之间的相位差等于负载的阻抗角，即

$$\varphi_{UV}=\varphi_{VW}=\varphi_{WU}=\arctan\frac{X}{R} \tag{2-2-20}$$

若电源相电压的初相位为已知量，根据对称星形电路中线电压与相电压的相位关系可确定电源线电压的初相位。再根据式(2-2-20)便可确定负载相电流的初相位。根据对称

三角形电路中的线电流与相电流的相位关系，可确定线电流的初相位，这样便可求得线电流和相电流的解析式

$$\begin{cases} i_U=\sqrt{2}I_U\sin(\omega t-\varphi_{UV}) \\ i_V=\sqrt{2}I_V\sin(\omega t-\varphi_{VW}) \\ i_W=\sqrt{2}I_W\sin(\omega t-\varphi_{WU}) \end{cases} \tag{2-2-21}$$

例 2-17　设图 2-2-14 所示电路是一个对称三相电路，线路阻抗为零，U 相电源电压 $u_U=220\sqrt{2}\sin(\omega t+30°)$ V，每相负载的电阻 $R=34.64\ \Omega$，感抗 $X=20\ \Omega$。试求负载的相电压、相电流及线电流。

解：电源相电压的有效值 $U_P=220$ V，电源线电压(即负载的相电压)的有效值为

$$U_L=\sqrt{3}U_P=\sqrt{3}\times 220\ \text{V}=380\ \text{V}$$

负载相电流的有效值为

$$I'_P=\frac{\sqrt{3}U_P}{\sqrt{R^2+X^2}}=\frac{380}{\sqrt{34.64^2+20^2}}\ \text{A}=9.5\ \text{A}$$

线电流的有效值为

$$I'_L=\sqrt{3}I'_P=\sqrt{3}\times 9.5\ \text{A}=16.45\ \text{A}$$

负载的相电压与相电流之间的相位差为

$$\varphi=\arctan\frac{X}{R}=\arctan\frac{20}{34.64}=30°$$

由于，U′V′相负载电压等于电源线电压 u_{UV}，因而 U′V′相负载电流 i'_{UV} 较电源线电压 u_{UV} 滞后30°，而电源线电压 u_{UV} 较电源相电压 u_U 超前30°，所以 U′V′相负载电流为

$$i'_{UV}=9.5\sqrt{2}\sin(\omega t+30°+30°-30°)\ \text{A}=9.5\sqrt{2}\sin(\omega t+30°)\ \text{A}$$

根据对称性可确定其他两相负载的电流分别为

$$i'_{VW}=9.5\sqrt{2}\sin(\omega t+30°-120°)\ \text{A}=9.5\sqrt{2}\sin(\omega t-90°)\ \text{A}$$

$$i'_{WU}=9.5\sqrt{2}\sin(\omega t+30°+120°)\ \text{A}=9.5\sqrt{2}\sin(\omega t+150°)\ \text{A}$$

根据对称三角形连接的三相电路中线电流与相电流的关系，可确定三个线电流分别为

$$i_U=16.45\sqrt{2}\sin\omega t\ \text{A}$$

$$i_V=16.45\sqrt{2}\sin(\omega t-120°)\ \text{A}$$

$$i_W=16.45\sqrt{2}\sin(\omega t+120°)\ \text{A}$$

2.2.4　三相电路的功率

我们知道，计算单相电路中的有功功率的公式是

$$P=UI\cos\varphi \tag{2-2-22}$$

式中，U、I 分别表示单相电压和单相电流的有效值，φ 是电压和电流之间的相位差。在三相交流电路中，三相负载消耗的总电功率为各相负载消耗功率之和，即

$$P=P_1+P_2+P_3=U_{1P}I_{1P}\cos\varphi_1+U_{2P}I_{2P}\cos\varphi_2+U_{3P}I_{3P}\cos\varphi_3 \tag{2-2-23}$$

当三相电路对称时，由于每一相的电压和电流都相等，阻抗角 φ 也相同，所以各相电

路的功率必定相等，可以把它看成是三个单相交流电路的组合，因此三相交流电路的功率等于三倍的单相功率，即

$$P=3P_P=3U_P I_P\cos\varphi \tag{2-2-24}$$

式中，P 为三相负载的总有功功率，简称三相功率；P_P 为对称三相负载每一相的有功功率，U_P 为负载的相电压，I_P 为负载的相电流，φ 为相电压与相电流之间的相位差。

在一般情况下，相电压和相电流不容易测量。例如，三相电动机绕组接成三角形时，要测量它的相电流就必须把绕组端部拆开。因此，通常我们用线电压和线电流来计算功率。当三相对称负载星形连接时：

$$U_L=\sqrt{3}U_P,\quad I_L=I_P$$

如果三相对称负载三角形连接，则

$$U_L=U_P,\quad I_L=\sqrt{3}I_P$$

因此，对称负载不论是星形连接还是三角形连接，其总有功功率均为

$$P=\sqrt{3}U_L I_L\cos\varphi \tag{2-2-25}$$

必须注意，φ 仍是相电压与相电流之间的相位差，而不是线电压与线电流间的相位差。同样的道理，对称三相负载的无功功率和视在功率也一样，即

$$Q=\sqrt{3}U_L I_L\sin\varphi \tag{2-2-26}$$

$$S=\sqrt{3}U_L I_L=\sqrt{P^2+Q^2} \tag{2-2-27}$$

如果三相负载不对称，则应分别计算各相功率，三相的总功率等于三个单相功率之和。

例 2-18 已知某三相对称负载接在线电压为 380 V 的三相电源中，其中每一相负载的阻值 $R=6\ \Omega$，感抗 $X=8\ \Omega$。试分别计算该负载作星形连接和三角形连接时的相电流、线电流以及有功功率。

解：(1) 负载作星形连接时，每一相的阻抗为

$$Z=\sqrt{R^2+X^2}=\sqrt{6^2+8^2}=10\ \Omega$$

$$U_L=\sqrt{3}U_P$$

所以

$$U_P=\frac{U_L}{\sqrt{3}}=\frac{380}{\sqrt{3}}=220\ \text{V}$$

则

$$I_L=I_P=\frac{U_P}{Z}=\frac{220}{10}=22\ \text{A}$$

又

$$\cos\varphi=\frac{R_P}{Z}=\frac{6}{10}=0.6$$

所以

$$P=\sqrt{3}U_L I_L\cos\varphi=\sqrt{3}\times380\times22\times0.6\approx8.7\ \text{kW}$$

(2) 而负载作三角形连接时，线电压等于相电压，即

$$U_L=U_P=380\ \text{V}$$

每相负载电流为

$$I_P=\frac{U_P}{Z}=\frac{380}{10}=38\ \text{A}$$

而

$$I_L=\sqrt{3}I_P=\sqrt{3}\times 38\approx 66\ \text{A}$$

所以

$$P=\sqrt{3}U_L I_L\cos\varphi=\sqrt{3}\times 380\times 66\times 0.6\approx 26\ \text{kW}$$

由以上计算我们可以知道，负载作三角形连接时的相电流、线电流及三相功率均为作星形连接时的 3 倍。

知识扩展——三相不对称电路的计算

（一）低压供电系统中的三相不对称电路

日常照明线路由于用电不均匀，易出现三相不对称状态。假定中性线阻抗为零，则电源中性点与负载中性点间的电压为零，因此，每相负载上的电压一定等于该相电源电压，各相负载电压与各相负载阻抗大小无关。由此可见，在中性线及线路阻抗为零的三相四线制电路中，当三相电源电压对称时，即使三相负载不对称，三相负载上的电压依然是对称的，但由于三相负载阻抗不等，所以三相电流将是不对称的。三相电流分别为

$$I_U=\frac{U'_U}{|Z_U|}=\frac{U_U}{|Z_U|},\ I_V=\frac{U'_V}{|Z_V|}=\frac{U_V}{|Z_V|},\ I_W=\frac{U'_W}{|Z_W|}=\frac{U_W}{|Z_W|}$$

中性线电流为

$$i_N=i_U+i_V+i_W\neq 0$$

所以，在不对称的三相四线制电路中，中性线电流一般不等于零。这表明中性线具有传导三相系统中的不平衡电流或单相电流的作用。

（二）一相负载短路的三相不对称电路

1）对称三角形负载中一相短路

对称的三角形负载中，假定一相短路，其电路如图 2-2-15 所示。

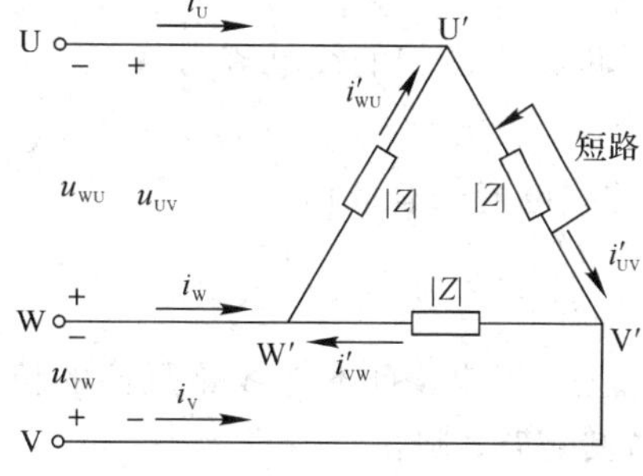

图 2-2-15　三角形负载一相短路

对称的三角形负载中，假定 U′V′相短路，若不计线路阻抗，则短路相的电压等于电源线电压，短路相的阻抗等于零。此时 $I'_{UV}=\frac{\sqrt{3}U_P}{0}$ 为无穷大。这时与短路相负载相连的两条端线上将出现很大的短路电流。若线路上未装设熔断器或过流保护装置，则电源及线路必

将被烧毁。因此必须在线路上装设熔断器或过流保护装置，一旦出现上述情况，则熔断器的熔丝熔断或过电流保护装置动作，切断电源，使三相负载停止工作。

2）对称的 Y/Y 连接电路中一相负载短路

对称的 Y/Y 连接的电路中，假定U相负载短路，其电路图如图 2-2-16(a)所示，负载电压相量图如图 2-2-16(b)所示。

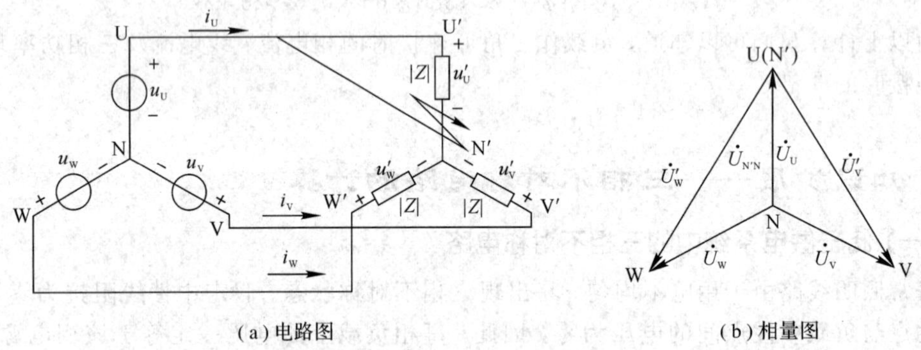

(a) 电路图　　(b) 相量图

图 2-2-16　Y/Y 连接一相负载短路

此时 U′点与 N′点等电位，U 相负载电压为零，负载中性点与电源中性点之间的电压等于 U 相电源的电压，即

$$U'_U=0,\ U_{N'N}=U_U=U_P$$

这时 V 相负载相当于直接接在 V、U 两端线上，W 相负载相当于直接接在 W、U 两端线上，因此，V、W 两相负载的电压分别为

$$U'_V=U_{UV}=\sqrt{3}U_P$$

$$U'_W=U_{WU}=\sqrt{3}U_P$$

根据欧姆定律，可求得 V、W 两相负载的相电流(即线电流)为

$$I_V=\frac{U_{UV}}{|Z|}=\sqrt{3}\frac{U_P}{|Z|}$$

$$I_W=\frac{U_{WU}}{|Z|}=\sqrt{3}\frac{U_P}{|Z|}$$

根据基尔霍夫电流定律，可求得 U 相的线电流为

$$i_U=-(i_V+i_W)$$

利用相量图可求得 U 相的线电流的有效值为

$$I_U=3\frac{U_P}{|Z|}$$

因此，在电源电压(指有效值)恒定，且不计线路阻抗的情况下，在负载星形连接的对称三相三线制电路中，一相负载短路，则：

(1) 短路相的负载电压为零，其线电流增至原来的 3 倍；

(2) 其他两相负载上的电压和电流均增至原来的$\sqrt{3}$倍。

此时线路出现过热，负载不能正常工作。

（三）一相负载断路的三相不对称电路

1）对称的三角形负载中一相断路

对称的三角形负载中，假定一相断路，其电路如图 2-2-17(a)所示，其相量图如图 2-2-17(b)所示。

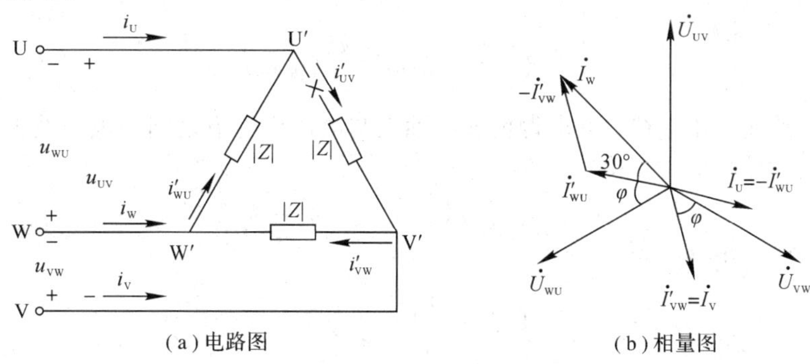

(a) 电路图　(b) 相量图

图 2-2-17　三角形负载一相断路

对称的三角形负载中，假定 U′V′相断路，负载断路后外部的电路结构未发生变化，因此，断路后，负载的线电压仍等于相应的电源线电压。U′V′相断路后，其电流 $I'_{UV}=0$，其他两相负载的电流为

$$I'_{VW}=\frac{U_{VW}}{|Z|},\quad I'_{WU}=\frac{U_{WU}}{|Z|}$$

根据基尔霍夫电流定律，可求得线电流为

$$I_U=I'_{WU},\quad I_V=I'_{VW},\quad I_W=\sqrt{3}I'_{WU}$$

根据以上分析可知，在电源电压有效值恒定，且不计线路损耗的情况下，三角形连接的对称负载一相断路时，可得如下结论。

(1) 负载线电压：均不发生变化；

(2) 相电流：断路相的负载电流等于零，其他两相负载电流保持不变；

(3) 线电流：与断路相两端相连的两端线电流减少为原相电流，另一线电流保持不变，即仍为原相电流的$\sqrt{3}$倍。

2）对称 Y/Y 连接电路中一相断路

对称 Y/Y 连接的三相电路中，假定 U 相负载发生断路，其电路如图 2-2-18(a)所示，负载电压的相量图如图 2-2-18(b)所示。

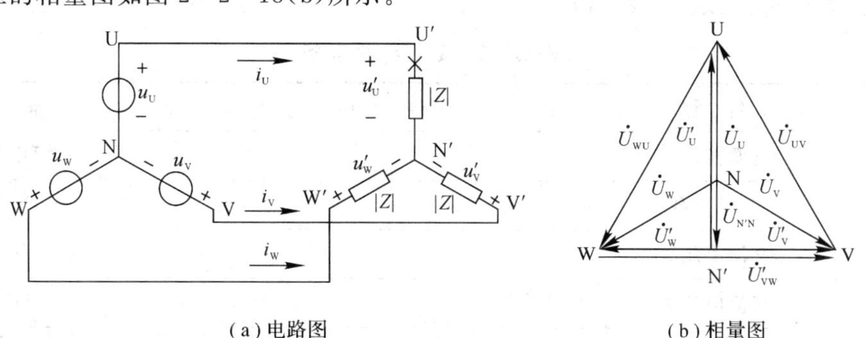

(a) 电路图　(b) 相量图

图 2-2-18　对称 Y/Y 接电路中一相断路

U 相负载断路后，$i_U=0$，这时 V、W 两相电源与 V、W 两相负载串联，构成一个独立的闭合回路。V、W 两相负载上的总电压等于电源的线电压。由于 V、W 两相负载的阻抗相等，在所选定的参考方向下，V、W 两相负载电压为

$$U'_V=\frac{1}{2}U_{VW}=\frac{\sqrt{3}}{2}U_P$$

$$U'_W=\frac{1}{2}U_{VW}=\frac{\sqrt{3}}{2}U_P$$

利用基尔霍夫电压定律，可求得负载中性点与电源中性点之间的电压及 U 相断路处的电压为

$$u_{N'N}=u_V-u'_V,\quad u'_U=u_U-u_{N'N}$$

由负载电压的相量图有

$$U_{N'N}=\frac{1}{2}U_U=\frac{1}{2}U_P$$

$$U'_U=\frac{3}{2}U_U=\frac{3}{2}U_P$$

根据欧姆定律，可求得 V、W 两相电流为

$$I_V=\frac{1}{2}\frac{U_{VW}}{|Z|}=\frac{\sqrt{3}}{2}\frac{U_P}{|Z|}$$

$$I_W=\frac{1}{2}\frac{U_{VW}}{|Z|}=\frac{\sqrt{3}}{2}\frac{U_P}{|Z|}$$

所以，在电源电压有效值恒定且线路阻抗不计的情况下，Y/Y 连接对称三相电路一相断路时，具有如下特点：

(1) 断路相电流等于零，负载电压为零，断路处电压为原来相电压的 3/2 倍；

(2) 其他两相负载上的电压和电流均减小到原来的$\sqrt{3}/2$。

任务实施——三相负载实验

1. 实训目的

(1) 掌握简单照明电路的工作原理，正确进行照明电路的安装。

(2) 了解电度表的工作原理，学会使用电度表。

2. 实训设备(见表 2-2-1)

表 2-2-1 实训设备

序号	名　称	型号与规格	数量	备　注
1	电源控制屏		1	DG01
2	三相负载		1	DG08
3	交流电压表		1	D33
4	交流电流表		1	D32
5	各色导线		若干	

3. 实训内容及步骤

(1) 按实验线路图 2-2-19 安装照明电路。

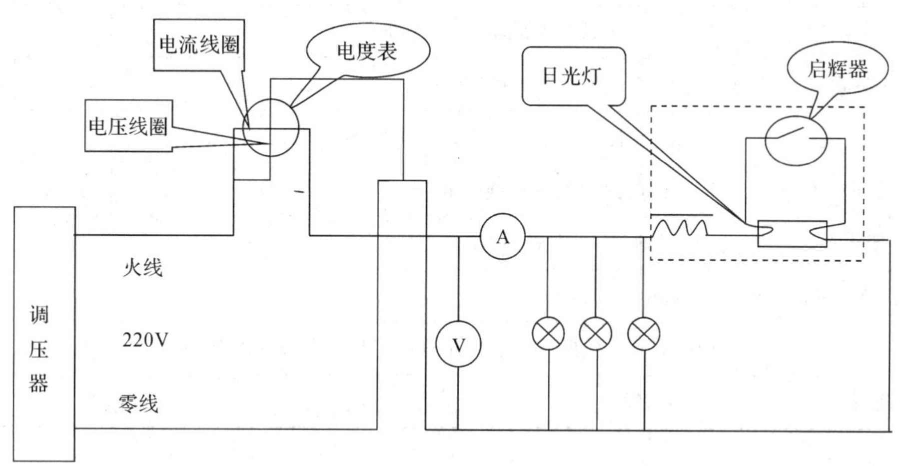

图 2-2-19　接线图

(2) 测量白炽灯和日光灯所耗电能。

接通电源，将调压器往右旋使电压达到 220 V，此时，白炽灯和日光灯应正常发光，记录电度表转 20 圈所用时间为 t，同时记录电流表和电压表的数值。记录电度表上标注的比例系数 N，计算电能 $W=n/N$。

(3) 比较实验值 $W=n/N$ 和理论值 $W'=P't$(P'为电路所接负载额定功率之和)。

(4) 比较 I×U 与负载功率之和：

※ 负载既有白炽灯，又有日光灯；

※ 负载只有白炽灯(注意一定要拆下日光灯电路)；

※ 负载只有日光灯(可以断开白炽灯开关)。

(5) 观察日光灯启动的最低电压。

实验前必须先将调压器左旋至零位，再逐渐将电压增大到日光灯启动时止。记录此时的电压值即为日光灯的启动电压。

4. 实训考核标准

实训考核标准见表 2-2-2。

表 2-2-2　实训考核标准

考核项目	配分	评 分 标 准	扣分	得分
布置元件位置	15	不能识图扣 10 分		
		未接在位置上扣 5 分		
布线安装	35	导线敷设未达工艺要求，每处扣 5 分		
		电气元件安装不端正，每处扣 5 分		
		线卡分布尺寸不规范，每处扣 10 分		
		相线未进开关或接错，每处扣 10 分		

续表

考核项目	配分	评分标准	扣分	得分
试灯及线路质量	35	一次试灯不成功，扣 10 分		
		有线路故障，扣 20 分		
		线路不美观、不整齐，扣 10 分		
实训数据	15	数据读取不正确，扣 3～5 分		
安全文明生产	违反安全文明生产规程，扣 5～10 分			
定额时间 90 min	超时 15 min 酌情扣分			
备注	除定额时间外，各项目的最高扣分不应超过所分配的分数			
开始时间		结束时间		实际时间		总成绩	

思考与练习

(一) 填空题

1. 三相电源作 Y 形连接时，由各相首端向外引出的输电线俗称________线，由各相尾端公共点向外引出的输电线俗称________线，这种供电方式称为__________制。

2. 火线与火线之间的电压称为________电压，火线与零线之间的电压称为________电压。电源 Y 连接时，数量上 $U_L=$________U_P；若电源作△形连接，则数量上 U_L________U_P。

3. 火线上通过的电流称为________电流，负载上通过的电流称为________电流。当对称三相负载作 Y 连接时，数量上 $I_L=$________I_P；当对称三相负载作△形连接时，$I_L=$________I_P。

4. 中线的作用是使________Y 连接负载的端电压继续保持________。

5. 对称三相电路中，三相总有功功率 $P=$________；三相总无功功率 $Q=$________；三相总视在功率 $S=$________。

6. 对称三相电路中，由于________$=0$，所以各相电路的计算具有独立性，各相________也是独立的，因此，三相电路的计算就可以归结为________计算。

7. 若________连接的三相电源绕组有一相不慎接反，就会在发电机绕组回路中出现 $2\dot{U}_P$，这将使发电机因________而烧损。

8. 我们把三个________相等、________相同，在相位上互差________(°)的正弦交流电称为________三相交流电。

9. 当三相电路对称时，三相瞬时功率之和是一个________，其值等于三相电路的________功率；由于这种性能，使三相电动机的稳定性高于单相电动机。

(二) 判断题

1. 三相电路只要作 Y 形连接，则其线电压在数值上是相电压的$\sqrt{3}$倍。(　　)

2. 三相总视在功率等于总有功功率和总无功功率之和。(　　)

3. 对称三相交流电任一瞬时值之和恒等于零，有效值之和恒等于零。（　　）

4. 对称三相 Y 连接的电路中，线电压超前与其相对应的相电压 30°电角。（　　）

5. 三相电路的总有功功率 $P=\sqrt{3}U_L I_L\cos\varphi$。（　　）

6. 三相负载作三角形连接时，线电流在数量上是相电流的$\sqrt{3}$倍。（　　）

7. 三相四线制电路无论对称与不对称，都可以用二瓦计法测量三相功率。（　　）

8. 中线的作用得使三相不对称负载保持对称。（　　）

9. 三相四线制电路无论对称与否，都可以用三瓦计法测量三相总有功功率。（　　）

10. Y 连接的三相电源若测出其线电压中两个为 220 V，一个为 380 V 时，则说明有一相接反。（　　）

（三）单项选择题

1. 某三相四线制供电电路中，相电压为 220 V，则火线与火线之间的电压为（　　）。

A. 220 V　　B. 311 V　　C. 380 V

2. 在电源对称的三相四线制电路中，若三相负载不对称，则该负载各相电压（　　）。

A. 不对称　　B. 仍然对称　　C. 不一定对称

3. 三相对称交流电路的瞬时功率为（　　）。

A. 一个随时间变化的量　　B. 一个常量，其值恰好等于有功功率　　C. 0

4. 三相发电机绕组接成三相四线制，测得三个相电压 $U_A=U_B=U_C=220$ V，三个线电压 $U_{AB}=380$ V，$U_{BC}=U_{CA}=220$ V，这说明（　　）。

A. A 相绕组接反了　　B. B 相绕组接反了　　C. C 相绕组接反了

5. 某对称三相电源绕组为 Y 连接，已知$\dot{U}_{AB}=380\angle 15°$ V，当 $t=10$ s 时，三个线电压之和为（　　）。

A. 380 V　　B. 0 V　　C. $380/\sqrt{3}$ V

6. 某三相电源绕组连成 Y 形时线电压为 380 V，若将它改接成△形，则其线电压为（　　）。

A. 380 V　　B. 660 V　　C. 220 V

7. 已知 $X_C=6\ \Omega$ 的对称纯电容负载作△连接，与对称三相电源相接后测得各线电流均为 10 A，则三相电路的视在功率为（　　）。

A. 1800 V · A　　B. 600 V · A　　C. 600 W

8. 测量三相交流电路的功率有很多方法，其中三瓦计法是测量（　　）电路的功率。

A. 三相三线制电路　　B. 对称三相三线制电路　　C. 三相四线制电路

9. 三相四线制电路，已知 $\dot{I}_A=10\angle 20°$ A，$\dot{I}_B=10\angle -100°$ A，$\dot{I}_C=10\angle 140°$ A，则中线电流 $\dot{I}_N$ 为（　　）。

A. 10 A　　B. 0 A　　C. 30 A

10. 三相对称电路是指（　　）。

A. 电源对称的电路　　B. 负载对称的电路

C. 电源和负载均对称的电路

（四）计算分析题

1. 已知对称三相电源 A、B 火线间的电压解析式为 $u_{AB}=380\sqrt{2}\sin(314t+30°)$ V，试

写出其余各线电压和相电压的解析式。

2. 已知对称三相负载各相复阻抗均为 8+j6 Ω，Y 形连接于工频 380 V 的三相电源上，若 u_{AB}的初相为 60°，求各相电流。

3. 某超高压输电线路中，线电压为 22×10^4 V，输送功率为 24×10^4 kW。若输电线路的每相电阻为 10 Ω，

(1) 试计算负载功率因数为 0.9 时线路上的电压降及输电线上一年的电能损耗。

(2) 若负载功率因数降为 0.6，则线路上的电压降及一年的电能损耗又为多少？

4. 有一台三相电动机绕组为 Y 形连接，从配电盘电压表读出线电压为 380 V，电流表读出线电流为 6.1 A，已知其总功率为 3.3 kW，试求电动机每相绕组的参数。

5. 一台△形连接三相异步电动机的功率因数为 0.86，效率 $\eta=0.88$，额定电压为 380 V，输出功率为 2.2 kW，求电动机向电源取用的电流为多少。

6. 三相对称负载，每相阻抗为 6+j8 Ω，接于线电压为 380 V 的三相电源上，试分别计算出三相负载 Y 形连接和△形连接时电路的总功率各为多少瓦？

7. 一台 Y 连接的三相异步电动机接入 380 V 线电压的电网中，当电动机满载时其额定输出功率为 10 kW，效率为 0.9，线电流为 20 A。当该电动机轻载运行，输出功率为 2 kW，效率为 0.6，线电流为 10.5 A。试求在上述两种情况下电路的功率因数，并对计算结果进行比较后讨论。

项目三 三相异步电动机基本控制电路的安装与测试

技能目标

- 能进行常用低压电器设备的使用、基本检测及故障检修；
- 掌握三相异步电动机的拆装方法与步骤，能够进行常见故障的分析与检修；
- 能够规范地进行三相电动机的各种低压控制电路的安装；
- 能对三相电动机实现启停、正反转、制动控制；
- 能够利用所掌握的理论知识，运用技能进行实践，培养解决问题的能力；
- 学会三相电动机的检测方法，能对常见故障进行排除。

知识目标

- 了解常用开关类电器、交流接触器、常用继电器的分类、品种及用途；
- 了解常用低压电器的工作原理；
- 了解三相异步电动机的结构和工作原理；
- 掌握三相电动机常用控制方法的工作原理；
- 掌握典型的三相电动机控制电路的工作过程及实现方法；
- 掌握电气识图知识及基本安装接线图的相关知识；
- 掌握电动机控制线路的安装工艺、安装步骤及方法。

课程思政与素质

1. 通过学习电气安装实施规范，引导学生遵守各项规章制度，遵守国家法律法规，做一个守法的好公民。

2. 通过故障现象的分析及故障点的查找，培养同学们分析问题及解决问题的能力。

3. 通过三相异步电动机拆装的练习，让同学们养成一丝不苟的好习惯。

项目要求

在现代工农业生产和日常生活中，电动机的使用几乎无处不在。生产上主要使用的是交流电动机，特别三相异步电动机，因为它具有结构简单、坚固耐用、运行可靠、价格低廉、维护方便等优点。它被广泛地用来驱动各种金属切削机床、起重机、锻压机、传送带、铸造机械、功率不大的通风机及水泵等。

三相电动机电气控制线路的安装接线和检查维修是电工的主要任务之一，同时也是中级电工考核的主要内容。为了取得良好的技能训练效果，就需要进行精心的设计和安排，并通过进行严格规范、循序渐进而又重点突出的系统训练来实现。

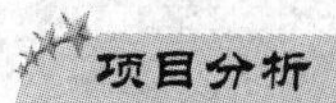

本项目的实施过程包括：常用低压电器的使用；三相异步电动机的拆装方法与步骤；三相异步电动机的安装及调试过程中遇到的问题和故障处理，并分析其产生原因；三相异步电动机电气控制线路的安装工艺及要求，对线路故障进行分析及检查；三相异步电动机电气控制线路的安装与检测维护，并能将所学典型控制环节运用于实际控制电路中。因此，将本项目分为三个任务：任务 3.1 三相异步电动机的安装与测试；任务 3.2 三相异步电动机启停控制电路的安装与测试；任务 3.3 三相异步电动机正反转控制电路的安装与测试。

任务 3.1 三相异步电动机的安装与测试

电动机在日常生活和工农业生产中的应用十分广泛。正确使用电动机拆装工具，了解电动机基本结构和工作原理，正确拆装电动机并进行电动机故障检修是本任务的学习重点。

3.1.1 常用低压电器设备

(一) 低压开关

常见的低压开关有刀开关、组合开关、自动空气开关等。它们的作用主要是实现对电路进行接通或断开的控制，多数作为机床电路的电源开关，有时也用来直接控制小容量电动机的通断工作。

1. 刀开关(闸刀开关)

刀开关的种类很多，其中最常用的是由刀开关和熔断器组合而成的负荷开关。负荷开关分为开启式负荷开关和封闭式负荷开关两种。

1) 开启式负荷开关

开启式负荷开关又称为瓷底胶盖开关，简称闸刀开关，适用于照明、电热设备及小容量电动机控制线路中，供手动不频繁地接通和分断电路使用，并起短路保护作用。其型号与含义如下：

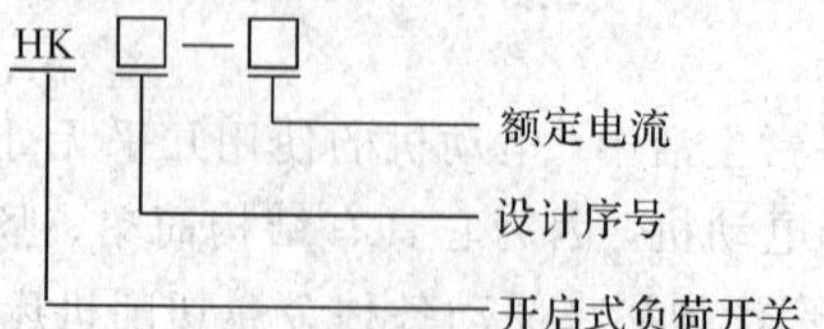

HK 系列负荷开关由刀开关和熔断器组合而成，其结构如图 3-1-1(a)所示。开关的瓷底座上装有进线座、静触点、熔丝、出线座和带瓷质手柄的刀式动触点，上面盖有胶盖以防止电弧飞出灼伤人手。闸刀开关的图形符号如图 3-1-1(b)所示。

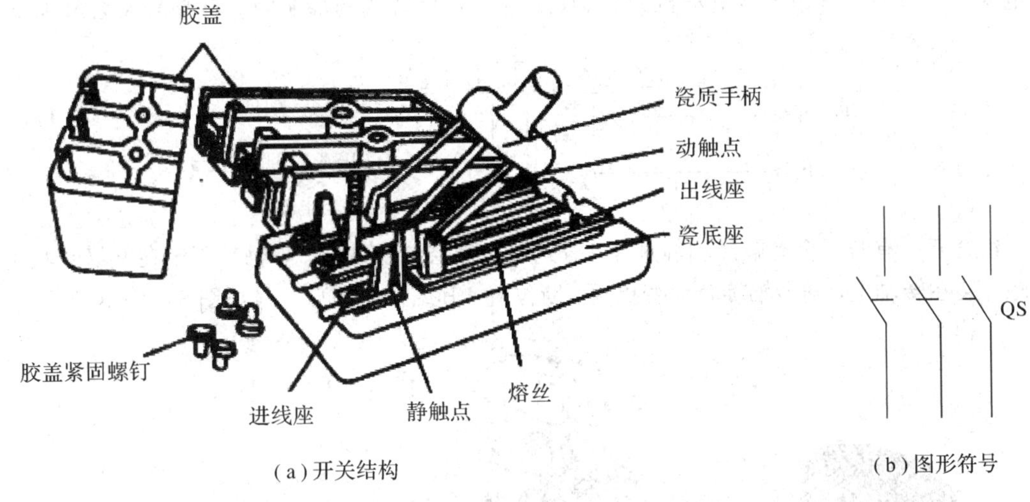

(a)开关结构　　(b)图形符号

图 3-1-1　HK 系列负荷开关结构和图形符号

2) 封闭式负荷开关

封闭式负荷开关又称铁壳开关，主要用于手动不频繁地接通和断开带负载的电路，也可用于控制 15 kW 以下的交流电动机不频繁地直接启动和停止。其型号及含义如下：

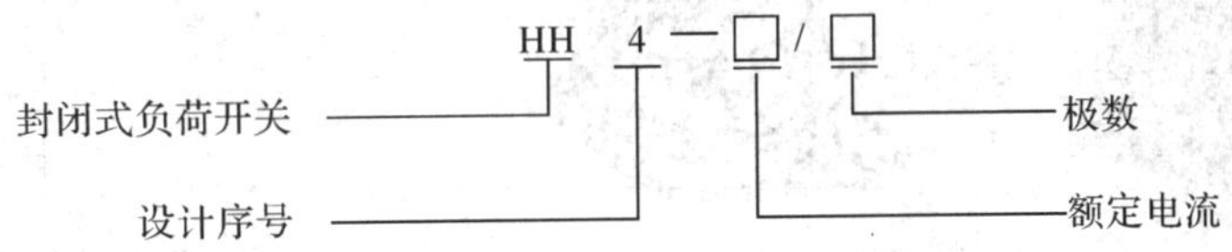

封闭式负荷开关由刀开关、熔断器操作机构和外壳等组成，结构如图 3-1-2 所示。开关上设置了联锁装置，保证开关在合闸状态下开关盖不能开启，而开关盖开启时又不能合闸，确保操作安全。

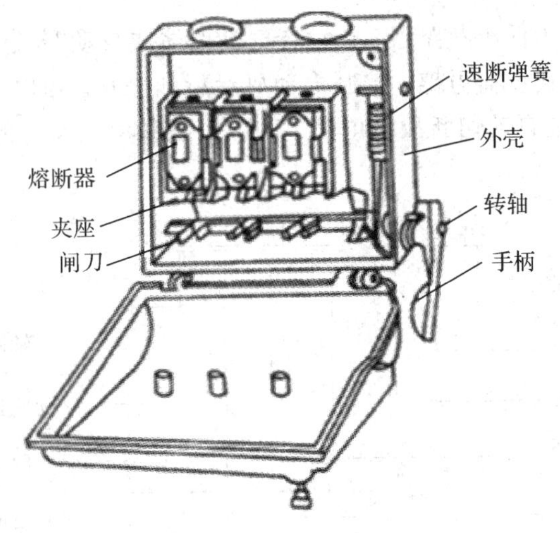

图 3-1-2　铁壳开关结构

2. 组合开关

组合开关又叫转换开关，是一种转动式的闸刀开关。其主要用于接通和切断电路、换接电源、控制小型三相异步电动机的启动、停止、正反转或局部照明。其型号及含义如下：

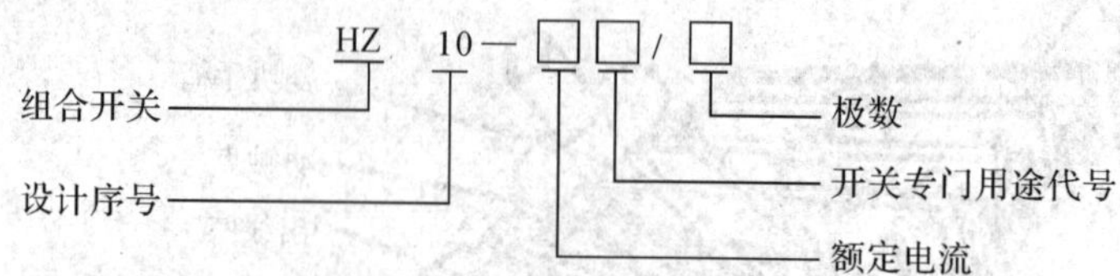

组合开关有若干个动触片和静触片，分别装于数层绝缘件内，静触片固定在绝缘垫板上，动触片装在转轴上，随转轴旋转而变更通、断位置。其结构及图形符号如图 3-1-3 所示。

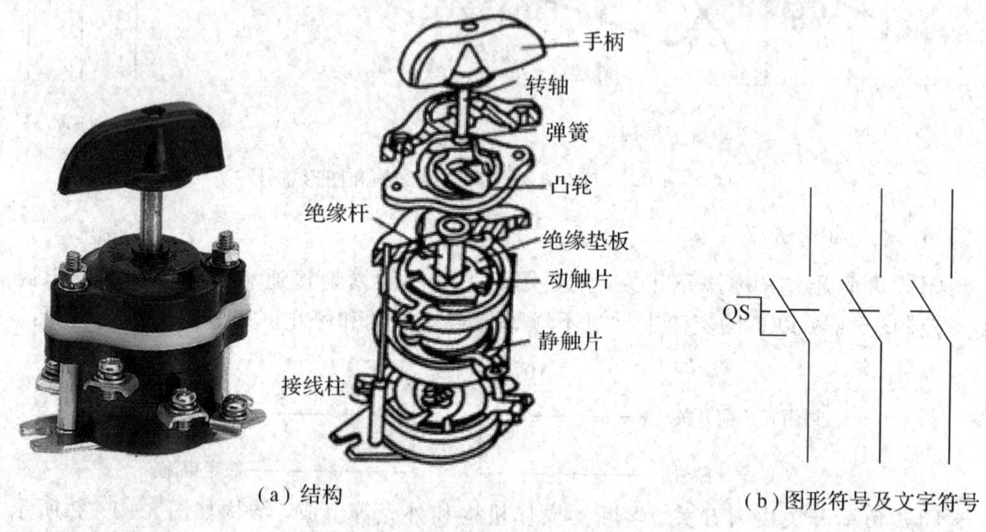

(a) 结构　　(b) 图形符号及文字符号

图 3-1-3　组合开关结构和图形符号

3. 自动空气开关

自动空气开关又称为低压断路器、自动空气断路器或自动开关。在低压电路中，自动空气开关用于分断和接通负荷电路，控制电动机运行和停止。当电路发生过载、短路、失压、欠压等故障时，它能自动切断故障电路，保护电路和用电设备的安全。其型号及含义如下：

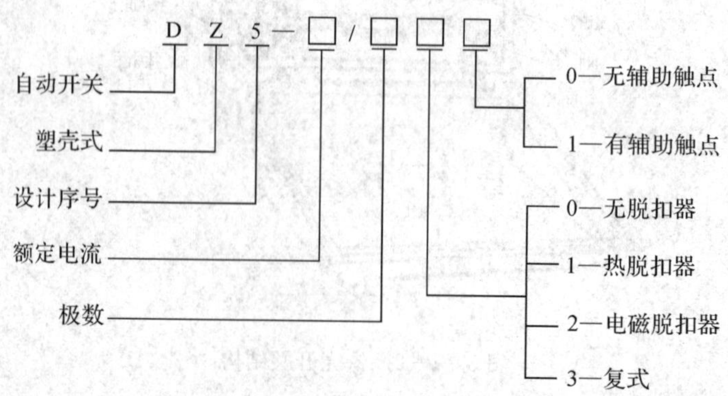

自动空气开关由操作机构、触点、保护装置(各种脱扣器)、灭弧系统等组成。其外形、结构及符号如图 3-1-4 所示。

(a) 自动空气开关的外形

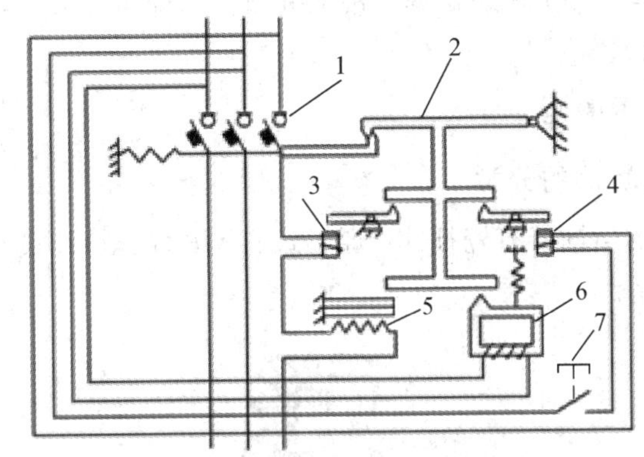

1—主触头；2—自由脱扣器；3—过电流脱扣器；4—分励脱扣器；
5—热脱扣器；6—失压脱扣器；7—按钮

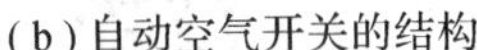

(b) 自动空气开关的结构

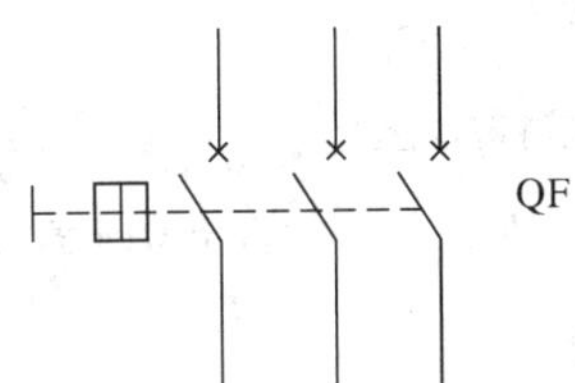

(c) 自动开关电路符号

图 3-1-4　自动空气开关的外形和结构

自动空气开关的工作原理如下：

(1) 正常使用时，断路器的三副主触头串联在被控制的三相电路中，按下接通按钮时，外力使锁扣克服反作用弹簧的反力，将固定在锁扣上面的动触头与静触头 2 闭合，并由锁扣锁住搭钩使动静触头保持闭合，开关处于接通状态。按下分断按钮搭钩 4，松开锁扣 3，使动静触头断开。

(2) 热脱扣器工作过程：当线路发生过载时，过载电流流过热元件产生一定的热量，使双金属片受热向上弯曲，通过杠杆推动搭钩与锁扣脱开，在反作用弹簧的推动下，动、静触头分开，从而切断电路，使用电设备不致因过载而烧毁。线路正常时，必须重新合闸才能工作。

(3) 电磁脱扣器工作过程：当线路发生短路故障时，短路电流超过电磁脱扣器的瞬时脱扣整定电流，电磁脱扣器产生足够大的吸力将衔铁吸合，通过杠杆推动搭钩与锁扣分开，从而切断电路，实现短路保护。线路正常时，必须重新合闸才能工作。

(4) 欠压脱扣器工作过程：欠压脱扣器的动作过程与电磁脱扣器恰好相反。当线路电压正常时，欠压脱扣器的衔铁被吸合，衔铁与杠杆脱离，断路器的主触头能够闭合；当线路上的电压消失或下降到某一数值时，欠压脱扣器的吸力消失或减小到不足以克服拉力弹簧的拉力时，衔铁在拉力弹簧的作用下撞击杠杆，将搭钩顶开，使触头分断，实现了欠压保护。电源电压正常时，必须重新合闸才能工作。由此也可看出，具有欠压脱扣器的断路器在欠压脱扣器两端无电压或电压过低时，不能接通电路。

(5) 需手动分断电路时，按下分断按钮即可。断路器可对电路和设备实现过载、短路、失压等保护。

(二) 熔断器

1. 熔断器的分类

常用的熔断器有瓷插式、螺旋式、有填料密封管式、无填料密封管式等几种类型，如图3-1-5所示。

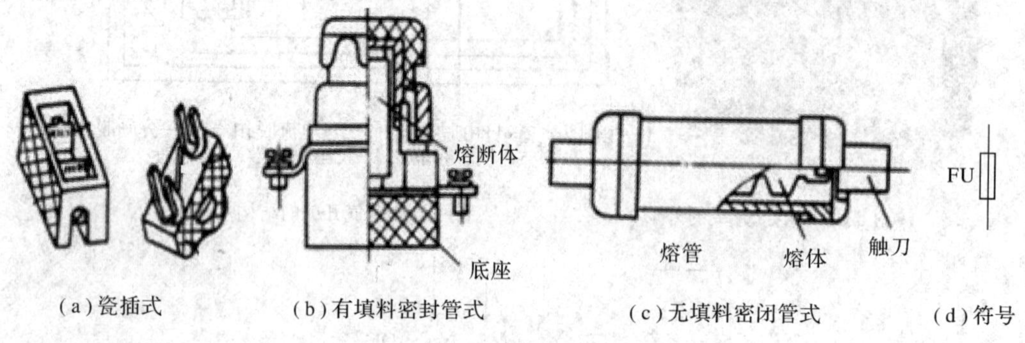

图 3-1-5　常用熔断器

2. 熔断器的组成及工作原理

熔断器主要由熔体和安装熔体的绝缘管组成。使用时，熔体串接于被保护的电路中，当电路发生短路故障时，熔体被瞬时熔断而分断电路，起到保护作用。所以熔断器在电路中主要起短路保护作用。

3. 熔断器的主要性能参数

· 额定电压：保证熔断器能长期正常工作的电压。

· 额定电流：保证熔断器能长期正常工作的电流。

· 熔体的额定电流：在规定的工作条件下，长时间通过熔体而熔体不熔断时的最大电流值。熔体的额定电流不能大于熔断器的额定电流值。

· 极限分断电流：熔断器在额定电压下所能断开的最大短路电流。

· 时间—电流特性：在规定工作条件下，表征流过熔体的电流与熔体熔断时间关系的函数曲线。

(三) 主令电器

主令电器是一种主要用来发布电气控制指令的电器元件，用于切换控制线路，以达到控制其它电器动作或实现特定控制功能的目的。最常见的主令电器如按钮开关、行程开关、万能转换开关、主令控制器。主令电器一般需要借助外力来执行动作，如按钮开关、万能转换开关需要借助操作者的力量执行动作，行程开关则需要借助机械的运动部件碰压才能执行动作。主令电器一般用于控制电路中，不能直接用于分合动力负荷电路。

1. 按钮

按钮又称按钮开关或控制按钮，是一种专门发号施令的电器，用于切换控制线路，以达到控制其它电器动作或实现特定控制功能的目的，在各种控制场合得到广泛应用。按钮的品种规格繁多，部分常用按钮的实物如图 3－1－6 所示。根据操作手柄的不同，又有按钮和旋钮之分。按钮可以做成单式和复式，复式一般都做成按钮盒的形式，一个按钮盒内常包括两个以上的按钮元件，在线路中各起不同的作用。最常见的是由两个按钮元件组成的“启动”“停止”的双联按钮，以及由三个按钮元件组成的“正转”“反转”“停止”的三联按钮。此外有时由很多个按钮元件组成一个控制按钮站，它可以控制很多台设备的运转。

图 3－1－6　常用按钮的外形

为便于识别各个按钮的作用，避免误操作，通常在按钮帽上做出不同的标志或选用不同的颜色，按钮帽一般都低于外壳。但为了发生故障时操作方便，“停止”按钮有的凸出于外壳，或做成特殊形状(如蘑菇头形)，并采用醒目的红色。

根据使用要求和场合的不同，按钮的结构也略有不同。除了有按钮和旋钮之分以外，还有自锁式、紧急式、钥匙式，以及带指示灯式。为了满足易燃、易爆和潮湿、有腐蚀性气体的场合的使用要求，还有做成全封闭式的防暴性按钮。

按钮的结构组成和工作原理如下：

(1) 按钮一般由按钮帽、复位弹簧、桥式动触头、静触头、支柱连杆及外壳等部分组成，如图 3－1－7 所示。

(2) 按钮按静态时触头的分合状态可分为常开按钮(启动按钮)、常闭按钮(停止按钮)和复合按钮(常开、常闭组合为一体的按钮)。

(3) 常开按钮未按下时触头是断开的；按下时触头闭合，当松开后，按钮自动复位。

(4) 常闭按钮与常开按钮相反，未按下时触头是闭合的；按下时触头断开，当松开后，按钮自动复位。

(5) 按钮的触点分常闭触点(动断触点)和常开触点(动合触点)两种。常闭触点是按钮未按下时闭合、按下后断开的触点。常开触点是按钮未按下时断开、按下后闭合的触点。按钮按下时，常闭触点先断开，然后常开触点闭合；松开后，依靠复位弹簧使触点恢复到原来的位置。按钮内的触点对数及类型可根据需要组合，最少具有一对常闭触点或常开触点。

当外力作用于按钮时，桥式动触头首先和常闭触头断开，然后和常开触点闭合，从而实现断开和接通电路。

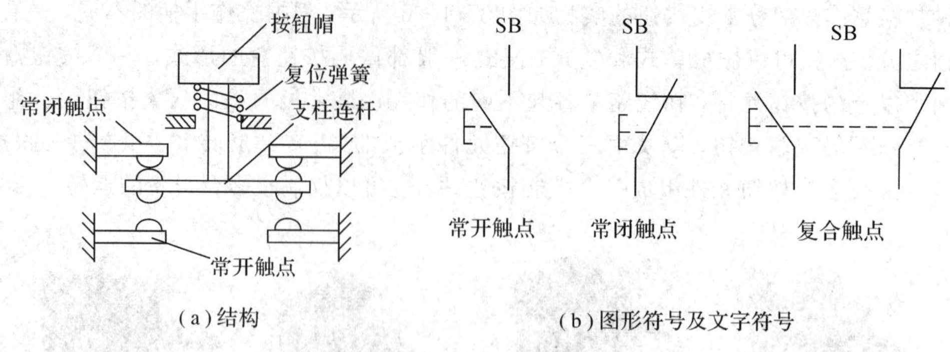

(a)结构　　(b)图形符号及文字符号

图 3-1-7　按钮的结构示意图和图形符号

2. 行程开关

行程开关在电路中依照生产机械的行程发出命令，用于切换控制线路，以达到控制其它电器动作，从而实现控制其运动方向或行程长短的功能，所以称为行程开关。有时将行程开关安装于运动机械行程终端处，以限制其行程，这时又称其为限位开关。在各种机械设备、装置及其它控制场合，行程开关得到广泛应用，用于实现对机械运动部件的控制，限制它们的动作、行程和位置，并以此对机械设备实现保护。行程开关按其结构形式可分为直动式、滚轮式和微动式三种。

行程开关一般由触头系统、操作机构和外壳组成，它具有结构简单、价格便宜的优点。

行程开关的工作原理如下：

JLXKI 系列行程开关的动作原理如图 3-1-8 所示。当运动部件的挡铁碰压行程开关的滚轮 1 时，杠杆 2 连同转轴 3 一起转动，使凸轮 7 推动撞块 5，当撞块被压到一定位置时，推动微动开关 6 快速动作，使其常闭触头断开，常开触头闭合。

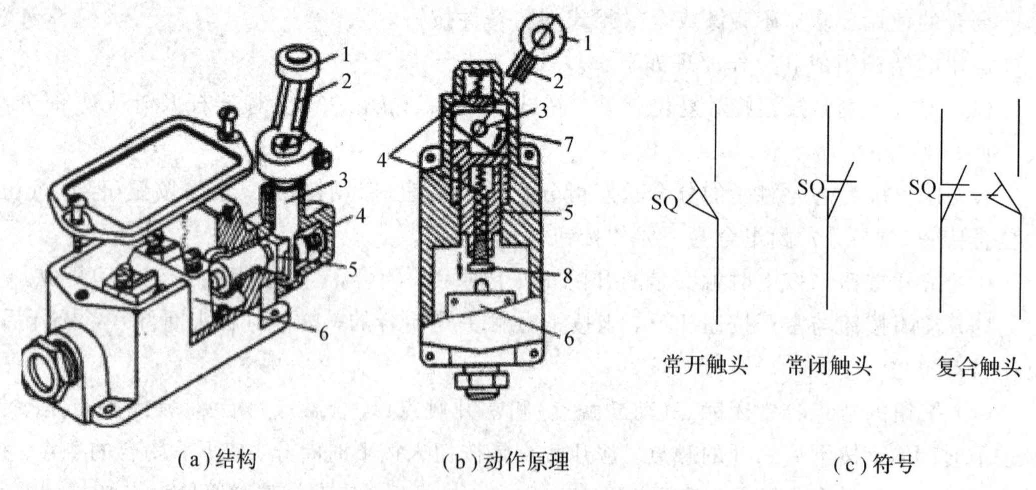

(a)结构　　(b)动作原理　　(c)符号

1—滚轮；2—杠杆；3—转轴；4—复位弹簧；5—撞块；6—微动开关；7—凸轮；8—调节螺钉

图 3-1-8　行程开关的结构组成

3. 万能转换开关

万能转换开关是一种具有多个挡位、多段式(具有多对触点)的能够控制多回路的电器元件，主要用作电路转换，也可用于小容量电动机的启动、换向及调速。

万能转换开关由接触系统、操作结构、转轴、手柄、定位机构等组成。

万能转换开关的工作原理如下：

万能转换开关的接触系统由许多接触元件组成，每一接触元件均有一胶木触头座，中间装有一对或三对触头，分别由凸轮通过支架操作。操作时，手柄带动转轴和凸轮一起旋转，则凸轮即可推动触头接通或断开，如图 3－1－9 所示。由于凸轮的形状不同，当手柄处于不同的操作位置时，触头的分合情况也不同，从而达到换接电路的目的。

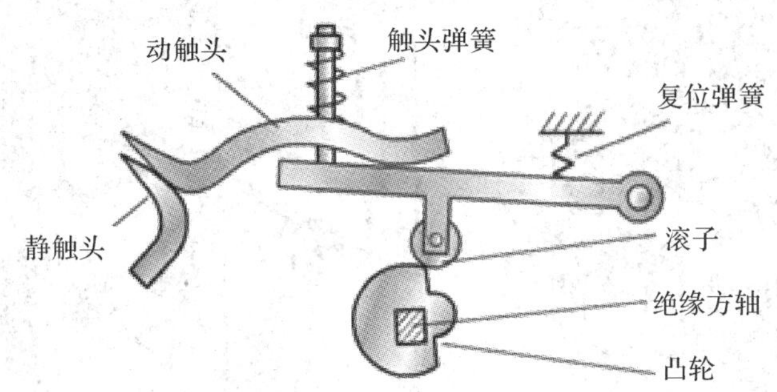

图 3－1－9　万能开关的结构图

（四）接触器

接触器是用来频繁接通或分断电动机主电路或其他负载电路的控制电器。用它可以实现远距离自动控制。由于其结构紧凑、价格低廉、工作可靠、维护方便，因而用途十分广泛，是用量最大、应用面最宽的电器之一。

1. 接触器的用途及分类

接触器最主要的用途是控制电动机的启动、反转、制动和调速等，因此它是电力拖动控制系统中最重要也是最常用的控制电器之一。它具有低电压释放保护功能。它还具有比工作电流大数倍乃至十几倍的接通和分断能力，但不能分断短路电流。它是一种执行电器，即使在先进的可编程控制器应用系统中，它一般也不能被取代。

接触器种类很多，按驱动力不同可分为电磁式、气动式和液压式，其中，以电磁式应用最为广泛。按接触器主触点控制的电路中电流的种类可将其分为交流接触器和直流接触器两种。按其主触点的极数(即主触点的个数)来分，有单极、双极、三极、四极和五极等多种。直流接触器一般为单极或双极；交流接触器大多为三极或四极。常用电磁式接触器实物如图 3－1－10 所示。下面主要介绍电磁式接触器。

图 3－1－10　电磁式接触器的实物图

2. 接触器结构组成和工作原理

接触器是由触点系统、电磁机构和灭弧装置组成的。接触器的结构图如图 3-1-11 所示，接触器的图形符号如图 3-1-12 所示。

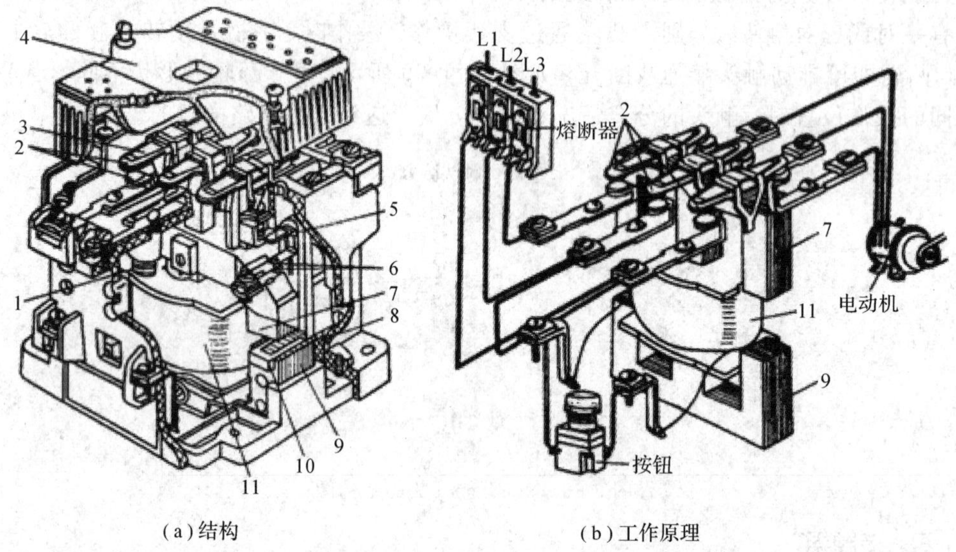

(a)结构　　(b)工作原理

1—反作用弹簧；2—主触头；3—触头压力弹簧；4—灭弧罩；5—辅助常闭触头；6—辅助常开触头；7—动铁芯；8—缓冲弹簧；9—静铁芯；10—短路环；11—线圈

图 3-1-11　接触器的结构图

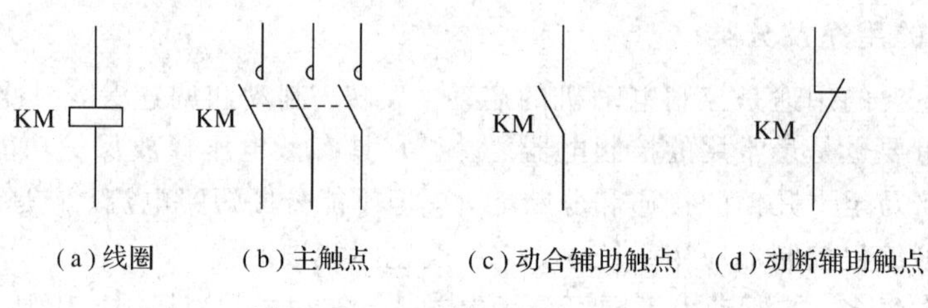

(a)线圈　(b)主触点　(c)动合辅助触点　(d)动断辅助触点

图 3-1-12　接触器的图形符号

1）触点系统

触点是接触器的执行元件，用来接通或断开被控制电路。接触器的触点分主触点和辅助触点两种。主触点一般比较大，接触电阻较小，用于接通或分断较大的电流，常接在主电路中；辅助触点一般比较小，接触电阻较大，用于接通或分断较小的电流，常接在控制电路(或称辅助电路)中。

2）电磁机构

电磁机构由吸引线圈、铁芯和衔铁组成。电磁机构的作用是将电磁能转换成机械能并带动触点的闭合或断开，完成通断电路的控制作用(即通过产生的电磁吸力带动触头动作)。

3）灭弧装置

电弧实际上是触头间气体在强电场作用下产生的放电现象。产生高温并发出强光，将触头烧损，并使电路的切断时间延长，严重时会引起火灾或其他事故。因此，在电器中应采取适当措施熄灭电弧。通常采用的灭弧方法为电动力灭弧、磁吹灭弧、窄缝灭弧和栅片灭弧。

当接触器线圈通电后，线圈中流过的电流产生磁场，使铁芯产生足够大的吸力，克服反作用弹簧的反作用力，将衔铁吸合，通过传动机构带动三对主触头和辅助常开触头闭合，辅助常闭触头断开。当接触器线圈断电或电压显著下降时，由于电磁吸力消失或过小，衔铁在反作用弹簧力的作用下复位，带动各触头恢复到原始状态。（线圈通电时产生电磁吸引力将衔铁吸下，使常开触点闭合，常闭触点断开。线圈断电后电磁吸引力消失，依靠弹簧使触点恢复到原来的状态。）

（五）继电器

继电器是一种根据输入信号（电量或非电量）的变化，接通或断开小电流电路，实现自动控制和保护电力拖动装置的电器。（一般情况下，继电器不直接控制电流较大的主电路，而是通过接触器或其他电器对主电路进行控制。）

继电器同接触器相比，继电器具有触头分断能力小、结构简单、体积小、重量轻、反应灵敏、动作准确、工作可靠等特点。

继电器的分类方法有多种，按输入信号的性质可分为电压继电器、电流继电器、速度继电器、压力继电器等；按工作原理可分为电磁式继电器、电动式继电器、感应式继电器、晶体管式继电器和热继电器等；按输出方式可分为有触点式继电器和无触点式继电器。

1. 热继电器

热继电器是利用流过继电器的电流所产生的热效应而反时限动作的继电器。所谓反时限动作，是指电器的延时动作时间随通过电路电流的增加而缩短。热继电器主要用于电动机的过载保护、断相保护、电流不平衡运行的保护及其他电气设备发热状态的控制。

热继电器是由热元件、动作机构和触头系统、电流整定装置、温度补偿元件和复位机构组成。热继电器结构示意图和图形符号如图 3-1-13 所示。

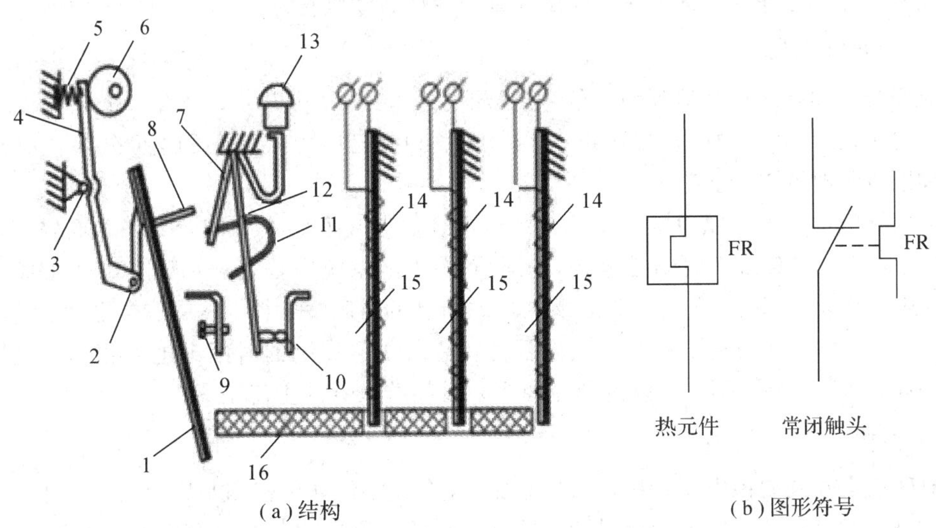

（a）结构　　（b）图形符号

1—补偿双金属片；2—推杆；3—滚轮；4—推杆；5—弹簧；6—凸轮；7—片簧；8—绕轴；9—动合触点；10—动断触点；11—弓形弹簧片；12—簧片；13—手动复位按钮；14—加热双金属片；15—发热元件；16—导板

图 3-1-13　热继电器结构示意图和图形符号

1）热元件

热元件是热继电器的主要组成部分，由主双金属片和绕在外面的电阻丝组成。主双金属片是由两种热膨胀系数不同的金属片复合而成的，金属片的材料多为铁镍铬合金和铁镍合金。电阻丝一般用康铜或镍铬合金等材料制成。

2）动作机构和触头系统

动作机构利用杠杆传递及弓簧式瞬跳机构来保证触头动作迅速、可靠。触头为单断点弓簧跳跃式动作，一般为一个常开触头、一个常闭触头。

3）电流整定装置

整定装置通过旋钮和电流调节凸轮调节推杆间隙，改变推杆移动距离，从而调节整定电流值。

4）温度补偿元件

温度补偿元件也为双金属片，其受热弯曲的方向与主双金属片一致，它能保证热继电器的动作不受温度的影响。在－30℃～＋40℃的环境温度范围内基本上不受周围介质温度的影响。

5）复位机构

用户可根据使用要求通过复位调节螺钉来自由调整选择。复位机构分为手动和自动两种。使用时，将热继电器的三相热元件分别串接在电动机的三相主电路中，常闭触头串接在控制电路的接触器线圈回路中。当电动机过载时，流过电阻丝的电流超过热继电器的整定电流，电阻丝发热，主双金属片向右弯曲，推动导板向右移动，通过温度补偿双金属片推动推杆绕轴转动，从而推动触头系统动作，动触头与常闭静触点分开，使接触器线圈断电，接触器触头断开，将电源切除，起保护作用。电源切除后，主双金属片逐渐冷却恢复原位，于是动触头在失去作用力的情况下，靠弓簧的弹性自动复位。

2. 时间继电器

时间继电器是一种从得到输入信号(线圈的通电或断电)开始，经过一个预先设定的时延后才输出信号(触点的闭合或断开)的继电器。根据延时方式的不同，可分为通电延时继电器和断电延时继电器。

时间继电器按工作原理分为电磁式、电动式、空气阻尼式和电子式等。电磁式、电动式、空气阻尼式是传统的时间继电器，在早期的机电系统中普遍采用，但其存在着定时精度低、故障率高等问题。电子式时间继电器是新型的时间继电器，发展非常迅速。由于电子技术的飞速发展，使得电子式时间继电器的制造成本与传统的时间继电器相当，但其性能大大提高，功能不断扩展，所以是现在和将来时间继电器的主流。

1）结构

时间继电器主要由电磁系统、触头系统、空气室、传动机构和基座组成。

通电延时继电器接收输入信号后，延迟一定的时间输出信号才发生变化。而当输入信号消失后，输出信后瞬时复位。通电延时继电器的结构图如图 3－1－14(a)所示。

断电延时继电器接收输入信号后，瞬时产生输出信号。而当输入信号消失后，延迟一定的时间输出信号才复位。断电延时继电器的结构如图 3－1－14(b)所示。

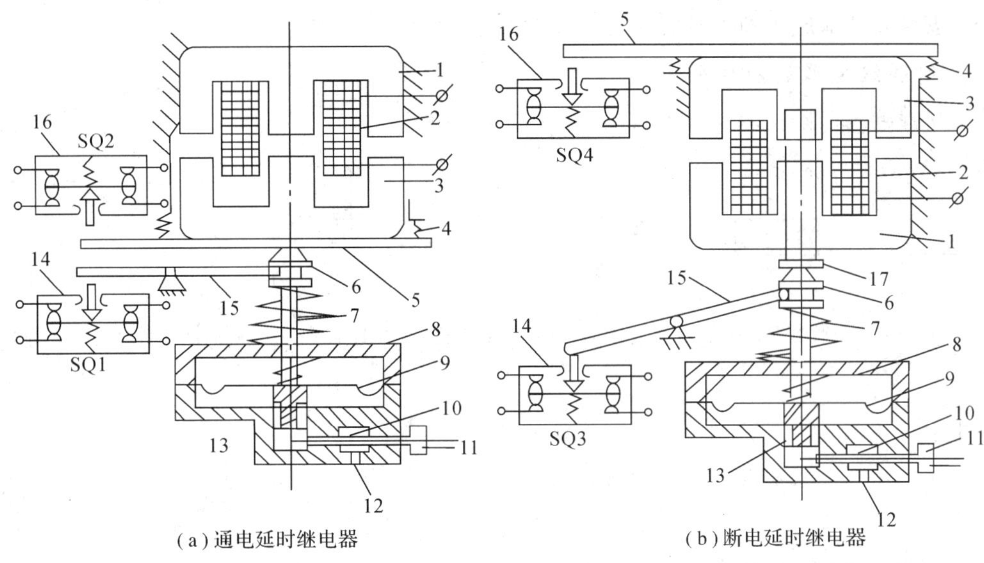

1—铁芯；2—线圈；3—衔铁；4—反力弹簧；5—推板；6—活塞杆；7—宝塔形弹簧；8—弱弹簧；9—橡皮膜；10—螺旋；11—调节螺钉；12—进气口；13—活塞；14、16—微动开关；15—杠杆；17—推杆

图 3-1-14　时间继电器结构示意图

(1) 电磁系统：由线圈、铁芯和衔铁组成。

(2) 触头系统：包括两对瞬时触头(一个常开、一个常闭)和两对延时触头(一个常开、一个常闭)，瞬时触头和延时触头分别是两个微动开关的触头。

(3) 空气室：空气室为一个空腔，由橡皮膜、活塞组成。橡皮膜可随空气的增减而移动，顶部的调节螺钉可调节延时时间。

(4) 传动机构：由推杆、活塞杆、杠杆及各种类型的弹簧组成。

(5) 基座：用金属板制成，用以固定电磁机构和气室。

2) 工作原理

(1) 通电延时型时间继电器的工作原理：当线圈 2 通电后，铁芯 1 产生吸力，衔铁 3 克服反力弹簧 4 的阻力与铁芯吸合，带动推板 5 立即动作，压合微动开关 SQ2，使其常闭触头瞬时断开，常开触头瞬时闭合。同时活塞杆 6 在宝塔形弹簧 7 的作用下向上移动，带动与活塞 13 相连的橡皮膜 9 向上运动，运动的速度受进气口 12 进气速度的限制。这时橡皮膜下面形成空气较稀薄的空间，与橡皮膜上面的空气形成压力差，对活塞的移动产生阻尼作用。活塞杆带动杠杆 15 只能缓慢地移动。经过一段时间，活塞才完成全部行程而压动微动开关 SQ1，使其常闭触头断开，常开触头闭合。由于从线圈通电到触头动作需延时一段时间，因此 SQ1 的两对触头分别被称为延时闭合瞬时断开的常开触头和延时断开瞬时闭合的常闭触头。(延时时间的长短取决于进气的快慢，旋动调节螺钉 11 可调节进气口的大小，可达到调节延时时间长短的目的。) 当线圈 2 断电时，衔铁 3 在反力弹簧 4 的作用下，通过活塞杆 6 将活塞推向下端，这时橡皮膜 9 下方腔内的空气通过橡皮膜 9、弱弹簧 8 和活塞 13 局部所形成的单向阀迅速从橡皮膜上方的气室缝隙中排掉，使微动开关 SQ1、SQ2 的各对触头均瞬时复位。

(2) 断电延时型时间继电器的工作原理：如果将通电延时型时间继电器的电磁机构翻

转 180°安装，其即成为断电延时型时间继电器。

3）时间继电器的图形符号

时间继电器的图形符号如图 3-1-15 所示。

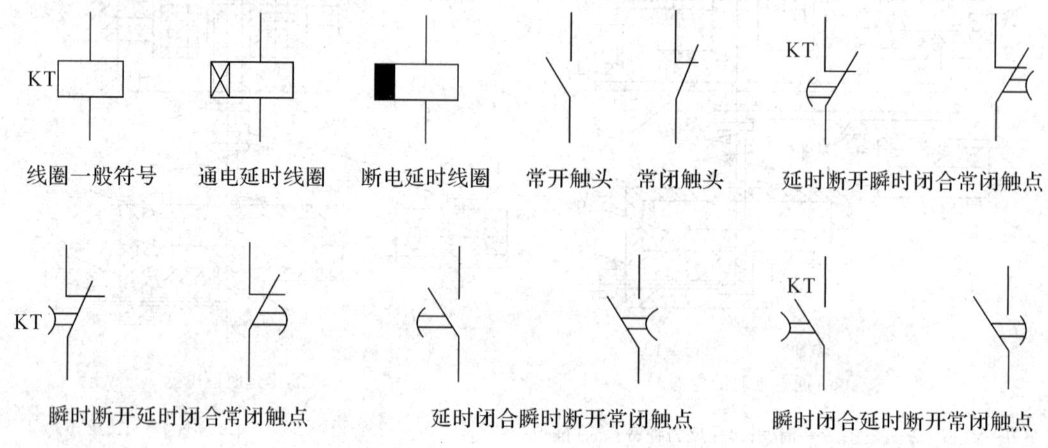

图 3-1-15　时间继电器的图形符号

3. 电磁继电器

电磁式继电器有中间继电器、电压继电器和电流继电器三种。

1）中间继电器

中间继电器是用来转换和传递控制信号的元件。它的输入信号是线圈的通电断电信号，输出信号为触点的动作。它本质上是电压继电器，但还具有触头多（多至六对或更多）、触头能承受的电流较大（额定电流 5 A～10 A）、动作灵敏（动作时间小于 0.05 s）等特点。

中间继电器的结构及工作原理和交流接触器基本相同。中间继电器的触头对数多，且没有主辅之分，各对触头允许通过的电流大小相同，为 5 A。中间电器的图形符号如图 3-1-16 所示。

图 3-1-16　中间继电器的图形符号

2）电压继电器

电压继电器是根据电压信号工作的，根据线圈电压的大小来决定触点动作。电压继电器的线圈的匝数多而线径细，使用时其线圈与负载并联。继电器按线圈电压的种类可分为交流电压继电器和直流电压继电器；按动作电压的大小又可分为过电压继电器和欠电压继电器。

对于过电压继电器，当线圈电压为额定值时，衔铁不产生吸合动作。只有当线圈电压高出额定电压某一值时衔铁才产生吸合动作，所以称为过电压继电器。交流过电压继电器在电路中起过压保护作用。而直流电路中一般不会出现波动较大的过电压现象，因此，在产品中没有直流过电压继电器。

对于欠电压继电器，当线圈电压达到或大于线圈额定值时，衔铁吸合动作。当线圈电压低于线圈额定电压时衔铁立即释放，所以称为欠电压继电器。欠电压继电器有交流欠电压继电器和直流欠电压继电器之分，在电路中起欠压保护作用。

电压继电器的图形符号如图 3－1－17 所示，其文字符号用 KV 表示。图中左边线圈符号为过电压线圈符号，右边线圈符号为欠电压线圈符号。

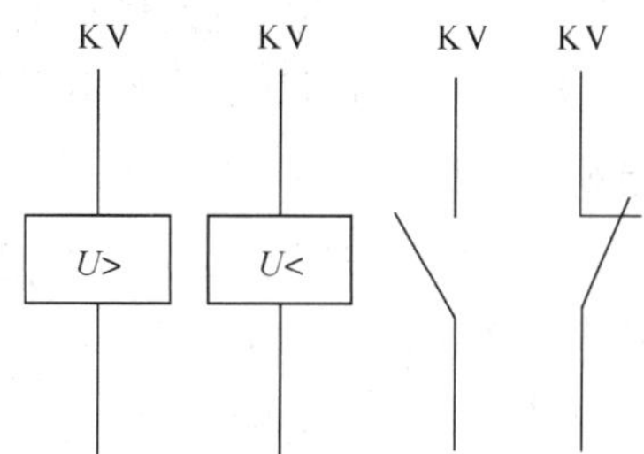

图 3－1－17　电压继电器的图形符号

3）电流继电器

电流继电器是根据电流信号工作的，根据线圈电流的大小来决定触点动作。电流继电器的线圈的匝数少而线径粗，使用时其线圈与负载串联。电流继电器按线圈电流的种类可分为交流电流继电器和直流电流继电器；按动作电流的大小又可分为过电流继电器和欠电流继电器。

对于过电流继电器，工作时负载电流流过线圈，一般选取线圈额定电流（整定电流）等于最大负载电流。当负载电流不超过整定值时，衔铁不产生吸合动作。当负载电流高出整定电流时，衔铁产生吸合动作，所以称为过电流继电器。过电流继电器在电路中起过流保护作用，特别是对于冲击性过流具有很好的保护效果。

对于欠电流继电器，当线圈电流达到或大于动作电流值时，衔铁吸合动作。当线圈电流低于动作电流值时衔铁立即释放，所以称为欠电流继电器。正常工作时，由于负载电流大于线圈动作电流，衔铁处于吸合状态。当电路的负载电流降至线圈释放电流值以下时，衔铁释放。欠电流继电器在电路中起欠电流保护作用。在交流电路中需要欠电流保护的情况比较少见，所以产品中没有交流欠电流继电器。而在某些直流电路中，欠电流会产生严重的不良后果，如运行中的直流他励电机的励磁电流，因此有直流欠电流继电器。

电流继电器的图形符号如图 3－1－18 所示，其文字符号用 KI 表示。图中左边线圈符号为过电流线圈符号，右边线圈符号为欠电流线圈符号。

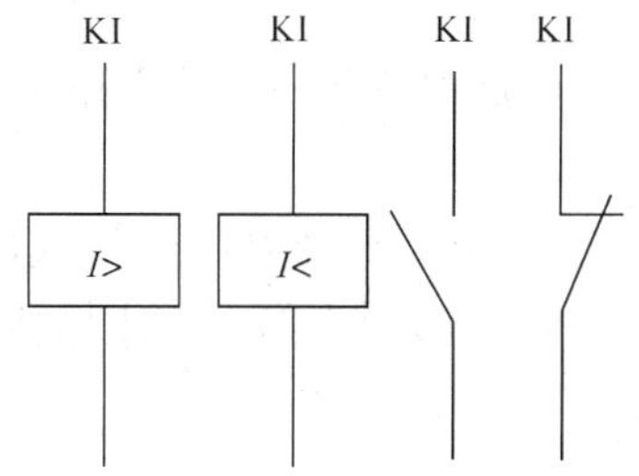

图 3－1－18　电流继电器的图形符号

3.1.2 三相异步电动机的结构和工作原理

实现电能与机械能相互转换的电工设备总称为电机。电机是利用电磁感应原理实现电能与机械能的相互转换的。把机械能转换成电能的设备称为发电机，而把电能转换成机械能的设备叫作电动机。

在生产上主要用的是交流电动机，特别是三相异步电动机，因为它具有结构简单、坚固耐用、运行可靠、价格低廉、维护方便等优点。三相异步电动机被广泛地用来驱动各种金属切削机床、起重机、锻压机、传送带、铸造机械、功率不大的通风机及水泵等。

(一) 三相异步电动机的结构

三相笼型异步电动机主要由两个基本部分组成，即定子(固定部分)和转子(转动部分)。图 3-1-19 为三相笼型异步电动机的结构图。

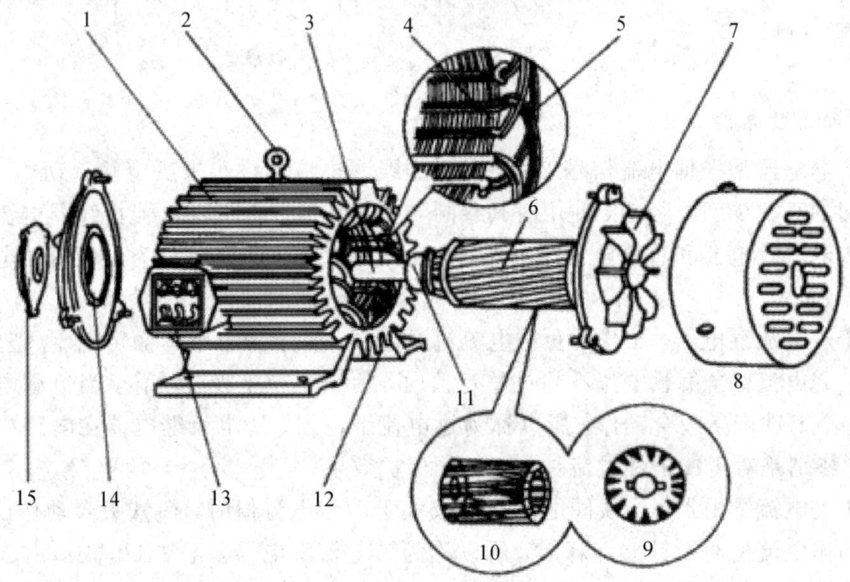

1—散热筋；2—吊环；3—转轴；4—定子铁芯；5—定子绕组；6—转子；7—风扇；8—罩壳；9—转子铁芯；10—笼型绕组；11—轴承；12—机座；13—接线盒；14—端盖；15—轴承盖

图 3-1-19 三相笼型异步电动机结构

定子和转子彼此由空气隙隔开，为了增强磁场，空气隙要尽可能小，一般为 0.3～1.5 mm。电动机容量越大，气隙就越大。

1. 定子

定子主要由定子铁芯、定子绕组和机座组成，其作用是当其通入三相交流电源时产生旋转磁场。

定子铁芯组成电动机磁路的一部分，它是由硅钢片叠压成圆筒形并压入机座里构成的。硅钢片形成的齿槽均匀分布在铁芯内圆表面上，并与轴平行。定子铁芯与硅钢片如图 3-1-20 所示。

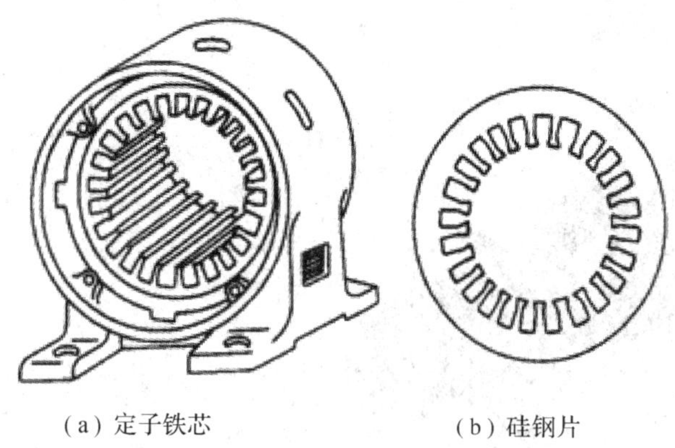

(a) 定子铁芯　　(b) 硅钢片

图 3-1-20　定子铁芯与硅钢片

定子绕组组成电动机的电路部分，它是由若干线圈组成的三相绕组，在定子圆周上均匀分布，按一定的空间角度镶放在定子铁芯槽内，每相绕组有两个引出线端，一个为首端，另一个为尾端。三相绕组共有六个引出端，分别引到机座接线盒内的接线柱上。通过改变接线柱间连接片的连接关系，并根据供电电压不同，三相定子绕组可以接成星形(Y)，也可以接成三角形(△)。其接线方式如图 3-1-21 所示。

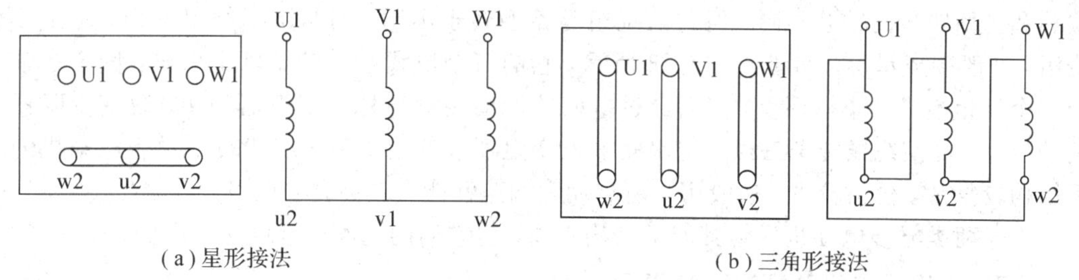

(a)星形接法　　(b)三角形接法

图 3-1-21　三相定子绕组的接线方式

2. 转子

转子的作用是在定子磁场感应下产生电磁转矩，沿着旋转磁场方向转动，并输出动力带动生产机械旋转。转子由转轴和装在转轴上的圆柱形转子铁芯及转子绕组组成。转轴由碳钢制成，两端支撑在轴承上，转子铁芯用已冲槽的硅钢片叠成，槽内放置转子绕组。转子根据构造不同，分为笼型(也称鼠笼式)和绕线式两类，如图 3-1-22 和如图 3-1-23 所示。

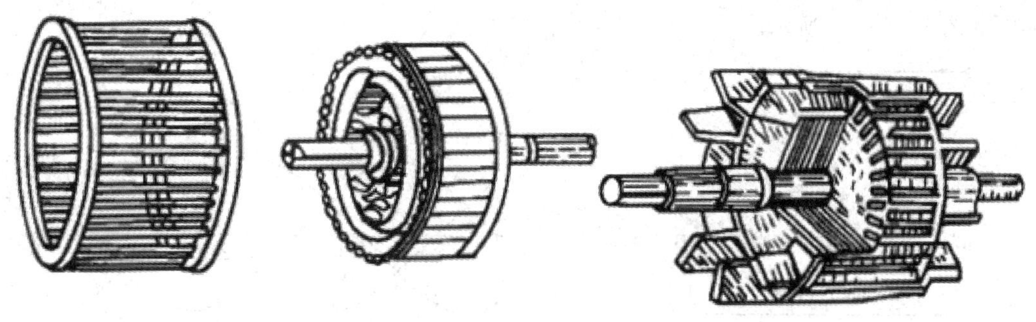

(a)笼型转子绕组　　(b)铜导条笼型转子外形　　(c)铸铝笼型转子外形

图 3-1-22　笼型异步电动机转子

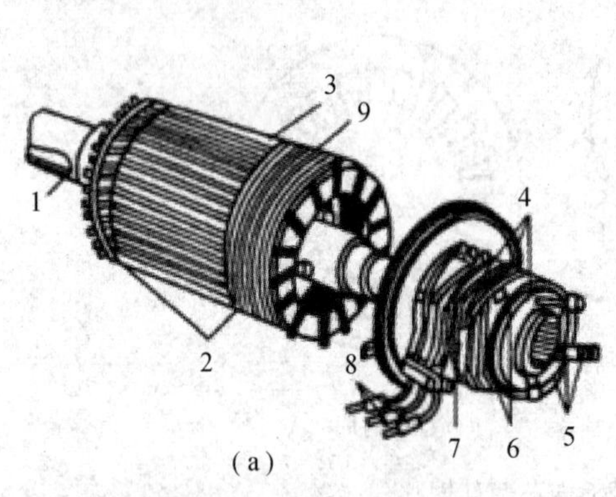

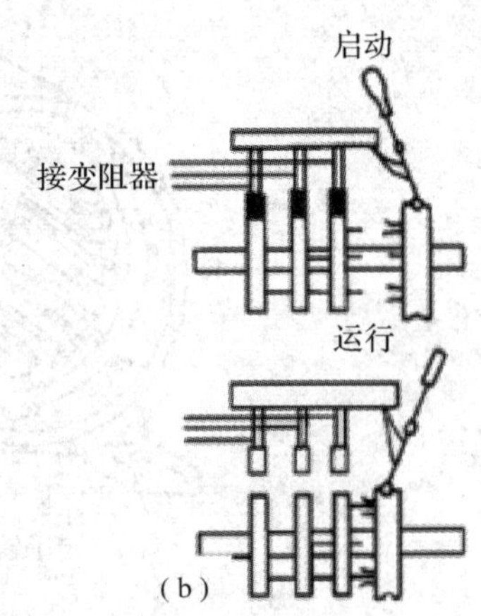

1—转轴；2—三相转子绕组；3—转子铁芯；4—滑环；5—转子绕组出线头；
6—电刷；7—刷架；8—电刷外接线；9—镀锌钢丝箍

图 3-1-23　三相绕线式异步电动机转子

如图 3-1-22 所示，笼型转子绕组是由安放在转子槽内的裸导体和短路环连接而成的。如果把转子铁芯去掉，可以看出，裸导体的形状好像一个笼，故称笼转子。绕线转子的铁芯和笼型转子的铁芯相同，但它的绕组与笼型转子不同，而与定子绕组一样，也是三相绕组，一般接成星形。如图 3-1-23 所示，它的三个出线端从转子轴中引出，固定在轴上的三个互相绝缘的集电环上，然后经过电刷的滑动接触与外加变阻器相接。改变变阻器手柄的位置，可使绕线转子三相绕组串联接入变阻器或使之短路。绕线转子异步电动机的转子结构较复杂，价格较贵，一般用于对启动和调速性能有较高要求的场合。

上述两类异步电动机尽管其转子结构不同，但它们的基本原理则是相同的。

(二) 三相异步电动机的工作原理

三相异步电动机是根据电磁感应原理来工作的，那么电动机通入三相交流电后是如何使电动机的转子转动起来的呢?

1. 旋转磁场的产生

图 3-1-24 表示最简单的三相定子绕组 AX、BY、CZ，它们在空间上按互差 120°的规律对称排列，并接成星形与三相电源 U、V、W 相连，则三相定子绕组便通过三相对称电流。设三相电流分别为 $i_A=I_m\sin\omega t$，$i_B=I_m\sin(\omega t-120°)$，$i_C=I_m\sin(\omega t+120°)$，它们的波形图如图 3-1-25 所示。

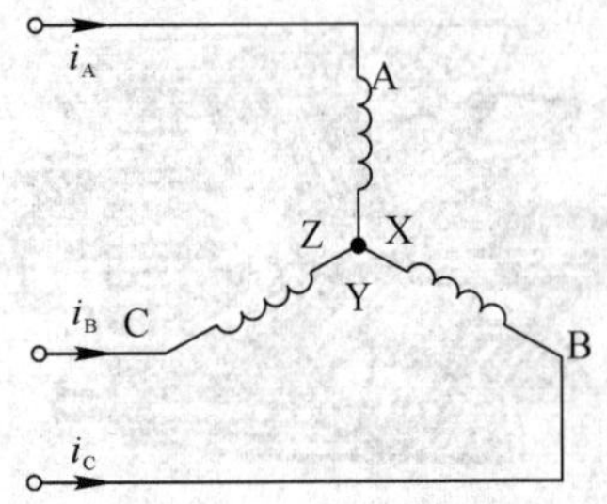

图 3-1-24　三相异步电动机定子接线图

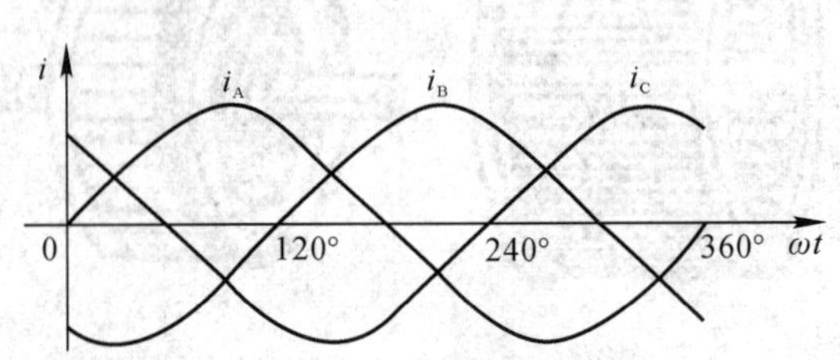

图 3-1-25　三相对称交流电流

当 $\omega t=0°$时，$i_A=0$，AX 绕组中无电流；i_B 为负，BY 绕组中的电流从 Y 流入从 B_1 流出；i_C 为正，CZ 绕组中的电流从 C 流入从 Z 流出；由右手螺旋定则可得合成磁场的方向如图 3-1-26(a)所示。

当 $\omega t=120°$时，$i_B=0$，BY 绕组中无电流；i_A 为正，AX 绕组中的电流从 A 流入从 X 流出；i_C 为负，CZ 绕组中的电流从 Z 流入从 C 流出；由右手螺旋定则可得合成磁场的方向如图 3-1-26(b)所示。

当 $\omega t=240°$时，$i_C=0$，CZ 绕组中无电流；i_A 为负，AX 绕组中的电流从 X 流入从 A 流出；i_B 为正，BY 绕组中的电流从 B 流入从 Y 流出；由右手螺旋定则可得合成磁场的方向如图 3-1-26(c)所示。

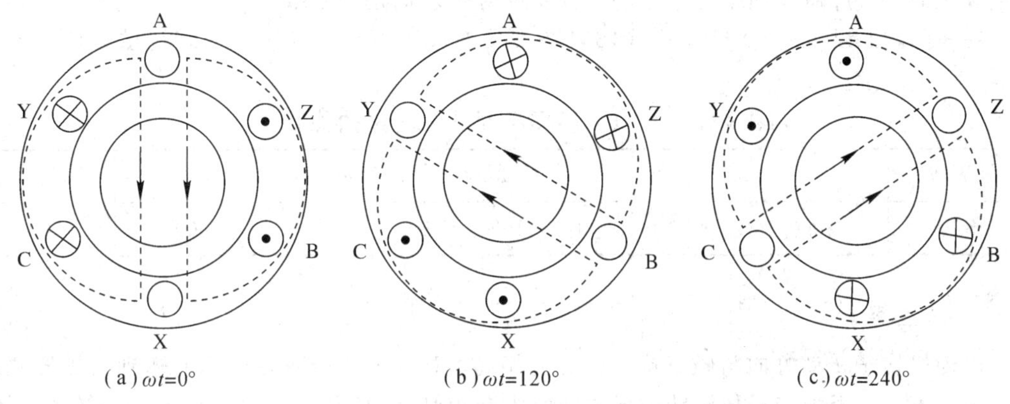

图 3-1-26　旋转磁场的形成

可见，当定子绕组中的电流变化一个周期时，合成磁场也按电流的相序方向在空间旋转一周。随着定子绕组中的三相电流不断地作周期性变化，产生的合成磁场也不断地旋转，因此称为旋转磁场。

旋转磁场的方向是由三相绕组中电流相序决定的，若想改变旋转磁场的方向，只要改变通入定子绕组的电流相序，即将三根电源线中的任意两根对调即可。这时，转子的旋转方向也跟着改变。

2. 三相异步电动机的工作原理

三相异步电动机的旋转磁场的转速为 n_0，n_0 的大小取决于电动机的电源频率 f 和电动机的极对数 p。此旋转磁场切割转子导体，在其中产生感应电动势和感应电流，其方向可用右手定则确定。此感应电流与磁场作用产生转矩，转矩方向可用左手定则确定，于是电动机便顺着旋转磁场方向旋转，但转子速度 n 必须小于 n_0，否则转子中无感应电流，也就无转矩，转子转速 n 略低于且接近于同步转速 n_0，这是异步电动机“异步”的由来。

3. 三相异步电动机的极数与转速

1）极数（磁极对数 p）

三相异步电动机的极数就是旋转磁场的极数。旋转磁场的极数和三相绕组的安排有关。当每相绕组只有一个线圈，绕组的始端之间相差 120°空间角时，产生的旋转磁场具有一对极，即 $p=1$；当每相绕组为两个线圈串联，绕组的始端之间相差 60°空间角时，产生的旋转磁场具有两对极，即 $p=2$；同理，如果要产生三对极，即 $p=3$ 的旋转磁场，则每相绕组必须有均匀安排在空间的串联的三个线圈，绕组的始端之间相差 40°（=120°/p）空间角。极数 p 与绕组的始端之间的空间角 θ 的关系为

$$\theta=\frac{120°}{p} \tag{3-1-1}$$

2）转速 n_0

三相异步电动机旋转磁场的转速 n_0 与电动机磁极对数 p 有关，它们的关系是

$$n_0=\frac{60f_1}{p} \tag{3-1-2}$$

由式(3-1-2)可知，旋转磁场的转速 n_0 决定于电流频率 f_1 和磁场的极数 p。对某一异步电动机而言，f_1 和 p 通常是一定的，所以磁场转速 n_0 是个常数。

在我国，工频 $f_1=50$ Hz。由式(3-1-2)，对应于不同极对数 p 的旋转磁场转速 n_0 见表 3-1-1 所示。

表 3-1-1　不同极对数与转速的关系

p	1	2	3	4	5	6
n_0	3000	1500	1000	750	600	500

3）转差率 s

电动机转子转动方向与磁场旋转的方向相同，但转子的转速 n 不可能达到与旋转磁场的转速 n_0 相等，否则转子与旋转磁场之间就没有相对运动，因而磁力线就不切割转子导体，转子电动势、转子电流以及转矩也就都不存在。这也就是说，旋转磁场与转子之间存在转速差，因此我们把这种电动机称为异步电动机，又因为这种电动机的转动原理是建立在电磁感应基础上的，故又称为感应电动机。

旋转磁场的转速 n_0 常称为同步转速。

转差率 s 是用来表示转子转速 n 与磁场转速 n_0 相差的程度的物理量，即

$$s=\frac{n_0-n}{n_0}=\frac{\Delta n}{n_0} \tag{3-1-3}$$

转差率是异步电动机的一个重要的物理量。

当旋转磁场以同步转速 n_0 开始旋转时，转子则因机械惯性尚未转动，转子的瞬间转速 $n=0$，这时转差率 $s=1$。转子转动起来之后，$n>0$，n_0-n 的差值减小，电动机的转差率 $s<1$。如果转轴上的阻转矩(与电机旋转方向相反的转矩)加大，则转子转速 n 降低，即异步程度加大，才能产生足够大的感应电动势和电流，产生足够大的电磁转矩，这时的转差率 s 增大；反之，s 减小。异步电动机运行时，转速与同步转速一般很接近，转差率很小，在额定工作状态下约为 0.015～0.06。

根据式(3-1-3)，可以得到电动机的转速常用公式：

$$n=(1-s)n_0 \tag{3-1-4}$$

3.1.3　三相异步电动机的选择与使用

(一) 三相异步电动机的铭牌数据

每台异步电动机的机座上都装有一块铭牌，它表明了电动机的类型、主要性能、技术

指标和使用条件，为用户使用和维修提供了重要依据。铭牌示例如图 3－1－27 所示。

三相异步电动机			
型号	Y112M-4	额定频率	50 Hz
额定功率	4 kW	绝缘等级	E级
接法	△	温升	60℃
额定电压	380 V	定额	连续
额定电流	8.6 A	功率因数	0.95
额定转速	1440 r/min	重量	59 kg
年　　月		编号	××电机厂

图 3－1－27　三相异步电动机铭牌示例

1）型号

示例中型号 Y112M－4 的含义如图 3－1－28 所示。

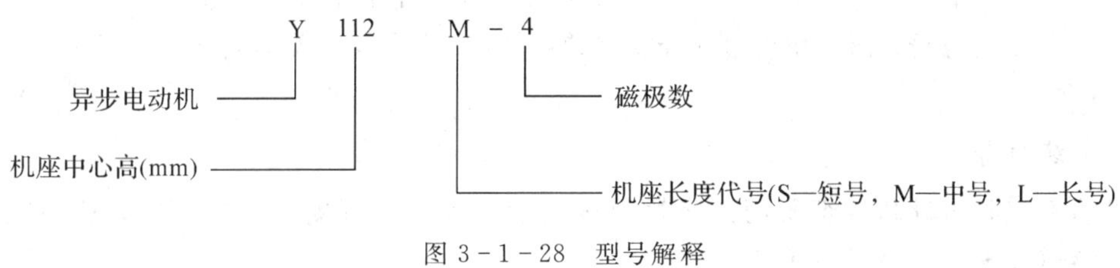

图 3－1－28　型号解释

2）额定功率

额定功率指电动机在规定的环境温度下，在额定运行时电极轴上输出的机械功率值。输出功率与输入功率不等，其差值等于电动机本身的损耗功率，包括铜损、铁损及机械损耗等。

3）接法

接法指电动机三相绕组六个线端的连接方法。将三相绕组首端 U1、V1、W1 接电源，尾端 U2、V2、W2 连接在一起，叫星形(Y)连接，如前文图 3－1－21(a)所示。若将 U1 接 W2、V1 接 U2、W1 接 V2，再将这三个交点接在三相电源上，则叫三角形(△)连接，如前文图3－1－21(b)所示。

4）额定电压

额定电压指电动机在额定运行时定子绕组上应加的线电压值。一般规定电动机的电压不应高于或低于额定值的 5%。

必须注意：在低于额定电压下运行时，最大转矩 T_{max} 和启动转矩 T_{st} 会显著地降低，这对电动机的运行是不利的。

三相异步电动机的额定电压有 380 V、3000 V、6000 V 等多种。

5）额定电流

额定电流指电动机在额定运行时定子绕组上的最大线电流允许值。

当电动机空载时，转子转速接近于旋转磁场的转速，两者之间相对转速很小，所以转子电流近似为零，这时定子电流几乎全为建立旋转磁场的励磁电流。当输出功率增大时，转子电流和定子电流都随着相应增大。

6）额定转速

铭牌上所标的额定转速是指电动机额定运行时的转子转速，单位为转/分。

不同的磁极数对应有不同的转速等级。最常用的是四个极的磁极数（n_0＝1500 r/min）。

7）额定频率

额定频率指电动机所用电源的频率。

8）定额

电动机定额分连续、短时和断续三种。连续是指电动机连续不断地输出额定功率而温升不超过铭牌允许值。短时表示电动机不能连续使用，只能在规定的较短时间内输出额定功率。断续表示电动机只能短时输出额定功率，但可以断续重复启动和运行。

9）温升

电动机运行中，部分电能转换成热能，使电动机温度升高，经过一定时间，电能转换的热能与机身散发的热能平衡，机身温度达到稳定。在稳定状态下，电动机温度与环境温度之差叫作电动机温升。而环境温度规定为 40℃，如果温升为 60℃，表明电动机温度不能超过 100℃。

10）绝缘等级

绝缘等级指电动机绕组所用绝缘材料按它的允许耐热程度规定的等级，这些级别为：A 级，105℃；E 级，120℃；F 级，155℃。

11）功率因数

功率因数指电动机从电网所吸收的有功功率与视在功率的比值。视在功率一定时，功率因数越高，有功功率越大，电动机对电能的利用率也越高。

（二）三相异步电动机的选择

正确选择电动机的功率、种类、型式是极为重要的。

1. 功率的选择

使用电动机时应根据负载的情况选择合适的功率，功率选大了虽然能保证正常运行，但是不经济，电动机的效率和功率因数都不高；功率选小了就不能保证电动机和生产机械的正常运行，不能充分发挥生产机械的效能，并会使电动机由于过载而过早地损坏。

1）连续运行电动机的功率选择

对于连续运行的电动机，先算出生产机械的功率，使所选电动机的额定功率等于或稍大于生产机械的功率即可。

2）短时运行电动机的功率选择

如果没有合适的专为短时运行设计的电动机，可选用连续运行的电动机。由于发热惯性，在短时运行时可以容许过载。工作时间越短，则过载可以越大。但电动机的过载是受到限制的，通常是根据过载系数 λ 来选择短时运行电动机的功率。电动机的额定功率可以是生产机械所要求的功率的 $1/\lambda$。

2. 种类的选择

选择电动机的种类是从交流或直流、机械特性、调速与启动性能、维护及价格等方面来考虑的。

1）交、直流电动机的选择

如没有特殊要求，一般都应采用交流电动机。

2）鼠笼式与绕线式的选择

三相鼠笼式（也称笼型）异步电动机结构简单，坚固耐用，工作可靠，价格低廉，维护方便，但调速困难，功率因数较低，启动性能较差。因此在要求机械特性较硬而无特殊调速要求的一般生产机械的拖动时应尽可能采用鼠笼式电动机。只有在不方便采用鼠笼式异步电动机时才采用绕线式电动机。

3. 结构形式的选择

电动机常制成以下几种结构形式：

（1）开启式。这种形式的电动机在构造上无特殊防护装置，用于干燥、无灰尘的场所，通风状况良好。

（2）防护式。这种形式的电动机在机壳或端盖下面有通风罩，以防止铁屑等杂物掉入。也有将外壳做成挡板状，以防止在一定角度内有雨水溅入其中。

（3）封闭式。这种形式的电动机其外壳严密封闭，靠自身风扇或外部风扇冷却，并在外壳带有散热片。在灰尘多、潮湿或含有酸性气体的场所可采用它。

（4）防爆式。这种形式的电动机整个电机严密封闭，用于有爆炸性气体的场所。

4. 安装结构形式的选择

（1）机座带底脚，端盖无凸缘（B_3）；

（2）机座不带底脚，端盖有凸缘（B_5）；

（3）机座带底脚，端盖有凸缘（B_{35}）。

5. 电压和转速的选择

1）电压的选择

电动机电压等级的选择，要根据电动机类型、功率以及使用地点的电源电压来决定。Y系列鼠笼式电动机的额定电压只有 380 V 一个等级。只有大功率异步电动机才采用 3000 V 和 6000 V。

2）转速的选择

电动机的额定转速是根据生产机械的要求而选定的。但通常转速不低于 500 r/min。因为当功率一定时，电动机的转速愈低，则其尺寸愈大，价格愈贵，且效率也较低。因此就不如购买一台高速电动机再另配减速器来得合算。异步电动机通常采用 4 个极的，即同步转速 $n_0=1500$ r/min。

 知识扩展—— 三相异步电动机的常见故障及排除

三相异步电动机应用广泛，但通过长期运行后，会发生各种故障，及时判断故障原因

并进行相应处理，是防止故障扩大、保证设备正常运行的一项重要的工作。三相异步电动机常见故障及排除方法见表3-1-2。

表3-1-2 三相异步电动机常见故障及排除方法

故障现象	可能原因	排除方法
通电后电动机不能转动，但无异响，也无异味和冒烟	(1) 电源未通(至少两相未通) (2) 熔丝熔断(至少两相熔断) (3) 过流继电器调得过小 (4) 控制设备接线错误	(1) 检查电源回路开关，熔丝、接线盒处是否有断点，如有，应修复 (2) 检查熔丝型号、熔断原因，换新熔丝 (3) 调节继电器整定值与电动机配合 (4) 改正接线
通电后电动机不转，然后熔丝烧断	(1) 缺一相电源，或定子线圈一相反接 (2) 定子绕组相间短路 (3) 定子绕组接地 (4) 定子绕组接线错误 (5) 熔丝截面过小 (6) 电源线短路或接地	(1) 检查刀闸是否有一相未合好，或电源回路有一相断线，或有反接 (2) 查出短路点，予以修复 (3) 消除绕组接地故障 (4) 查出误接，予以更正 (5) 更换熔丝 (6) 消除接地
通电后电动机不转，有嗡嗡声	(1) 定、转子绕组有断路(一相断线)或电源一相失压 (2) 绕组引出线始末端接错或绕组内部接反 (3) 电源回路接点松动，接触电阻大 (4) 电动机负载过大或转子卡住 (5) 电源电压过低 (6) 小型电动机装配太紧或轴承内油脂过硬 (7) 轴承卡住	(1) 查明断点予以修复 (2) 检查绕组极性，判断绕组末端是否正确 (3) 紧固松动的接线螺丝，用万用表判断各接头是否假接，若是，予以修复 (4) 减载或查出并消除机械故障 (5) 检查是否把规定的面接法误接为Y，是否由于电源导线过细使压降过大，予以纠正 (6) 重新装配使之灵活，更换合格油脂 (7) 修复轴承
电动机启动困难，额定负载时，电动机转速低于额定转速较多	(1) 电源电压过低 (2) 面接法电机误接为Y (3) 笼型转子开焊或断裂 (4) 定转子局部线圈错接、接反 (5) 修复电机绕组时增加匝数过多 (6) 电机过载	(1) 测量电源电压，设法改善 (2) 纠正接法 (3) 检查开焊和断点并修复 (4) 查出误接处，予以改正 (5) 恢复正确匝数 (6) 减轻负载

续表一

故障现象	可能原因	排除方法
电动机空载电流不平衡，三相相差大	(1) 重绕时定子三相绕组匝数不相等 (2) 绕组首尾端接错 (3) 电源电压不平衡 (4) 绕组存在匝间短路、线圈反接等故障	(1) 重新绕制定子绕组 (2) 检查并纠正 (3) 测量电源电压，设法消除不平衡 (4) 消除绕组故障
电动机空载，过负载时电流表指针不稳，摆动	(1) 笼型转子导条开焊或断条 (2) 绕线式转子故障(一相断路)或电刷、集电环短路装置接触不良	(1) 若查出断条，予以修复或更换转子 (2) 检查绕线转子回路并加以修复
电动机空载电流平衡，但数值大	(1) 修复时，定子绕组匝数减少过多 (2) 电源电压过高 (3) Y接电动机误接为△ (4) 电机装配中，转子装反，使定子铁芯未对齐，有效长度减短 (5) 气隙过大或不均匀 (6) 大修拆除旧绕组时，使用热拆法不当，使铁芯烧损	(1) 重绕定子绕组，恢复正确匝数 (2) 设法恢复额定电压 (3) 改接为Y形连接 (4) 重新装配 (5) 更换新转子或调整气隙 (6) 检修铁芯或重新计算绕组，适当增加匝数
电动机运行时响声不正常，有异响	(1) 转子与定子绝缘纸或槽楔相擦 (2) 轴承磨损或油内有砂粒等异物 (3) 定、转子铁芯松动 (4) 轴承缺油 (5) 风道填塞或风扇擦住风罩 (6) 定、转子铁芯相擦 (7) 电源电压过高或不平衡 (8) 定子绕组错接或短路	(1) 修剪绝缘，削低槽楔 (2) 更换轴承或清洗轴承 (3) 检修定、转子铁芯 (4) 加油 (5) 清理风道，重新装置 (6) 消除擦痕，必要时换转子 (7) 检查并调整电源电压 (8) 消除定子绕组故障
运行中电动机振动较大	(1) 由于磨损使轴承间隙过大 (2) 气隙不均匀 (3) 转子不平衡 (4) 转轴弯曲 (5) 铁芯变形或松动 (6) 联轴器(皮带轮)中心未校正 (7) 风扇不平衡 (8) 机壳或基础强度不够 (9) 电动机固定螺丝松动 (10) 笼型转子开焊断路，绕线转子断路 (11) 定子绕组故障	(1) 检修轴承，必要时更换 (2) 调整气隙，使之均匀 (3) 校正转子动平衡 (4) 校直转轴 (5) 校正重叠铁芯 (6) 重新校正，使之符合规定 (7) 检修风扇，校正平衡，纠正其几何形状 (8) 进行加固 (9) 紧固螺丝 (10) 修复转子绕组 (11) 修复定子绕组

续表二

故障现象	可能原因	排除方法
轴承过热	(1) 润滑脂过多或过少 (2) 油质不好，含有杂质 (3) 轴承与轴颈或端盖配合不当 (4) 轴承内孔偏心，与轴相擦 (5) 电动机端盖或轴承盖未装平 (6) 电动机与负载间联轴器未校正，或皮带过紧 (7) 轴承间隙过大或过小 (8) 电动机轴弯曲	(1) 按规定加润滑脂$\left(\text{容积的}\frac{1}{3}\sim\frac{2}{3}\right)$ (2) 更换清洁的润滑脂 (3) 过松可用黏结剂修复，过紧应车磨轴颈或端盖内孔，使之适合 (4) 修理轴承盖，消除擦点 (5) 重新装配 (6) 重新校正，调整皮带张力 (7) 更换新轴承 (8) 校正电机轴或更换转子
电动机过热甚至冒烟	(1) 电源电压过高，使铁芯发热大大增加 (2) 电源电压过低，电动机又带额定负载运行，电流过大使绕组发热 (3) 修理拆除绕组时，采用热拆法不当，烧伤铁芯 (4) 定转子铁芯相擦 (5) 电动机过载或频繁启动 (6) 笼型转子断条 (7) 电动机缺相，两相运行 (8) 重绕后定子绕组浸漆不充分 (9) 环境温度高，电动机表面污垢多，或通风道堵塞 (10) 电动机风扇故障，通风不良 (11) 定子绕组故障(相间、匝间短路；定子绕组内部连接错误)	(1) 降低电源电压(如调整供电变压器分接头)，若是电机 Y、△接法错误引起的，则应改正接法 (2) 提高电源电压或换粗供电导线 (3) 检修铁芯，排除故障 (4) 消除擦点(调整气隙或挫、车转子) (5) 减载；按规定次数控制启动 (6) 检查并消除转子绕组故障 (7) 恢复三相运行 (8) 采用二次浸漆及真空浸漆工艺 (9) 清洗电动机，改善环境温度，采用降温措施 (10) 检查并修复风扇，必要时更换 (11) 检修定子绕组，消除故障

任务实施——三相异步电动机的拆装与维护

1. 实训目的

(1) 熟悉三相鼠笼式异步电动机的结构和额定值；

(2) 掌握检验异步电动机绝缘情况的方法；

(3) 掌握三相异步电动机定子绕组首、末端的判别方法。

2. 实训器材

(1) 工具：拉具一套、螺钉旋具、活络扳手、紫铜棒、钢套刷、手锤、毛刷、煤油、润滑油脂等常用电工工具。

(2) 仪表：钳型电流表、兆欧表、转速表、万用表各一块

(3) 器材：三相笼型异步电动机一台、220/36 V 变压器、干电池、开关。

3. 实训步骤及工艺要求

1) 三相笼型异步电动机的拆卸

(1) 拆卸前的准备。

拆卸前应备齐拆卸工具，选好电动机拆装的合适地点，并事先清洁和整理好现场环境，熟悉被拆电动机的结构特点、拆装要领及所存在的缺陷，做好标记。

拆卸前还应标出电源线在接线盒中的相序，标出连轴器或皮带轮与轴台的距离，标出机座在基础设备上的准确位置，标注绕组引出线在机座上的出口方向。

拆卸前还要拆除电源线和保护地线，并做好绝缘措施，拆下地脚螺母，将电动机拆离基础并运至解体现场。

(2) 拆卸步骤如图 3-1-29 所示。

① 拆下皮带轮或连轴器，卸下电动机尾部的风罩；

② 拆下电动机尾部扇叶；

③ 拆下前轴承外盖和前、后端盖紧固螺钉；

④ 用木板(或铅板、铜板)垫在转轴前端，用手锤将转子和后端盖从机座中敲出，从定子中取出转子；

⑤ 用木棒伸进定子铁芯，顶住前端盖内侧，用手锤将前端盖敲离机座；

⑥ 最后拉下前后轴承及轴承内盖。

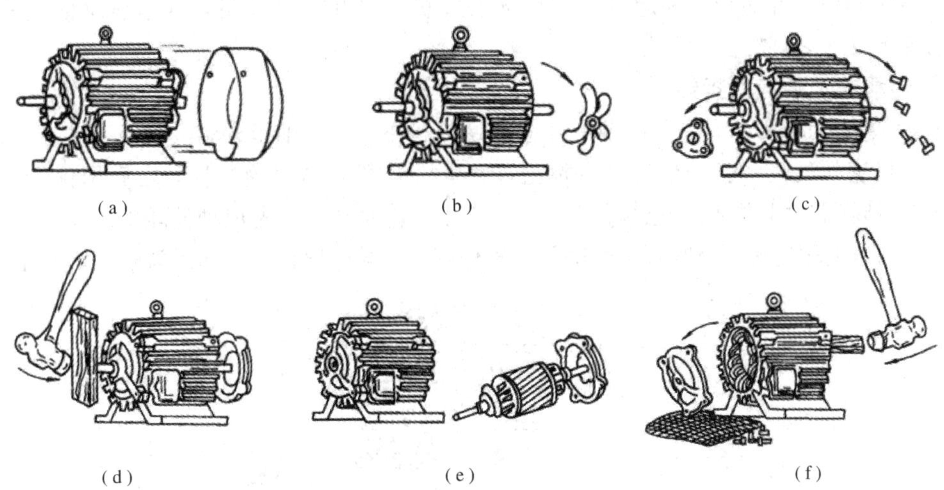

图 3-1-29　三相异步电动机拆卸步骤

(3) 主要零部件的拆卸方法。

① 皮带轮或连轴器的拆卸。

首先用粉笔在皮带轮的轴伸端上做好标记，再将皮带轮或连轴器上的定位螺钉或销子松脱取下，按图 3-1-30 所示的方法装好拉具。拉具的丝杠顶端要对准电动机轴端的中心，使其受力均匀，转动丝杆，把皮带轮或连轴器慢慢拉出，切忌硬拆。如拉不出，可在定位螺丝孔内注入煤油，待几小时后在拉。按此法拉出仍有困难时，可用喷灯等急火在带轮

外侧轴套四周均匀加热，使其膨胀后再拉出。在拆卸过程中，严禁用手锤直接敲击带轮，以免造成带轮或联轴器碎裂，或使转轴变形。

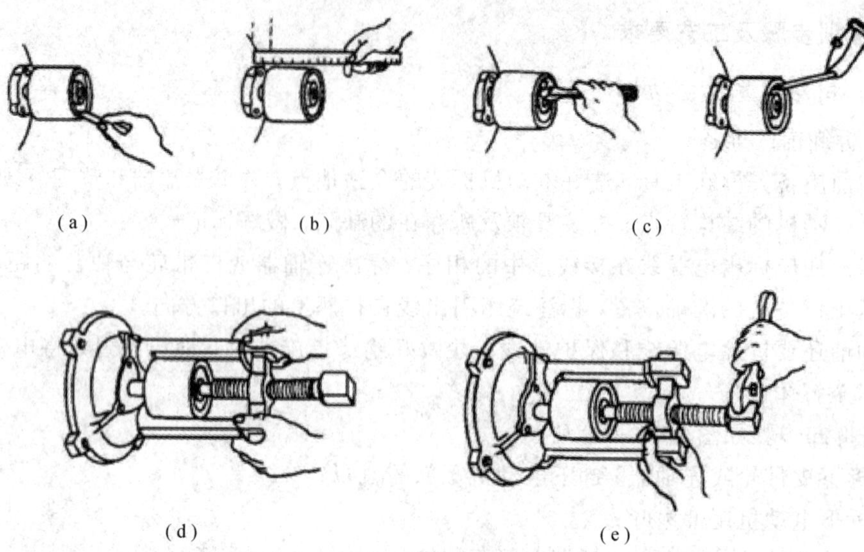

图 3-1-30　皮带轮或连轴器拆卸

② 风罩和风叶的拆卸。

首先，把外风罩螺栓松脱，取下风罩；然后把转轴尾部风叶上的定位螺栓或销子松脱、取下，用紫铜棒或手锤在风叶四周均匀地轻敲，风叶就可松脱下来。小型异步电动机的风叶一般不用卸下，可随转子一起抽出。对于采用塑料风叶的电动机，可用热水使塑料风叶膨胀后卸下。

③ 轴承盖和端盖的拆卸。

如图 3-1-31 所示，首先把轴承外盖的螺栓松下，卸下轴承外盖。为便于装配时复位，在端盖与机座接缝处的任一位置做好标记，然后松开端盖的紧固螺栓，之后用锤子均匀地敲打端盖四周(需衬上垫木)，把端盖取下。对于小型电动机，可先把轴伸端的轴承外盖卸下，再松开后端盖的固定螺栓，然后用木锤敲打轴伸端，这样可把转子连同后端盖一起取下。

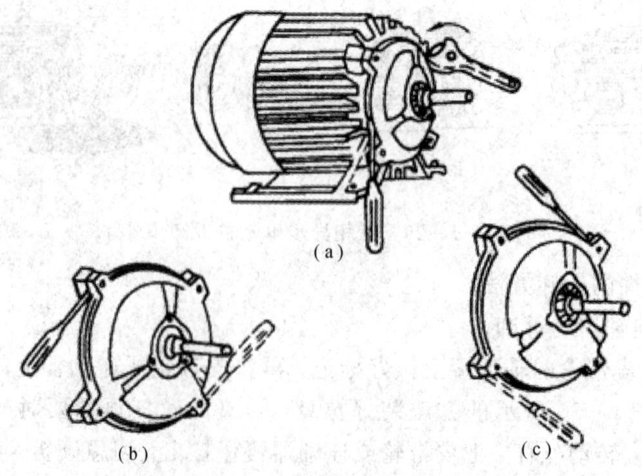

图 3-1-31　前端盖的拆卸

④ 轴承的拆卸。

轴承的拆卸可能在两个部位进行。一种是在转轴上拆卸，另一种是在端盖内拆卸。

· 在转轴上拆卸轴承。常用三种方法拆卸：第一种方法是用拉具按拆皮带轮的方法将轴承从轴上拉出；第二种方法如图 3－1－32 所示，是在没有拉具的情况下，用端部呈楔形的铜棒，在倾斜方向顶住轴承内圈，边用榔头敲打，边将铜棒沿轴承内圈移动，以使轴承周围均匀受力，直到卸下轴承；第三种方法如图 3－1－33 所示，是用两块厚铁板在轴承内圈下边夹住转轴，并用能容纳转子的圆筒或支架支住，在转轴上端垫上厚木板或铜板，敲打垫板取下轴承。

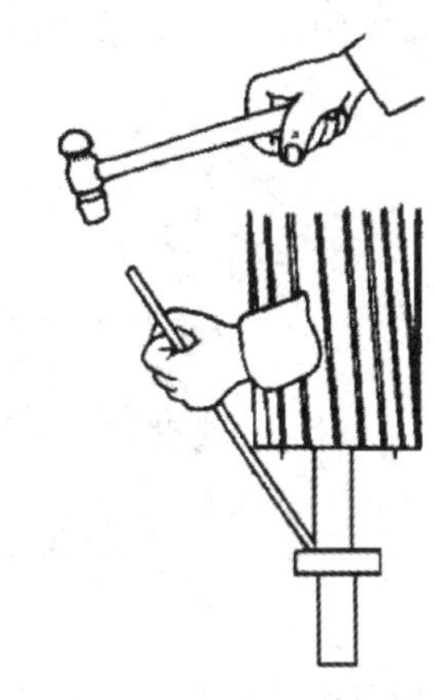

图 3－1－32　用铜棒敲打拆卸轴承

· 在端盖内拆卸轴承。有的电动机端盖轴承孔与轴承外圈的配合比轴承内圈与转轴的配合更紧，在拆卸端盖时，使轴承留在端盖轴承孔中，如图 3－1－34 所示，拆卸时将端盖止口面向上平稳放置，在端盖轴承孔四周垫上木板，但不能抵住轴承，然后用一根直径略小于轴承外沿的铜棒或其他金属棒，抵住轴承外圈，从上方用榔头将轴承向下敲出。

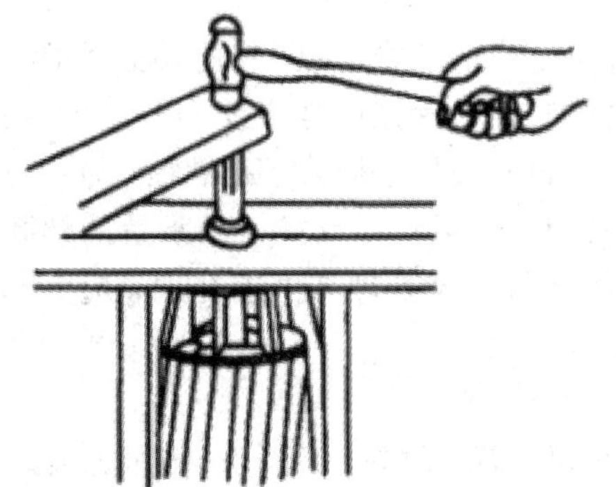

图 3－1－33　搁在圆筒上拆卸轴承

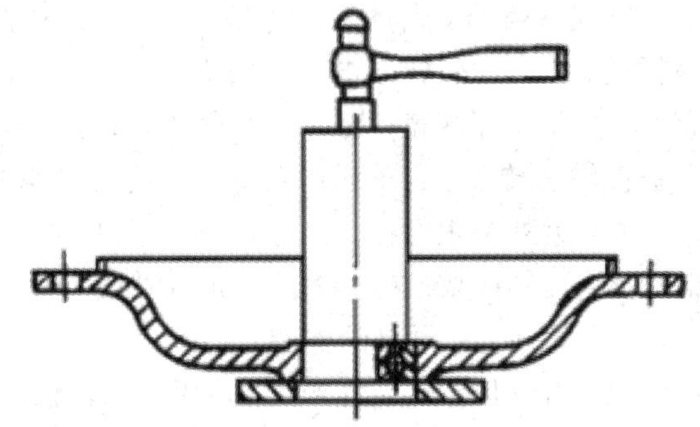

图 3－1－34　拆卸端盖内轴承

(4) 抽出转子。

小型电动机的转子，如上所述，可以连同端盖一起取出。抽出转子时，应小心谨慎、动作缓慢，要求不可歪斜，以免碰伤定子绕组。

2) 三相笼型异步电动机的装配

(1) 轴承的装配。

装配前应检查轴承滚动件是否转动灵活而又不松旷。再检查轴承内与轴颈、外圈与端盖轴承座孔之间的配合情况和光洁度是否符合要求。

· 敲打法：在干净的轴颈上抹一层薄薄的机油。把轴承套上，按如图 3－1－35(a)所示方法用一根内径略大于轴颈直径、外径略大于轴承内圈外径的铁管，将铁管的一端顶在轴承的内圈上，用手锤敲打铁管的另一端，将轴承敲进去。最好是用压床压入。

· 热装法：如配合较紧，为了避免把轴承内环胀裂或损伤配合面，可采用此法。如图

3－1－35(b)所示，可将轴承加热到100℃左右，再将轴承浸入油中30～40 min趁热迅速套上轴颈。安装轴承时，标号必须向外，以便下次更换时查对轴承型号。

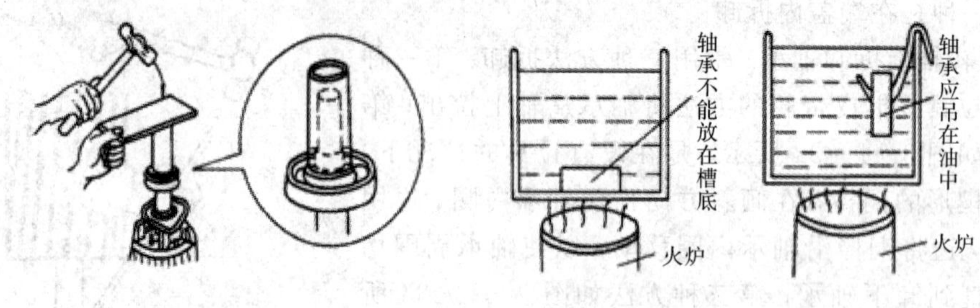

(a)用铁管敲打轴承　(b)用油加热轴承

图3－1－35　轴承装配

在轴承内外圈里和轴承盖里装的润滑脂应洁净，塞装要均匀，一般电动机装满1/3～2/3空间容积。轴承内外盖的润滑脂一般为盖内容积的1/3。注意若润滑油加得过多，会导致运转中轴承发热等弊病。

(2) 转子的安装。

安装时转子要对准定子的中心，小心往里送放，端盖要对准机座的标记，旋上后盖的螺栓，但不要拧紧。

(3) 端盖的安装。

安装端盖时，先将端盖洗净、吹干，铲去端盖口和机座口的脏物；然后将前端盖对准机座标记，用木锤轻轻敲击端盖四周。套上螺栓，按对角线一前一后把螺栓拧紧，切不可有松有紧，以免损坏端盖；最后装轴承外盖时，可先在轴承外盖孔内用手插入一根螺栓，另一只手缓慢转动转轴，当轴承内盖的孔转得与外盖的孔对齐时，即可将螺栓拧入轴承盖的螺孔内，再装另外两根螺栓。也可先用两根硬导线通过轴承外盖孔插入轴承内盖孔中，旋上一根螺栓，挂住内盖螺钉扣，然后依次抽出导线，旋上螺栓。

(4) 风扇叶、风罩的安装。

风扇叶和风罩安装完毕后，用手转动转轴，转子应转动灵活、均匀，无停滞或偏重现象。

(5) 带轮或联轴器的安装。

安装带轮时，将抛光布卷在圆木上，把带轮或联轴器的轴孔打磨光滑，用抛光布把转轴的表面打磨光滑，然后对准键槽把带轮或联轴器套在转轴上，调整好带轮或联轴器与键槽的位置，将木板垫在键的一端，轻轻敲打，使键慢慢进入槽内。安装大型电动机的带轮时，可先用固定支撑物顶住电动机的非负荷端和千斤顶的底部，再用千斤顶将带轮顶入。

3) 电动机装配后的检验

(1) 检查电动机的转子转动是否轻便灵活，如转子转动比较沉重，可用紫铜棒轻敲端盖，同时调整端盖紧固螺栓的松紧程度，使之转动灵活。

(2) 检查电动机的绝缘电阻值，检测电动机定子绕组相与相之间、各相对地之间的绝缘电阻。

(3) 根据电动机的铭牌与电源电压正确接线，并在电动机外壳上安装好接地线，用钳形电流表分别检测三相电流是否平衡。

(4) 用转速表测量电动机的转速。

(5) 让电动机空转运行半个小时后，检测机壳和轴承处的温度，观察振动和噪声。

4. 实训注意事项

(1) 本实验采用三相交流市电，线电压为 380 V，应穿上绝缘鞋再进入实验室。实验时要注意人身安全，不可触及导电部件，防止意外事故发生。

(2) 每次接线完毕，同组同学应自查一遍，然后由指导教师检查后方可接通电源。必须严格遵守“先断电，再接线，后通电；先断电，后拆线”的实验操作原则。

(3) 每项实训完毕，均需将三相调压器旋柄调回零位，每次改接线均需断开三相电源，以确保人身安全。

(4) 严禁带电操作。

5. 实训考核标准

实训考核标准见表 3-1-3。

表 3-1-3　考核标准

考核项目	评 分 标 准	分值分配	扣分	得分
拆卸和装配	(1) 拆卸步骤及方法不正确，每次扣 5 分 (2) 拆装不熟练，扣 5～10 分 (3) 丢失零部件，每件扣 10 分 (4) 拆卸后不能组装，扣 15 分 (5) 损坏零部件，扣 20 分	20		
检修	(1) 未进行检修或检修无效果，扣 30 分 (2) 检修步骤及方法不正确，每次扣 5 分 (3) 扩大故障(无法修复)，扣 30 分	30		
校验	(1) 不能进行通电校验，扣 25 分 (2) 检验的方法不正确，扣 10～20 分 (3) 检验结果不正确，扣 10～20 分 (4) 通电时有振动或噪声，扣 10 分	25		
清洁和保养	(1) 不能清洁电机，扣 10 分 (2) 不会添加轴承润滑脂，扣 15 分	25		
安全文明生产	违反安全文明生产规程，扣 5～40 分			
定额时间 2 h	每超时 5 min 扣 5 分(含 5 min 以内)			
得分				

思考与练习

(一) 填空题

1. 低压电器是指工作在________及其以下电路中，能根据外界的信号和要求，手动或自动地接通、断开电路，以实现对电路或非电对象的______和______的元件或设备。

2. 低压电器的分类。

(1) 按用途分类为：__________电器、__________电器和__________电器；

(2) 按动作方式分类为：__________电器和__________电器；

(3) 按电器执行功能分类为：________电器、________电器和________电器。

3. 三相异步电动机的两个基本组成部分为_______和_______。

4. 三相异步电动机的转速取决于__________、__________和__________。

5. 三相异步电动机直接启动时，启动电流值可达到额定电流的_______倍。

6. 笼型转子断条修理方法有如下几种：________、________和________。

7. 三相负载接于三相供电线路上的原则是：若负载的额定电压等于电源线电压时，负载应作_______连接；若负载的额定电压等于电源相电压时，负载应作_______连接。

(二) 选择题

1. 下列不属于低压电器的是(　　)。

A. 按钮　　B. 刀开关　　C. 白炽灯　　D. 电磁阀

2. 下列器件中属于控制电器的是(　　)。

A. 按钮　　B. 刀开关　　C. 白炽灯　　D. 电磁铁

3. 二极管由于具有单向导电性，所以可作开关使用；按电器执行功能来分，二极管应属于(　　)。

A. 有触点电器　　B. 无触点电器　　C. 混合电器

4. 直流电动机转子由(　　)组成。

A. 转子铁芯、转子绕组两大部分

B. 专子铁芯、励磁绕组两大部分

C. 电枢铁芯、电枢绕组、换向器三大部分

D. 两个独立绕组、一个闭合铁芯两大部分

5. 运行中的 380 V 交流电动机绝缘电阻应大于(　　)MΩ。

A. 3　　B. 3　　C. 5　　D. 10

6. 两个 10 μF 的电容并联后与一个 20 μF 的电容串联，则总电容是(　　)μF。

A. 10　　B. 20　　C. 30　　D. 40

(三) 简答题

1. 过电流继电器和欠电流继电器有什么主要区别？

2. 断路器中有哪些脱扣器？各起什么作用？

3. 什么是主令电器？它有哪些品种？

4. 什么是反接制动？

5. 试设计一台异步电动机既能连续长动工作，又能点动工作的继电器——接触器控制线路。

6. 一台三相交流电动机，额定相电压为 220 V，工作时每相负载 $Z=(50+j25)\ \Omega$。

(1) 当电源线电压为 380 V 时，绕组应如何连接？

(2) 当电源线电压为 220 V 时，绕组应如何连接？

(3) 分别求上述两种情况下的负载相电流和线电流。

任务 3.2　三相异步电动机启停控制电路的安装与测试

试分析图 3-2-1 所示电路的工作原理。三相异步电动机在工农业生产中应用非常广泛，其控制线路的安装和调试是电工职业岗位的一项重要技能。本任务主要介绍电动机几种启停控制线路及线路的安装、调试，逐步培养学生的读图能力和故障处理能力，以及实践操作技能，为今后从事控制线路的设计、安装和技术改造打下一定的基础。

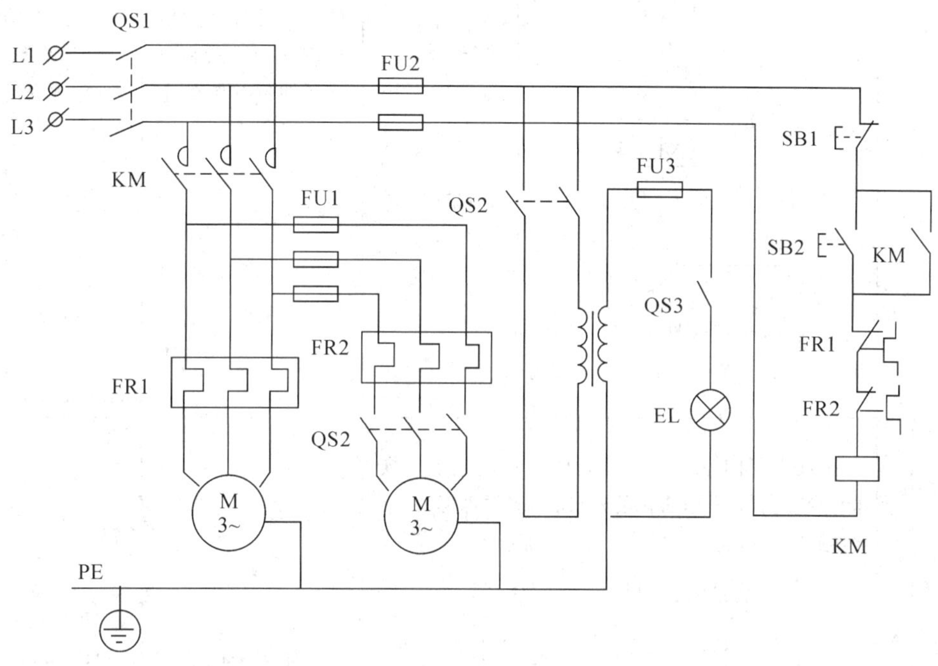

图 3-2-1　电气原理图

3.2.1　电气识图的基本知识

电气设备的设计、安装、调试与维修都要有相应的电工图作为依据与参考。电工图是以国家制定的图形符号和文字符号为标准，按照规定的画法绘制出来的图纸。它提供电路中各元器件的功能、位置、连接方式及工作原理等信息。识读电工图是进行电工和电气连接、维修所必须掌握的技能之一。

(一) 电工图的分类及其作用

在电气控制系统中，首先是由配电器将电能分配给不同的用电设备，再由控制电器使电动机按设定的规律运转，实现由电能到机械能的转换，满足不同生产机械的要求。在电工领域安装、维修都要依靠电气控制原理图和施工图，施工图又包括电气元件布置图和电气接线图。电工图的分类及作用见表 3-2-1。

表 3－2－1　电工图的分类及作用

<table>
<tr><th colspan="3">电工图</th><th>概　　念</th><th>作　用</th><th>图中内容</th></tr>
<tr><td rowspan="3">电气控制图</td><td colspan="2">原理图</td><td>原理图是用国家统一规定的图形符号、文字符号和线条连接来表明各个电器的连接关系和电路工作原理的示意图，如图 3－2－2 所示 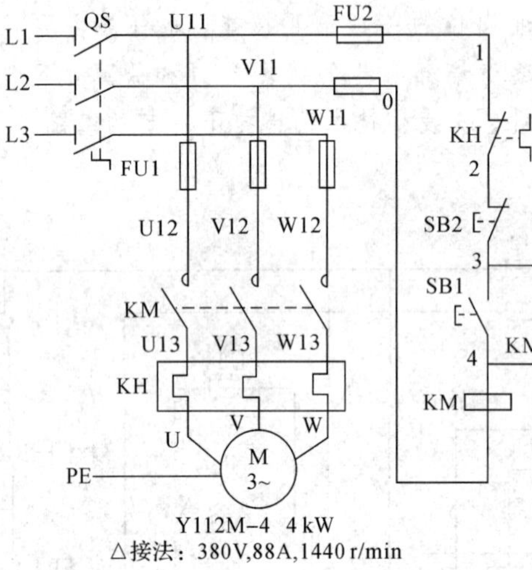
图 3－2－2　电气原理图</td><td>分析电气控制原理、绘制及识读电气控制接线图和电器元件位置图的主要依据</td><td>电气控制线路中所包含的电器元件、设备、线路的组成及连接关系</td></tr>
<tr><td rowspan="2">施工图</td><td>平面布置图</td><td>平面布置图是根据电器元件在控制板上的实际安装位置，采用简化的外形符号（如方形等）而绘制的一种简图。如图 3－2－3 所示 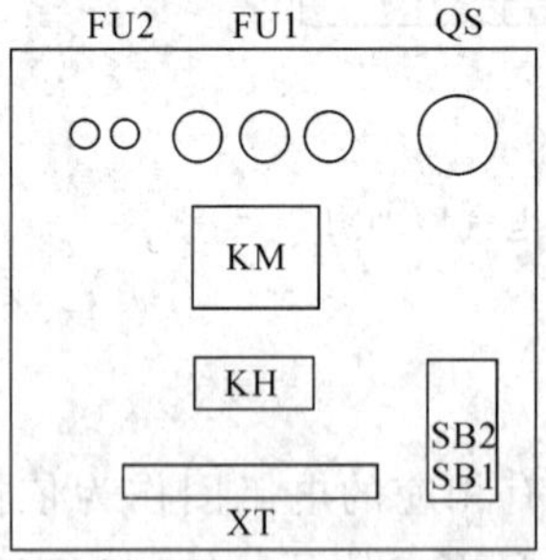
图 3－2－3　平面布置图</td><td>主要用于电器元件的布置和安装</td><td>项目代号、端子号、导线号、导线类型、导线截面等</td></tr>
<tr><td>接线图</td><td>接线图是用来表明电器设备或线路连接关系的简图，如图 3－2－4 所示</td><td>安装接线、线路检查和线路维修的主要依据</td><td>电气线路中所含元器件及其排列位置，各元器件之间的接线关系</td></tr>
</table>

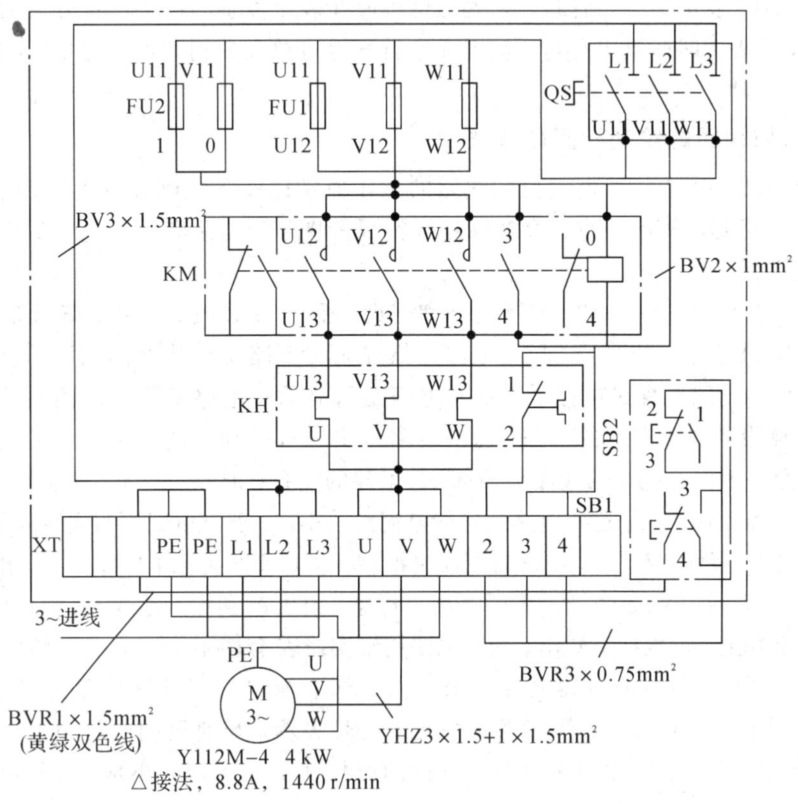

图 3-2-4　接线图

电气控制图是电气工程技术的通用语言。为了便于信息交流与沟通，在电气控制线路中，各种电器元件的图形符号和文字符号必须统一，即符合国家强制执行的相关标准。

(二) 识读电气线路图的方法和步骤

电路和电气设备的设计、安装、调试与维修都要有相应的电气线路图作为依据或参考。电气线路图是根据国家标准的图形符号和文字符号，按照规定的画法绘制出的图纸。

1. 电气线路图中常用的图形符号和文字符号

要识读电气线路图，必须首先明确电气线路图中常用的图形符号和文字符号所代表的含义，这是看懂电气线路图的前提和基础。

1）基本文字符号

基本文字符号又分单字母文字符号和双字母文字符号两种。单字母符号是按拉丁字母顺序将各种电气设备、装置和元器件划分为 23 类，每一大类电器用一个专用单字母符号表示，如“K”表示继电器、接触器类，“R”表示电阻类。当单字母符号不能满足要求而需要将大类进一步划分，以便更为详尽地表述某一种电气设备、装置和元器件时，采用双字母符号。双字母符号由一个表示种类的单字母符号与另一个字母组成，组合形式为单字母符号在前，另一个字母在后，如“F”表示保护器件类，“FU”表示熔断器，“FR”表示热继电器。

2）辅助文字符号

辅助文字符号用来表示电气设备、装置、元器件及线路的功能、状态和特征，如“DC”

表示直流，"AC"表示交流。辅助文字符号也可放在表示类别的单字母符号后面组成双字母符号，如"KT"表示时间继电器等。辅助文字符号也可单独使用，如"ON"表示接通，"N"表示中性线等。

2. 电气原理图的绘制和阅读方法

电气原理图是用于描述电气控制线路的工作原理以及各电器元件的作用和相互关系，而不考虑各电路元件实际的位置和实际连线情况的图纸。绘制和阅读电气原理图，一般遵循下面的规则：

(1) 原理图一般由主电路、控制电路和辅助电路三部分组成。主电路就是从电源到电动机绕组的大电流通过的路径；控制电路是指控制主电路工作状态的电路；辅助电路包括照明电路、信号电路及保护电路等。信号电路是指显示主电路工作状态的电路；照明电路是指实现机械设备局部照明的电路；保护电路是实现对电动机的各种保护的电路。控制电路和辅助电路一般由继电器的线圈和触点、接触器的线圈和触点、按钮、照明灯、信号灯、控制变压器等电器元件组成。这些电路通过的电流都较小。一般主电路用粗实线表示，画在左边(或上部)，电源电路画成水平线，三相交流电源相序 L1、L2、L3 由上而下依次排列画出，经电源开关后用 U、V、W 或 U、V、W 后加数字标志。中线 N 和保护地线 PE 画在相线之下，直流电源则正端在上、负端在下画出。辅助电路用细实线表示，画在右边(或下部)。

(2) 原理图中，所有的电器元件都采用国家标准规定的图形符号和文字符号来表示。属于同一电器的线圈和触点，都要用同一文字符号表示。当使用相同类型电器时，可在文字符号后加注阿拉伯数字序号来区分，例如两个接触器用 KM1、KM2 表示，或用 KMF、KMR 表示。

(3) 原理图中，同一电器的不同部件，常常不绘在一起，而是绘在它们各自完成作用的地方。例如接触器的主触点通常绘在主电路中，而吸引线圈和辅助触点则绘在控制电路中，但它们都用 KM 表示。

(4) 原理图中，所有电器触点都按没有通电或没有外力作用时的常态绘出。如继电器、接触器的触点，按线圈未通电时的状态画；按钮、行程开关的触点按不受外力作用时的状态画等。

(5) 原理图中，在表达清楚的前提下，尽量减少线条，尽量避免交叉线的出现。两线需要交叉连接时需用黑色实心圆点表示，两线交叉不连接时需用空心圆圈表示。

(6) 原理图中，无论是主电路还是辅助电路，各电气元件一般应按动作顺序从上到下、从左到右依次排列，可水平或垂直布置。

(7) 为了查线方便，在原理图中两条以上导线的电气连接处要打一圆点，且每个接点要标一个编号，编号的原则是：靠近左边电源线的用单数标注，靠近右边电源线的用双数标注，通常都是以电器的线圈或电阻作为单、双数的分界线，故电器的线圈或电阻应尽量放在各行的一边(左边或右边)。

在阅读电气原理图以前，必须对控制对象有所了解，尤其对于机、液(或气)、电配合得比较密切的生产机械，单凭电气线路图往往不能完全看懂其控制原理，只有了解了有关的机械传动和液(气)压传动后，才能搞清全部控制过程。

阅读电气原理图的步骤：一般先看主电路，再看控制电路，最后看信号及照明等辅助电路。先看主电路有几台电动机，各有什么特点，例如是否有正、反转，采用什么方法启动，有无制动等；看控制电路时，一般从主电路的接触器入手，按动作的先后次序(通常自上而下)一个一个分析，搞清楚它们的动作条件和作用。控制电路一般都由一些基本环节组成，阅读时可把它们分解出来，便于分析。此外还要看有哪些保护环节。

3.2.2　三相异步电动机的启停控制

(一) 三相异步电动机点动控制线路

点动控制指需要电动机进行短时断续工作时，只要按下按钮电动机就转动，松开按钮电动机就停止动作的控制。要实现点动控制，可以将点动按钮直接与接触器的线圈串联，电动机的运行时间由按钮按下的时间决定。点动控制是用按钮、接触器来控制电动机运转的最简单的正转控制线路，生产机械在进行试车和调整时通常要求点动控制，如工厂中使用的电动葫芦和机床快速移动装置，龙门刨床横梁的上、下移动，摇臂钻床立柱的夹紧与放松，桥式起重机吊钩，大车运行的操作控制等都需要单向点动控制。

1. 电气原理图

点动控制电路由电源开关 QS、熔断器 FU、按钮 SB、接触器 KM 和电动机 M 组成。如图 3-2-5 所示。

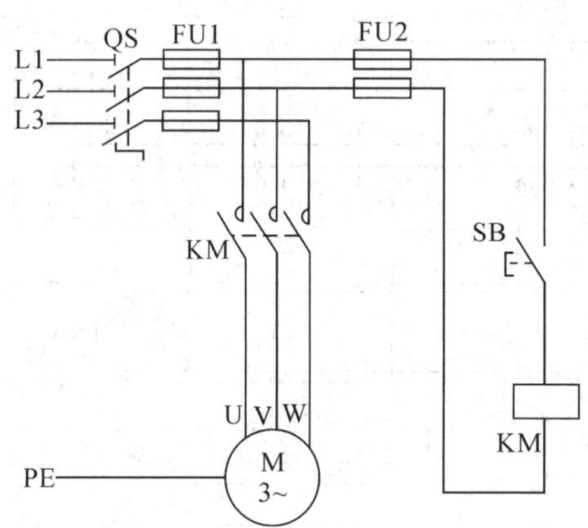

图 3-2-5　点动控制原理图

在图 3-2-5 电路中，其主要原理是当按下按钮 SB 时，交流接触器的线圈 KM 得电，从而使接触器的主触点闭合，使三相电进入电动机的绕组，驱动电动机转动。松开 SB 时，交流接触器的线圈失电，使接触器的主触点断开，电动机的绕组断电而停止转动。实际上，这里的交流接触器代替了闸刀或组合开关使主电路闭合和断开。

2. 动作过程

(1) 启动：先合上电源开关 QS，按下按钮 SB→交流接触器 KM 线圈得电→KM 主触点闭合→电动机 M 转动。

(2) 停止：松开按钮 SB→交流接触器 KM 线圈失电→KM 主触点断开→电动机 M 停止。

按下 SB，电动机转动；松开 SB，电动机停止转动，即点一下 SB，电动机转动一下，故称之为点动控制。

(二) 三相异步电动机单方向连续控制线路

生产机械连续运转是最常见的形式，要求拖动生产机械的电动机能够长时间运转。三相异步电动机自锁控制是指按下按钮 SB2，电动机转动之后，再松开按钮 SB2，电动机仍保持转动。其主要原因是交流接触器的辅助触点维持交流接触器的线圈长时间得电，从而使得交流接触器的主触点长时间闭合，电动机长时间转动。这种控制应用在长时连续工作的电动机中，如车床、砂轮机等。

1. 电气原理图

点动控制电路中加自锁(保)触点 KM，则可对电动机实行连续运行控制。电路工作原理是：在电动机点动控制电路的基础上给启动按钮 SB2 并联一个交流接触器的常开辅助触点，使得交流接触器的线圈通过其辅助触点进行自锁。当松开按钮 SB2 时，由于接在按钮 SB2 两端的 KM 常开辅助触头闭合自锁，控制回路仍保持通路，电动机 M 继续运转。其电气控制原理如图 3-2-6 和图 3-2-7 所示。

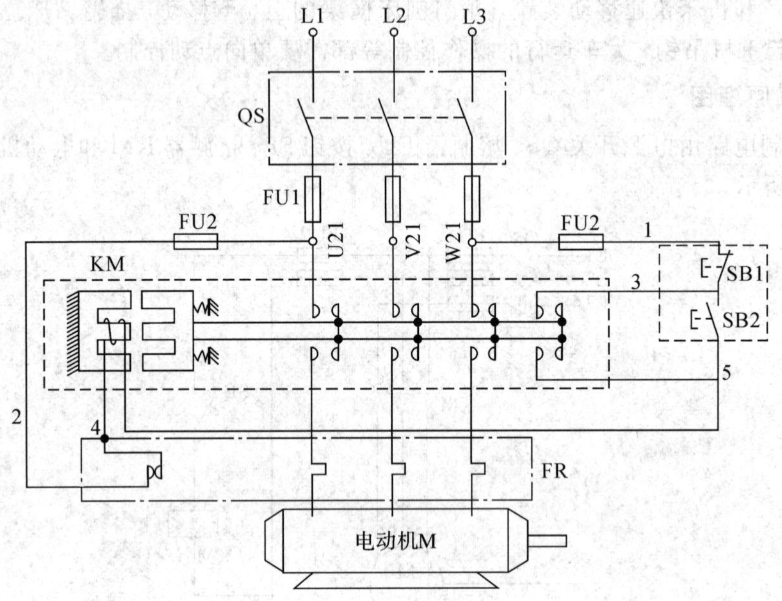

图 3-2-6 连续控制接触器控制结构图

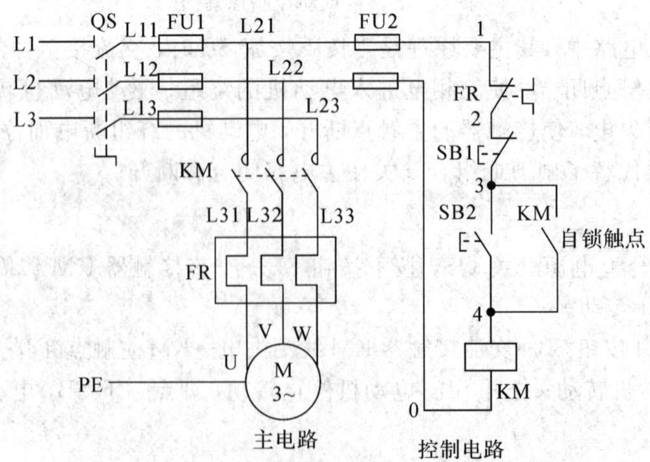

图 3-2-7 有过载保护连续控制接触器控制原理图

2. 动作过程

先合上电源开关 QS。

(1) 启动运行。按下按钮 SB2→KM 线圈得电→KM 主触点和自锁触点闭合→电动机 M 启动，连续正转。

(2) 停车。按停止按钮 SB1→控制电路失电→KM 主触点和自锁触点分断→电动机 M 失电，停转。

(3) 过载保护。电动机在运行过程中，由于过载或其他原因，使负载电流超过额定值时，经过一定时间，串接在主回路中的热继电器 FR 的热元件双金属片受热弯曲，推动串接在控制回路中的常闭触头断开，切断控制回路，接触器 KM 的线圈断电，主触头断开，电动机 M 停转，达到了过载保护的目的。

(三) 三相异步电动机单方向点动与连续混合控制的控制电路

1. 电气原理图

在生产实践过程中，机床设备正常工作需要电动机连续运行，而试车和调整刀具与工件的相对位置时，又要求"点动"控制。为此，生产加工工艺要求控制电路既能实现"点动控制"，又能实现"连续运行"工作。

这种混合控制电路的用途有：试车、检修以及车床主轴的调整和连续运转等。其实现方法有三种：

- 方法一：用开关，如图 3-2-8(a)。
- 方法二：用复合按钮，如图 3-2-8(b)。
- 方法三：用中间继电器，如图 3-2-8(c)。

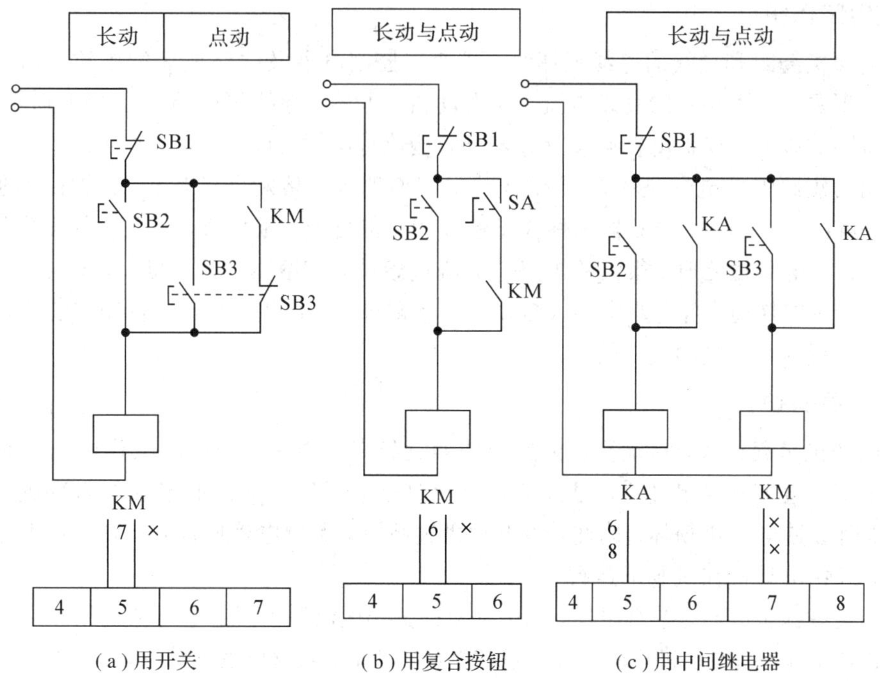

(a) 用开关　(b) 用复合按钮　(c) 用中间继电器

图 3-2-8　点动与连续复合控制电路原理图

混合控制线路的主电路和连续控制线路的主电路相同，此处不再赘述。

2. 动作过程

如图 3-2-8(a)所示，先合上电源开关 QS(图中未画出)，具体点动控制、长动控制和停止的工作过程分析如下：

(1) 点动控制。按下按钮 SB3→SB3 常闭触点先分断(切断 KM 辅助触点电路)，SB3 常开触点后闭合(KM 辅助触点闭合)→KM 线圈得电→KM 主触点闭合→电动机 M 启动运转。

松开按钮 SB3→SB3 常开触点先恢复分断→KM 线圈失电→KM 主触点断开(KM 辅助触点断开)后 SB3 常闭触点恢复闭合→电动机 M 停止运转，实现点动控制。

(2) 长动控制。按下按钮 SB2→KM 线圈得电→KM 主触点闭合(KM 辅助触点闭合)→电动机 M 启动运转，实现长动控制。

(3) 停止。按下停止按钮 SB1→KM 线圈失电→KM 主触点断开→电动机 M 停止运转。

此电路工作的关键点是：断开自锁，实现点动；接通自锁，实现连续运转。

图 3-2-8(a)线路简单，但动作不够可靠。请读者自行分析图 3-2-8(b)和 3-2-8(c)的工作过程。

(四) 电气控制系统的保护环节

电动机在运行的过程中，除按生产机械的工艺要求完成各种正常运转外，还必须在线路出现短路、过载、欠压、失压等现象时，能自动切断电源停止转动，以防止和避免电气设备与机械设备的损坏事故，保证操作人员的人身安全。常用的电动机保护有短路保护、过载保护、欠压保护、失压保护等。

1. 短路保护

当电动机绕组和导线的绝缘损坏时，或者当控制电器及线路损坏发生故障时，线路将出现短路现象，产生很大的短路电流，使电动机、电器、导线等电器设备严重损坏。因此，在发生短路故障时，保护电器必须立即动作，迅速将电源切断。

常用的短路保护电器是熔断器和自动空气断路器。熔断器的熔体与被保护的电路串联，当电路正常工作时，熔断器的熔体不起作用，相当于一根导线，其上面的压降很小，可忽略不计。当电路短路时，很大的短路电流流过熔体，使熔体立即熔断，切断电动机电源，电动机停转。同样地，若电路中接入自动空气断路器，当出现短路时，自动空气断路器会立即动作，切断电源使电动机停转。

2. 过载保护

当电动机负载过大，启动操作频繁或缺相运行时，会使电动机的工作电流长时间超过其额定电流，电动机绕组过热，温升超过其允许值，导致电动机的绝缘材料变脆，寿命缩短，严重时会使电动机损坏。因此，当电动机过载时，保护电器应动作，切断电源，使电动机停转，避免电动机在过载下运行。

常用过载保护电器是热继电器。当电动机的工作电流等于额定电流时，热继电器不动作，电动机正常工作；当电动机短时过载或过载电流较小时，热继电器不动作，或经过较长时间才动作；当电动机过载电流较大时，串接在主电路中的热元件会在较短时间内发热弯曲，使串接在控制电路中的常闭触点断开，先后切断控制电路和主电路的电源，使电动机停转。

3. 欠压保护

当电网电压降低，电动机便在欠压下运行。由于电动机负载没有改变，所以欠压下电动机转速下降，定子绕组中的电流增加。因此电流增加的幅度尚不足以使熔断器和热继电器动作，所以这两种电器起不到保护作用。如不采取保护措施，时间一长将会使电动机过热损坏。另外，欠压将引起一些电器释放，使电路不能正常工作，这也可能导致人身伤害和设备损坏事故。因此，应避免电动机在欠压状态下运行。

实现欠压保护的电器是接触器和电磁式电压继电器。在机床电气控制线路中，只有少数线路专门装设了电磁式电压继电器，起欠压保护作用；而大多数控制线路，由于接触器已兼有欠压保护功能，所以不必再加设欠压保护电器。一般当电网电压降低到额定电压的85％以下时，接触器(电压继电器)线圈产生的电磁吸力减小到等于复位弹簧的拉力，动铁芯被释放，其主触点和自锁触点同时断开，切断主电路和控制电路电源，使电动机停转。

4. 失压保护(零压保护)

生产机械在工作时，由于某种原因造成电网突然停电，这时电源电压下降为零，电动机停转，生产机械的运动部件随之停止转动。一般情况下，操作人员不可能及时拉开电源开关，如不采取措施，当电源恢复正常时，电动机会自行启动运转，就很有可能造成人身伤害和设备损坏事故，并引起电网过电流和瞬间网络电压下降。因此，必须采取失压保护措施。

在电气控制线路中，起失压保护作用的电器是接触器和中间继电器。当电网停电时，接触器和中间继电器线圈中的电流消失，电磁吸力减小为零，动铁芯释放，触点复位，切断了主电路和控制电路的电源。当电网恢复供电时，若不重新按下启动按钮，则电动机就不会自行启动，实现了失压保护。

知识扩展——基本控制线路的装接步骤和工艺要求

(一) 电气控制线路的安装工艺及要求

(1) 安装前应检查各元件是否良好。

(2) 安装元件不能超出规定范围。

(3) 导线连接可用单股线(硬线)或多股线(软线)实现。用单股线连接时，要求连线横平竖直，沿安装板走线，尽量少出现交叉线，拐角处应为直角。布线要美观、整洁，便于检查。用多股线连接时，安装板上应搭配有行线槽，所有连线沿线槽内走线。

(4) 导线线头裸露部分不能超过 2 mm。

(5) 每个接线柱上不允许超过两根导线，导线与元件连接要保证接触良好，以减小接触电阻。

(6) 导线与元件连接处是螺丝的，导线线头要沿顺时针方向绕线。

(二) 安装电气控制线路的方法和步骤

安装电动机控制线路时，必须按照有关技术文件要求执行。电动机控制线路安装步骤和方法如下：

(1) 阅读原理图。明确原理图中的各种元器件的名称、符号、作用，理清电路图的工作原理及其控制过程。

(2) 选择元器件。根据电路原理图选择组件并进行检验，包括组件的型号、容量、尺寸、规格、数量等的检验。

(3) 配齐需要的工具、仪表和合适的导线。按控制电路的要求配齐工具、仪表，按照控制对象选择合适的导线，包括导线类型、颜色、截面积等。电路 U、V、W 三相用黄色、绿色、红色导线，中性线(N)用黑色导线，保护接地线(PE)必须采用黄绿双色导线。

(4) 安装电气控制线路。根据电路原理图、接线图和平面布置图，对所选组件(包括接线端子)进行安装接线。要注意组件上的相关触点的选择，区分常开、常闭、主触点、辅助触点。控制板的尺寸应根据电器的安排情况决定。导线线号的标志应与原理图和接线图相符合。在每一根连接导线的线头上必须套上标有线号的套管，位置应接近端子处。线号编制方法如下：

① 主电路编号。三相电源按相序自上而下编号为 L1、L2、L3；经过电源开关后，在出线端子上按相序依次编号为 U11、V11、W11。主电路中各支路的编号应从上至下、从左至右，每经过一个电器元件的线桩后，编号要递增，如 U11、V11、W11，U12、V12、W12，……。单台三相交流电动机(或设备)的三根引出线按相序依次编号为 U、V、W(或用 U1、V1、W1 表示)，多台电动机引出线的编号为了不致引起误解和混淆，可在字母前冠以数字来区别，如 1U、1V、1W，2U、2V、2W，……。

② 控制电路与照明、指示电路编号。应从上至下、从左至右，逐行用数字来依次编号，每经过一个电器元件的接线端子，编号要依次递增。

(5) 连接电动机及保护接地线、电源线和控制电路板外部连接线。

(6) 进行线路静电检测，包括学生自测和互测，以及老师检查。

(7) 通电试车。

(8) 结果评价。

(三) 电气控制线路安装时的注意事项

(1) 不触摸带电部件，严格遵守“先接线后通电，先接电路部分后接电源部分；先接主电路，后接控制电路，再接其他电路；先断电源后拆线”的操作程序。

(2) 接线时，必须先接负载端，后接电源端；先接接地端，后接三相电源相线。

(3) 发现异常现象(如发响、发热、有焦臭味)，应立即切断电源，保持现场，报告指导老师。

(4) 注意仪器设备的规格、量程和操作程序，做到不了解性能和用法时不随意使用设备。

(四) 通电前检查

控制线路安装好后，在接电前应进行如下项目的检查。

(1) 各个元件的代号、标记是否与原理图上的一致和齐全。

(2) 各种安全保护措施是否可靠。

(3) 控制电路是否满足原理图所要求的各种功能。

(4) 各个电气元件安装是否正确和牢靠。

(5) 各个接线端子是否连接牢固。

(6) 布线是否符合要求、整齐。

(7) 各个按钮、信号灯罩和各种电路绝缘导线的颜色是否符合要求。

(8) 电动机的安装是否符合要求。

(9) 保护电路导线连接是否正确、牢固可靠。

(10) 检查电气线路的绝缘电阻是否符合要求。其方法是：短接主电路、控制电路和信号电路，用 500 V 兆欧表测量与保护电路导线之间的绝缘电阻，要求此电阻值不得小于 0.5 MΩ。当控制电路或信号电路不与主电路连接时，应分别测量主电路与保护电路、主电路与控制电路和信号电路、控制电路和信号电路与保护电路之间的绝缘电阻。

(五) 空载例行试验

通电前应检查所接电源是否符合要求。通电后应先点动，然后验证电气设备的各个部分的工作是否正确和操作顺序是否正常。特别要注意验证急停器件的动作是否正确。验证时，如有异常情况，必须立即切断电源查明原因。

(六) 负载形式试验

在正常负载下连续运行，验证电气设备所有部分运行的正确性，特别要验证电源中断和恢复时是否会危及人身安全、损坏设备。同时要验证全部器件的温升不得超过规定的允许温升和在有载情况下验证急停器件是否仍然安全有效。

任务实施——三相电动机手动启、停控制线路的装接

1. 实训目标

(1) 学会三相异步电动机手动启、停控制电路的安装；

(2) 掌握有关低压控制电器的使用注意事项；

(3) 初步熟悉电工工具的使用方法及操作规程。

2. 实训器材

(1) 电工常用工具：测电笔、电工钳、尖嘴钳、斜口钳、螺钉旋具(一字形与十字形)、电工刀、校验灯等。

(2) 仪表：数字式万用表或指针式万用表。

(3) 导线：主电路采用 BV 1.5 mm^2(红色、绿色、黄色)；控制电路采用 BV 1 mm^2(黑色)；按钮线采用 BVR 0.75 mm^2(红色)；接地线采用 BVR 1.5 mm^2(黄绿双色)。导线数量由教师根据实际情况确定。

(4) 所需的电器元件：见表 3－2－2。

表 3－2－2　电器元件明细表

代号	名称	推荐型号	推荐规格	数量
M	三相异步电动机	Y112M－4	4 kW，380 V、△接法，8.8 A，1440 r/min	1
QS	三相闸刀开关	HK1－30/3	三极，380 V 额定电流 30 A，熔体直连	1
FU	螺旋式熔断器	RL1－30/20	380 V，30 A，配熔体额定电流 20 A	2
QS	倒顺开关	HY2－30/3	三极，380 V，30 A	1
XT	端子排	JX2－1010	10 A，10 节，380 V	1

(5) 控制板一块(600 mm×500 mm×20 mm)。

3. 实训内容及步骤

1) 三相闸刀开关控制的三相异步电动机的全压启动

(1) 固定元器件。配齐元件之后，按图 3-2-9 进行元器件安装。

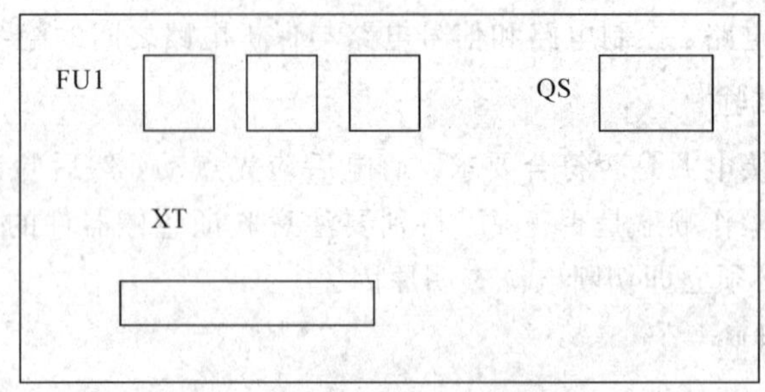

图 3-2-9 三相闸刀开关控制平面布置图

(2) 电路装接。电气控制原理图如图 3-2-10(a)所示。读懂原理图之后，按图 3-2-11 连接电路。

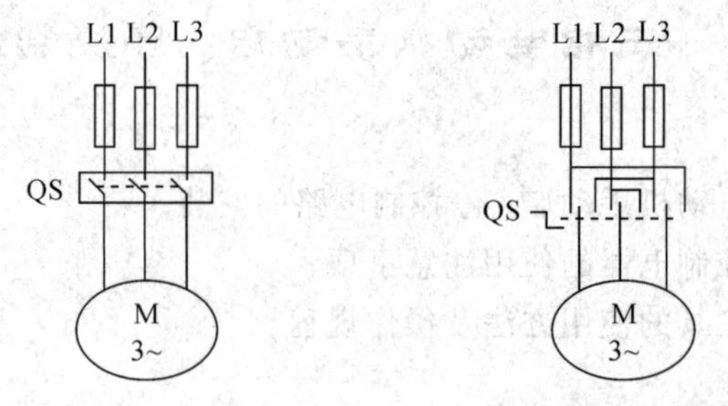

(a) 三相闸刀开关控制电路　(b) 倒顺开关控制电路

图 3-2-10 电动机手动控制电路图

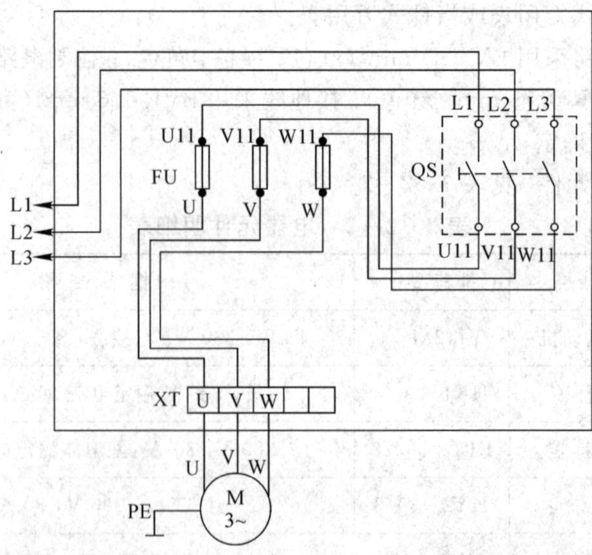

图 3-2-11 三相闸刀开关控制的三相异步电动机的全压启动接线图

(3) 自检和互检电路的连接情况。

(4) 静电检测。

进行静电检测，将检测结果填入表 3-2-3 中。

① 用万用表测 QS 两端的电压与电阻。

② 用万用表测电动机电源接线端之间的电压及电动机接线端与机壳之间的电压。

表 3-2-3　检测结果记录

实训内容	自检和互检发现的问题和解决方案	静电检测结果			通电试车		
		开关两端电压和电阻	电动机电源接线端电压	电动机接线端与外壳之间的电压	电动机转动情况	电源相线之间的电压	电动机接线端之间的电压
闸刀开关控制三相异步电动机全压启动		U_{QS} R_{QS}	U_{UV} U_{VW} U_{WU}			U_{AB} U_{BC} U_{CA}	U_{UV} U_{VW} U_{WU}
倒顺开关控制三相异步电动机全压启动		U_{QS} R_{QS}	U_{UV} U_{VW} U_{WU}			U_{AB} U_{BC} U_{CA}	U_{UV} U_{VW} U_{WU}

(5) 通电试车。

在老师检查同意后，闭合 QS，观察电动机的转动情况，用万用表测量两相线之间的电压和电动机两接线端之间的电压，记录两个测量结果并进行比较。

2) 倒顺开关控制的三相异步电动机的控制电路(可以实现正、反转)

(1) 连接电路。按图 3-2-10(b)连接电路。

(2) 自检和互检电路的连接情况。

(3) 静电检测。

进行下列测量，将结果填入表 3-2-3 中。

① 用万用表测 QS 两端的电压与电阻。

② 用万用表测电动机电源接线端之间的电压及电动机接线端与机壳之间的电压。

(4) 通电试车。

在老师检查同意后，闭合 QS，观察电动机启动情况，然后把倒顺开关扳到"停"的位置，使电动机停车之后，再把倒顺开关扳倒"反"的位置，观察电动机的旋转方向的改变，用万用表测量两相线之间的电压和电动机两接线端之间的电压，记录两个测量结果并进行比较。

3) 电动机接线

三相异步电动机的定子绕组共有六个引线端，分别固定在接线盒内的接线柱上，各相绕组的始端分别用 U1、V1、W1 表示；末端用 U2、V2、W2 表示。定子绕组的始末端在机座接线盒内的排列次序如图 3-2-12 所示。

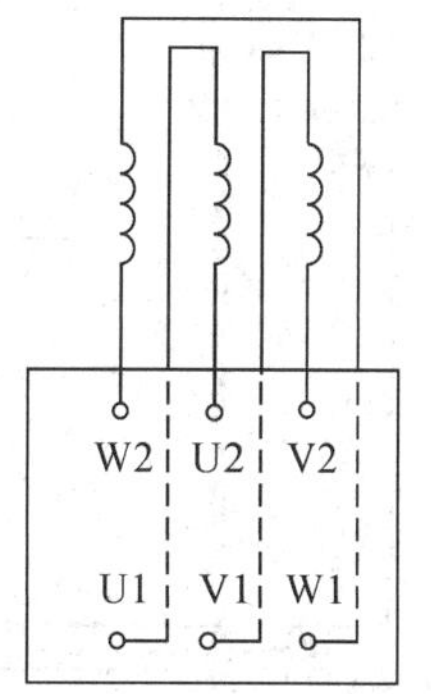

图 3-2-12　电动机绕组接线图

定子绕组有星形和三角形两种接法。若将 U2、V2、W2 接在一起，U1、V1、W1 分别接到 A、B、C 三相电源上，电动机为星形接法，实际接线与原理接线如图 3-2-13 所示。

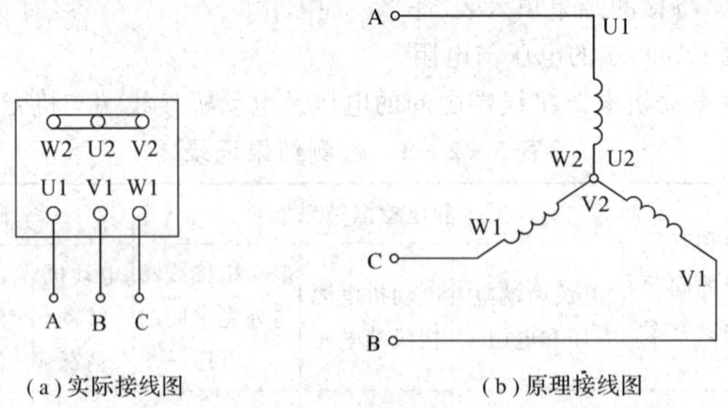

(a) 实际接线图　　(b) 原理接线图

图 3-2-13　电动机 Y 绕组接线图

如果将 U1 接 W2，V1 接 U2，W1 接 V2，然后分别接到三相电源上，电动机就是三角形接法，如图 3-2-14 所示。

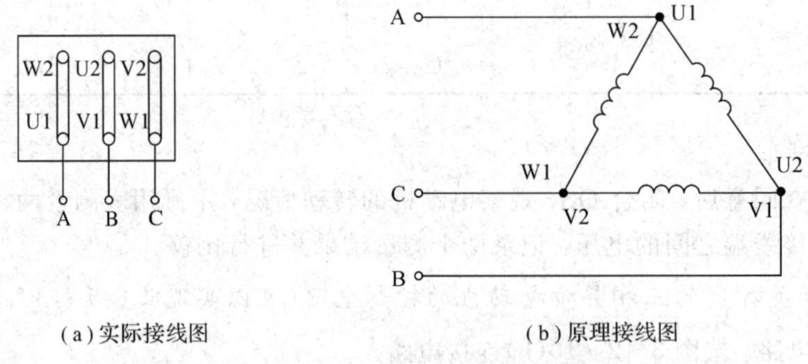

(a) 实际接线图　　(b) 原理接线图

图 3-2-14　电动机△绕组接线图

在生产实践中，先进行电动机的安装固定，装接好控制板(箱)之后，三相电源线外要套装保护钢管，最后与电动机的接线螺栓相连，如图 3-2-15 所示。

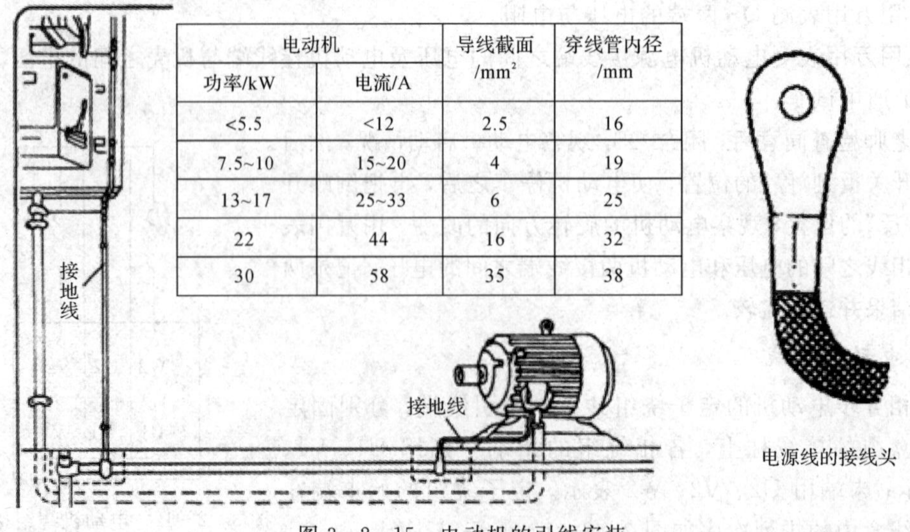

电动机		导线截面/mm²	穿线管内径/mm
功率/kW	电流/A		
<5.5	<12	2.5	16
7.5~10	15~20	4	19
13~17	25~33	6	25
22	44	16	32
30	58	35	38

图 3-2-15　电动机的引线安装

4. 实训注意事项

(1) 三相闸刀开关应竖直安装，电源进线在上，负载出线在下，上推合闸，下拉开闸。

(2) 螺旋式熔断器的电源进线应接在下接线端子上，负载出线应接在上接线端子上，安装熔断器时应有足够的间距，以便于拆装、更换熔体。

(3) 电动机接线应在断电的情况下进行，其接法应按要求进行。

(4) 操作注意安全，在没有确定带电的情况下应视为有电，禁止在通电情况下直接接触电动机的金属外壳。

5. 实训考核标准

实训考核标准如表 3-2-4 所示。

表 3-2-4　考核标准

<table>
<tr><th>项目内容</th><th colspan="2">分值分配</th><th colspan="2">评 分 标 准</th><th colspan="2">扣分</th><th>得分</th></tr>
<tr><td>器材准备</td><td colspan="2">5</td><td colspan="2">(1) 不清楚元器件的功能及作用，扣 2 分
(2) 不能正确选用元器件，扣 3 分</td><td colspan="2"></td><td></td></tr>
<tr><td>工具、仪表的使用</td><td colspan="2">5</td><td colspan="2">(1) 不会正确使用工具，扣 2 分
(2) 不能正确使用仪表，扣 3 分</td><td colspan="2"></td><td></td></tr>
<tr><td>装前检查</td><td colspan="2">10</td><td colspan="2">(1) 电动机质量检查，每漏一处扣 2 分
(2) 电器元件漏检或错检，每处扣 2 分</td><td colspan="2"></td><td></td></tr>
<tr><td>安装工艺</td><td colspan="2">20</td><td colspan="2">(1) 元件安装不整齐、不合理，每件扣 5 分
(2) 元件安装不紧固，每件扣 4 分
(3) 损坏元件，每件扣 15 分</td><td colspan="2"></td><td></td></tr>
<tr><td>接线工艺</td><td colspan="2">30</td><td colspan="2">(1) 接点不符合要求，每个接点扣 5 分
(2) 损伤导线绝缘或线芯，每根扣 5 分
(3) 漏接接地线，扣 10 分</td><td colspan="2"></td><td></td></tr>
<tr><td>通电试车</td><td colspan="2">30</td><td colspan="2">(1) 第一次试车不成功，扣 10 分
(2) 第二次试车不成功，扣 20 分
(3) 第三次试车不成功，扣 30 分</td><td colspan="2"></td><td></td></tr>
<tr><td>安全文明生产</td><td colspan="4">违反安全文明操作规程(视实际情况进行扣分)</td><td colspan="2"></td><td></td></tr>
<tr><td>定额时间 4 h</td><td colspan="4">每超时 5 min 扣 5 分(含 5 分钟内)</td><td colspan="2"></td><td></td></tr>
<tr><td>备注</td><td colspan="7">除定额时间外，各项目的最高扣分不应超过所分配的分数</td></tr>
<tr><td>开始时间</td><td></td><td>结束时间</td><td></td><td>实际时间</td><td></td><td>总成绩</td><td></td></tr>
</table>

思考与练习

(一) 填空题

1. 电路图是一种用________代表实物，用________表示电性能的连接，并按照电路、设备或成套装置的工作顺序排列，详细表示其基本组成和连接关系，而不考虑其________的简图。

2. 在电气图中，电路的基本表示方法主要有________、________和________三种。

3. 电气符号是对构成电气图的________、________、________等基本要素的总称。

4. 在电气图中，图形符号最常用的表现形式有________、________和________。

5. 电气元件在电路图上某位置时的表示法有三种，分别为__________、__________和__________。

(二) 判断题

1. 常用的过载保护电器是熔断器和自动空气断路器。(　　)

2. 常用的电动机的保护有短路保护、过载保护、欠压保护、失压保护等。(　　)

3. 能在两地或多地控制一台电动机的控制方式，称为电动机的多地控制。(　　)

4. 机械制动是用电磁铁操纵机械机构进行制动的。(　　)

5. 能耗制动又称再生发电制动，只适用于电动机转子转速 n 高于同步转速 n_1 的场合。(　　)

(三) 简答题

1. 电气图的类型及作用是什么？

2. 读电气原理图的步骤和方法是什么？

3. 电气控制线路的安装步骤和工艺要求是什么？

4. 交流接触器线圈的额定电压为 220 V，若误接到 380 V 电源上，会产生什么后果？反之，若接触器线圈电压为 380 V，而电源线电压为 220 V，其结果又如何？

5. 在控制线路中，短路、过载、失/欠压保护等功能是如何实现的？在实际运行过程中，这几种保护有何意义？

任务 3.3　三相异步电动机正反转控制电路的安装与测试

尝试分析图 3-3-1 中所示电动机正反转控制电路的工作过程。

正反转控制电动运用于生产机械要求运动部件能向正反两个方向运动的场合，如机床工作台电机的前进与后退控制；万能铣床主轴的正反转控制；圈板机的辊子的正反转；电梯、起重机的上升与下降控制等场所。本任务的重点：熟悉和掌握三相异步电动机正反转控制电路的操作规范和工艺要求。

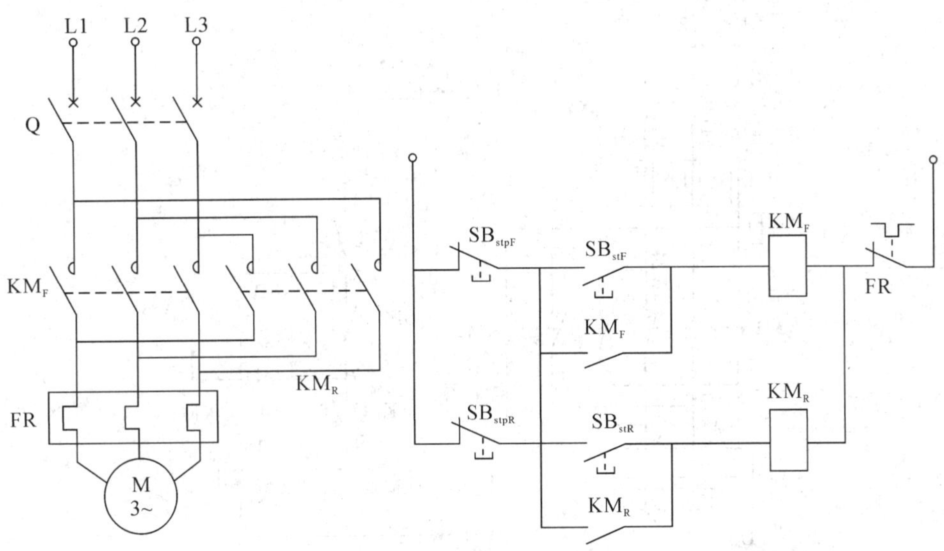

图 3-3-1　连续控制电路接线样板图

生产机械需要前进、后退，上升、下降等，这就要求拖动生产机械的电动机能够改变旋转方向，也就是对电动机要能实现正反转控制。正反转控制线路是指采用某一方式使电动机实现正反转向调换的控制。在工厂动力设备中，通常采用改变接入三相异步电动机绕组的电源相序来实现。

正反转控制最基本的要求是正转交流接触器和反转交流接触器线圈不能同时带电，正反转交流接触器主触点不能同时吸合，否则会发生电源相间短路问题。实现三相异步电动机正反转控制常用的控制线路有接触器联锁、按钮联锁和接触器按钮双重联锁控制三种形式。

3.3.1　接触器联锁正反转控制

(一) 电气原理图

根据电路的需要，在电路中采用按钮盒中的两个按钮来控制电动机的正反转，即利用正转按钮 SB2 和反转按钮 SB3 来控制。为了避免 2 只接触器同时动作，在两个电路中分别串入对方接触器的一个常闭辅助触点。这样，当正转接触器 KM1 得电动作时，对应的反转接触器 KM2 由于 KM1 常闭触点联锁的原因，使 KM2 不能得电动作；反之亦然。这样就保证了电动机的正反转能独立完成。这种接触器通过它的联锁触点控制另一个接触器工作状态的过程称为联锁。控制原理如图 3-3-2 所示。

(二) 动作过程

先合上电源开关 QS。正转控制、反转控制和停止的工作过程如下：

(1) 正转控制。按下正转启动按钮 SB2→KM1 线圈得电→KM1 主触点和自锁触点闭合(KM1 常闭互锁触点断开)→电动机 M 启动连续正转。

(2) 反转控制。先按下停车按钮 SB1→KM1 线圈失电→KM1 主触点分断→电动机 M 失电停转→再按下反转启动按钮 SB3→KM2 线圈得电→KM2 主触点和自锁触点闭合→电动机 M 启动连续反转。

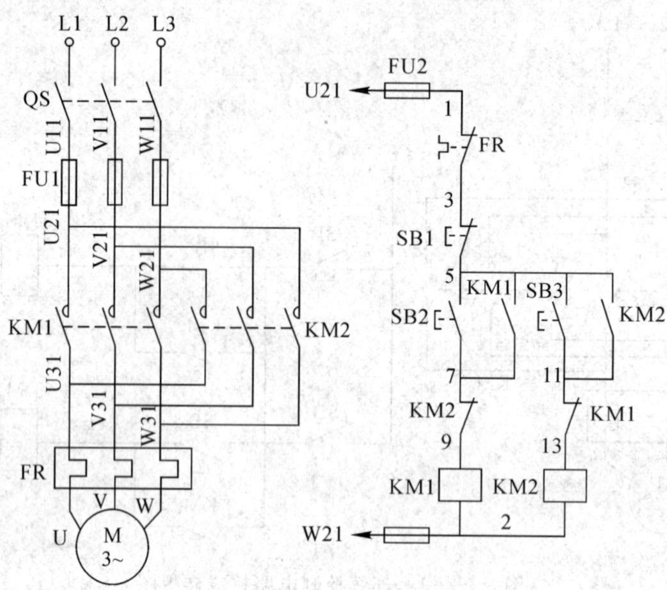

图 3-3-2　接触器联锁正反转控制原理图

(3) 停车。按停止按钮 SB1→控制电路失电→KM1(或 KM2)主触点分断→电动机 M 失电停转。

注意：电动机从正转变为反转时，必须先按下停止按钮，而后才能按下反转启动按钮，否则由于接触器的联锁作用，不能实现反转。

3.3.2　按钮联锁正反转控制

(一) 电气原理图

按钮联锁控制与接触器联锁控制原理基本一样，区别在于接触器联锁是采用接触器自身的常闭辅助触点来联锁接触器的主触点，使电动机工作，而按钮联锁是采用按钮自身的常闭触点来联锁接触器的主触点，使电动机工作。二者的操作步骤和动作过程基本一样。按钮联锁的三相异步电动机正反转控制电路如图 3-3-3 所示。

(二) 动作过程

闭合电源开关 QS。正转控制、反转控制和停止的工作过程如下：

(1) 正转控制。按下按钮 SB1→SB1 常闭触点先分断对 KM2 的联锁(切断反转控制电路)→SB1 常开触点闭合→KM1 线圈得电→KM1 主触点和辅助触点闭合→电动机 M 启动连续正转。

(2) 反转控制。按下按钮 SB2→SB2 常闭触点先分断→KM1 线圈失电→KM1 主触点分断→电动机 M 失电→SB2 常开触点闭合→KM2 线圈得电→KM2 主触点和辅助触点闭合→电动机 M 启动连续反转。

(3) 停止。按停止按钮 SB3→整个控制电路失电→KM1(或 KM2)主触点和辅助触点分断→电动机 M 失电停转。

想一想：这种线路控制的可靠程度，有需要改进的地方吗？

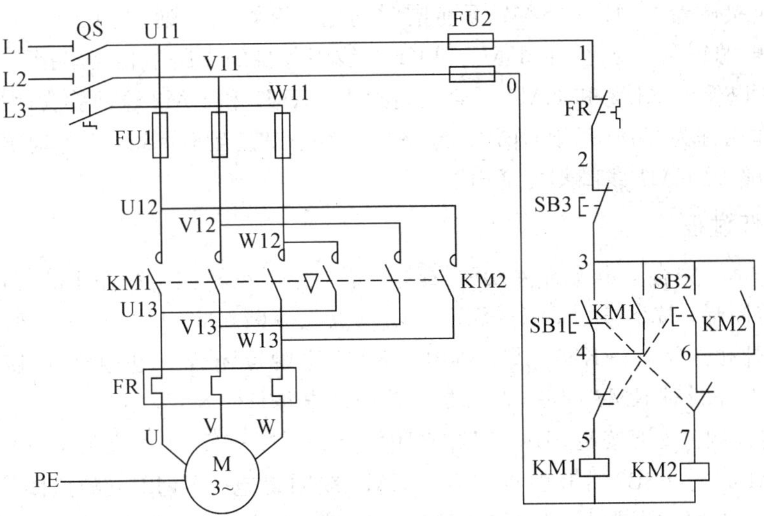

图 3-3-3　按钮联锁正反转控制原理图

3.3.3　双重联锁正反转控制

(一) 电气原理图

接触器、按钮双重互锁(联锁)的正反转控制线路安全可靠，操作方便。常用接触器、按钮双重互锁(联锁)的正反转控制如图 3-3-4 所示。

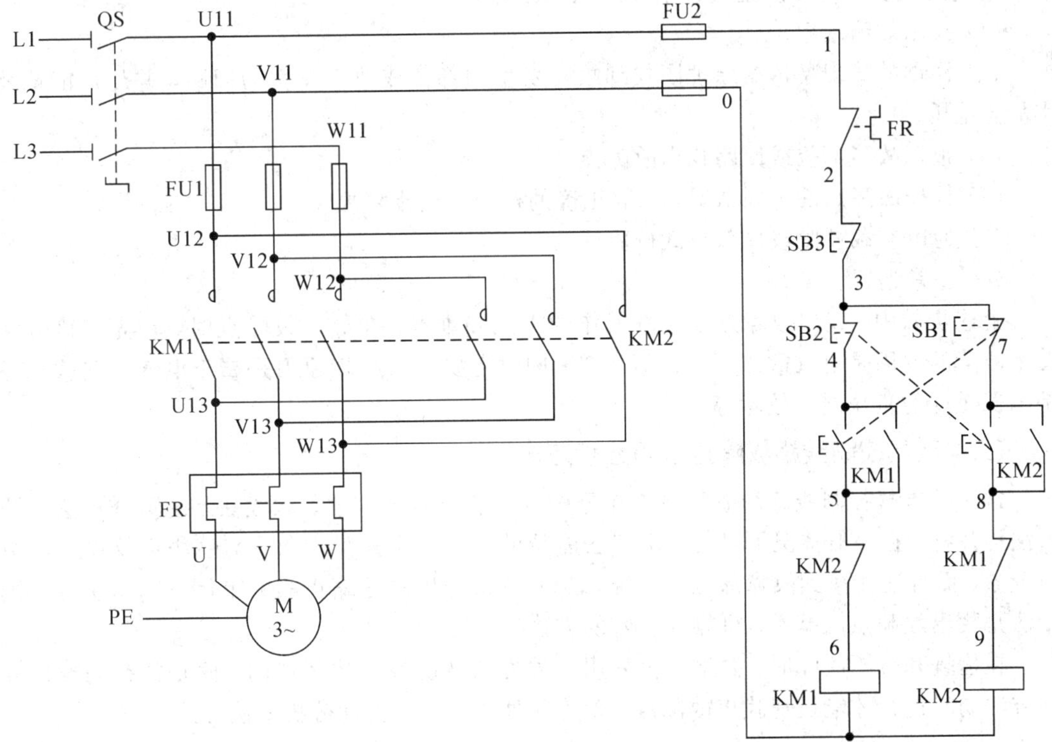

图 3-3-4　按钮、接触器双重互锁正反转控制线路

线路要求接触器 KM1 和 KM2 不能同时通电，否则它们的主触头同时闭合，将造成 L1、L3 两相电源短路。为此，在 KM1 和 KM2 线圈各自的支路中相互串接了对方的一副常闭辅助触头，以保证 KM1 和 KM2 不会同时通电。KM1 和 KM2 这两副常闭辅助触头在线路中所起的作用称为互锁(联锁)作用。另一个互锁是按钮互锁，SB1 动作时 KM2 线圈不能通电，SB2 动作时 KM1 线圈不能通电。

(二) 动作过程

线路动作时，先合上电源开关 QS。具体正转控制、反转控制和停止的工作过程如下：

(1) 正转控制。按下按钮 SB1→SB1 常闭触点先分断对 KM2 的联锁(切断反转控制电路)→SB1 常开触点闭合→KM1 线圈得电→KM1 主触点闭合→电动机 M 启动连续正转。KM1 联锁触点分断对 KM2 的联锁(切断反转控制电路)。

(2) 反转控制。按下按钮 SB2→SB2 常闭触点先分断→KM1 线圈失电→KM1 主触点分断→电动机 M 失电→SB2 常开触点闭合→KM2 线圈得电→KM2 主触点闭合→电动机 M 启动连续反转。KM2 联锁触点分断对 KM1 的联锁(切断正转控制电路)。

(3) 停止。按停止按钮 SB3→整个控制电路失电→KM1(或 KM2)主触点分断→电动机 M 失电停转。

知识扩展——电气控制线路故障分析与检查方法

(一) 电气控制线路故障检修步骤

电气控制线路的故障检修包括以下六个步骤：

(1) 找出故障现象。

(2) 根据故障现象依据原理图找到故障发生的部位或故障发生的回路，并尽可能地缩小故障范围。

(3) 根据故障部位或回路找出故障点。

(4) 根据故障点的不同情况，采取正确的检修方法排除故障。

(5) 通电空载校验或局部空载校验。

(6) 正常运行。

上述步骤中，找出故障点是检修工作的重点和难点。在寻找故障点时，首先应该分清发生故障的原因是电气故障还是机械故障；同时还要分清故障原因是属于电气线路故障还是电器元件的机械结构故障等。

(二) 电气控制线路故障排查和分析方法

常用的电气控制线路的故障检查和分析方法有调查研究法、试验法、逻辑分析法和测量法等几种。在一般情况下，调查研究法能帮助我们找出故障现象；实验法不仅能找出故障现象，而且还能找到故障部位或故障回路；逻辑分析法是缩小故障范围的有效方法；测量法是找出故障点的基本、可靠和有效的方法。

在检查和分析故障时，并不是仅采用一种方法就能找出故障点的，而是往往需要用几种方法同时进行才能迅速找出故障点。现将几种故障的检查和分析方法分述如下：

1. 调查研究法

调查研究法的主要方式是：① 通过询问设备操作工人了解故障未发生前的一些现象及

引起的原因，检查操作是否恰当；② 看有无由于故障引起明显的外观征兆；③ 听设备各电气元件在运行时的声音与正常运行时有无明显差异；④ 手摸电气发热元件及线路看温度是否正常等。

注意：为确保人员和设备的安全，在听电气设备运行声音是否正常而需要通电时，应以不损坏设备和扩大故障范围为前提；在触摸靠近传动装置的电器元件和容易发生触电事故的故障部位时，必须在切断电源后进行。

2. 试验法

这里说的试验法是指在不损坏电气和机械设备的条件下，通电进行试验的方法。通电试验一般可先进行点动检测各控制环节的动作程序，若发现某一电器动作不符合要求，即说明故障范围在与此电器有关的电路中。然后在这部分故障电路中进一步检查，便可找出故障点。

在采用试验法检查电路时，可以采用暂时切除部分电路(如主电路)的试验方法，来检查各控制环节的动作是否正常。但必须注意不要随意用外力使接触器或继电器动作，以防引起事故。

3. 逻辑分析法

逻辑分析法是根据电气控制线路工作原理、控制环节的动作程序以及它们之间的联系，结合故障现象作具体的分析，迅速地缩小检查范围，然后判断故障所在。

逻辑分析法是一种以准为前提、以快为目的的检查方法。因此，它更适用于对复杂线路的故障检查。因为复杂线路往往有上百个电器元件和上千条连线，如果采用逐一检查的方法，不仅需耗费大量时间，而且也容易遗漏，甚至会漏查故障点。采用逻辑分析法检查时，应根据原理图，对故障现象作具体分析，在划出可疑范围后，再借鉴试验法，对故障回路有关的其他控制环节进行控制，就可排除公共支路部分的故障，使看似复杂的问题变得条理清晰，从而提高维修的针对性，可以收到准而快的效果。

4. 测量法

测量法是利用校验灯、试电笔、万用表、蜂鸣器、示波器等对线路进行带电或断电测量，是找出故障点的有效方法。在利用万用表欧姆挡和蜂鸣器检测电器元件及线路是否断路或短路时必须切断电源。同时，在测量时要特别注意是否有关联支路或其他回路对被测量线路的影响，以防止产生误判断。在采用可控整流供电的电动机调速控制线路中，利用示波器来观察触发电路的脉冲波形和可控整流的输出波形，就能很快地判断线路的故障所在。在用测量法检查故障点时，一定要保证各种测量工具和仪表完好，使用方法正确，还要注意防止感应电、回路电及其他并联支路的影响，以免产生误判断。在平时的测量方法中，最常用的有下面几种：

(1) 电压分段测量法：首先把万用表的转换开关置于交流电压 500 V 的挡位上，根据各点之间的电压值来判断其是通路还是断路。

(2) 电阻分段测量法：测量检查时，首先切断电源，然后把万用表的转换开关置于适当的电阻挡，并逐步测量相邻符号点之间的电阻。如果测得某两点间的电阻值很大(∞)，即说明该两点间接触不良或导线断路。

(3) 短接法：机床电气设备的常见故障为断路故障，如导线断路、虚线、虚焊、触头接触不良、熔断器熔断等。对于这类故障，除用电压法和电阻法检查外，还有一种更为可靠的方法，就是短接法。检查时，用一根绝缘良好的导线，将所怀疑的断路部位短接，若短接到某处电路接通，则说明该处断路。短接法的另一个作用是可把故障点缩小到一个较小的范围。

5. 修复及注意事项

当找出电气设备的故障点后，就要着手进行修复、试运转、记录等，然后交付使用，但必须注意如下事项：

(1) 在找出故障点和修复故障时，应注意不能把找出的故障点作为寻找故障点的终点，还必须进一步分析，以查明产生故障的根本原因。例如，在处理某台电动机因过载烧毁的事故时，决不能认为将烧毁的电动机重新修复或换上一台同型号的新电动机就算完事，而因进一步查明电动机过载的原因，到底是因负载过重，还是电动机选择不当、功率过小所致，因为两者都将导致电动机过载。所以在处理故障时，修复故障应在找出故障原因并排除之后进行。

(2) 故障后，一定要针对不同故障情况和部位相应采取正确的修复方法，不要轻易采用更换电器元件和补线等方法，更不允许轻易改动线路或更换规格不同的电器元件，防止产生人为故障。

(3) 故障点的修理工作中，一般情况下应尽力做到复原。但是，有时为了尽快恢复工业机械的正常运行，根据实际情况也允许采取一些适当的应急措施，但绝不可凑合行事。

(4) 电气故障修复完毕，需要通电试行时，应和操作者配合，避免出现新的故障。

(5) 每次排除故障后，应及时总结经验，并做好维修记录。

总之，电动机控制线路的故障不是千篇一律的，就是同一种故障现象，发生的部位也并不一定相同，所以在采用故障检修的一般步骤和方法时，不要生搬硬套，而应按不同的故障情况灵活处理。

任务实施——三相电动机点动正反转控制线路的装接

1. 实训目标

(1) 学会三相异步电动机点动正反转控制电路的安装；

(2) 掌握有关低压控制电器的使用注意事项；

(3) 熟悉电工工具的使用方法及操作规程。

2. 实训器材

(1) 元器件：本任务使用的主要电器元器件见表 3-3-1。

(2) 工具：测电笔，螺丝刀，尖嘴钳，斜口钳，剥线钳，电工刀等。

(3) 仪表：ZC7(500 V)型兆欧表，DT-9700 型钳形电流表，MF500 型万用表(或数字式万用表 DT980)。

(4) 器材：

① 控制板一块(600 mm×500 mm×20 mm)。

② 导线。导线规格有：主电路采用 BV 1.5 mm^2(红色、绿色、黄色)；控制电路采用 BV 1 mm^2(黑色)；按钮线采用 BVR 0.75 mm^2(红色)；接地线采用 BVR 1.5 mm^2(黄绿双色)。导线数量由教师根据实际情况确定。

③ 紧固体和编码套管。此材料按实际需要发给，简单线路可不用编码套管。

表 3－3－1　元器件明细表

代号	名　称	推荐型号	推 荐 规 格	数量
M	三相异步电动机	Y112M－4	4 kW，380 V，△接法，8.8 A，1440 r/min	1
QF	低压断路器	DZ10－100	三相，额定电流 15 A	1
QS	组合开关	HZ10－25/3	三极，380 V，25 A	1
FU	螺旋式熔断器	RL1－15/2	380 V，15 A，配熔体额定电流 2A	2
KM	交流接触器	CJ10－20	20 A，线圈电压 380 V	1
SB	按钮	LA3－2H	保护式，按钮数 3	1
XT1	端子排	JX2－1010	10 A，10 节，380 V	1
XT2	端子排	JX2－1004	10 A，4 节，380 V	1

注：低压断路器和组合开关任选其一。

3. 实训步骤及工艺要求

(1) 按表 3－3－1 配置所用电气元器件，并检验型号及性能。在配置过程中应该注意以下问题：

① 元器件的技术数据应符合要求，外观无损伤。

② 元器件的电磁机构动作要灵活。

③ 对电动机进行常规检查。

(2) 在控制板上按布置图 3－3－5 安装元器件，并标注上醒目的文字符号。工艺要求如下：

① 低压断路器、熔断器的受电端子应安装在控制板的外侧。

② 各元器件的安装位置应整齐、匀称，间距合理，便于元器件的更换。

③ 紧固各元器件时要用力均匀，紧固程度适当。在紧固熔断器、接触器等易碎裂元器件时，应用手按住元器件一边轻轻摇动，一边用螺丝刀轮换旋紧对角线上的螺钉，直到手摇不动器件后再适当旋紧些即可。

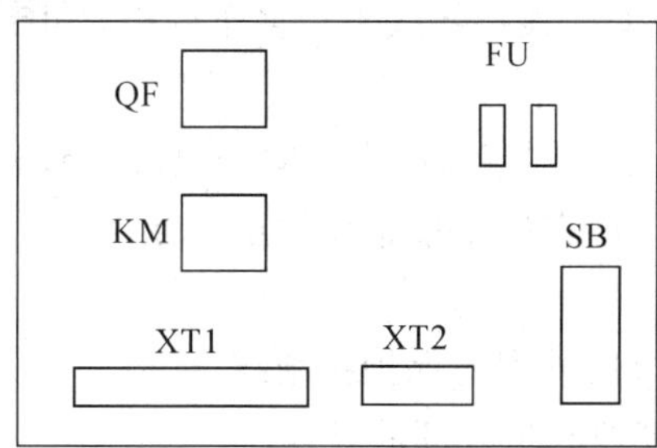

图 3－3－5　点动元器件平面布置图

(3) 按接线图 3－3－6 和接线样板实物图 3－3－7 进行板前明线布线和套编码套管。

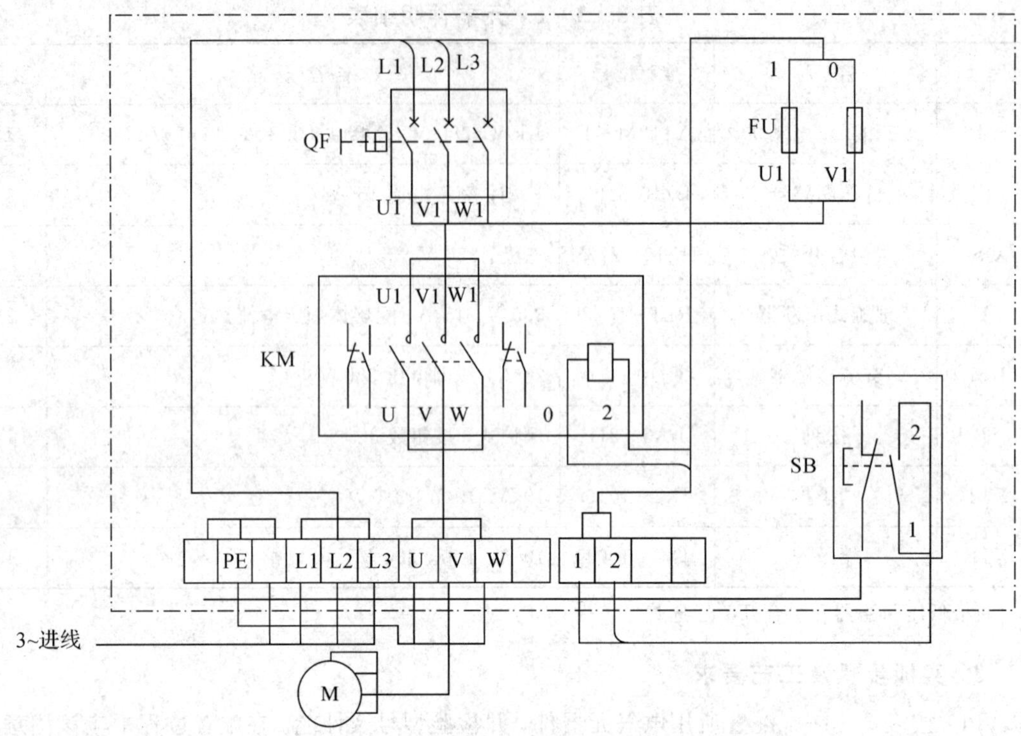

图 3-3-6　点动接线参考图

板前明线布线的工艺要求是：

① 布线通道尽可能少，同路并行导线按主电路、控制电路分类集中，单层密排，紧贴安装面布线。

② 同一平面的导线应高低一致。

③ 布线应横平竖直，导线与接线螺栓连接时，应打羊眼圈，并按顺时针旋转，不允许反圈。对于瓦片式接点，导线连接时，直接插入接点固定即可。

④ 布线时不得损伤线芯和导线绝缘。所有从一个接线端子到另一个接线端子的导线必须连续，中间无接头。

⑤ 导线与接线端子或接线桩连接时，不得压绝缘层及露铜过长。在每根剥去绝缘层导线的两端套上编码套管。

⑥ 一个元器件接线端子上的连接导线不得多于两根，每节接线端子板上的连接导线一般只允许连接一根。

⑦ 同一元件、同一回路的不同接点的导线间距离应一致。

(4) 根据电路图 3-3-7 检查控制板布线的正确性。

(5) 安装电动机。

(6) 连接电动机和按钮金属外壳的保护接地线。

(7) 连接电源、电动机等控制板外部的导线。

(8) 自检。

① 按电路原理图或电气接线图从电源端开始，逐段核对接线及接线端子处连接是否正确，有无漏接、错接之处。检查导线接点是否符合要求，压接是否牢固。接触应良好，以免

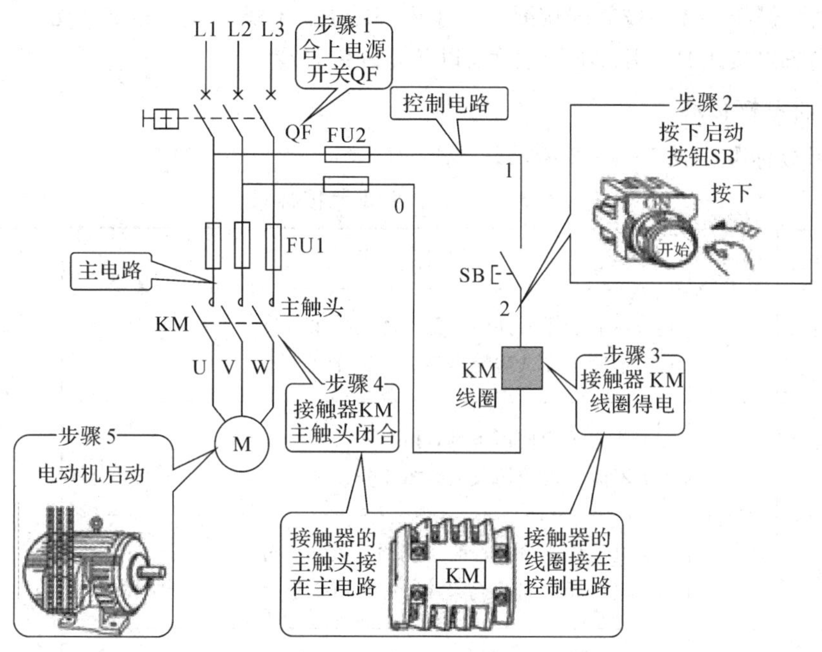

图 3-3-7　点动接线样板实物图

接负载运行时产生闪弧现象。检查主电路时，可以手动来代替通电线圈励磁吸合时的情况以进行检查。

② 用万用表检查控制线路的通断情况。用万用表表笔分别搭在接线图 U1、V1 线端上(也可搭在 0 与 1 两点处)，这时万用表读数应在无穷大；按下 SB 时万用表读数应为接触器线圈的直流电阻阻值。

③ 用兆欧表检查线路的绝缘电阻不得小于 0.5 MΩ。

(9) 通电试车。接电前必须征得教师同意，并由教师接通电源和进行现场监护。

① 学生合上电源开关 QS 后，允许用万用表或测电笔检查主电路、控制电路的熔体是否完好，但不得对线路接线是否正确进行带电检查。

② 第一次按下按钮时，应短时点动，以观察线路和电动机有无异常现象。

③ 试车成功率以通电后第一次按下按钮时计算。

④ 出现故障后，学生应独立进行检修，若需要带电检查时，必须有教师在现场监护。检修完毕再次试车，也应有教师监护，并做好实习时间记录。

⑤ 实习课题应在规定时间内完成。

4. 实训注意事项

(1) 不触摸带电部件，严格遵守“先接线后通电，先接电路部分后接电源部分；先接主电路，后接控制电路，再接其他电路；先断电源后拆线”的操作程序。

(2) 接线时，必须先接负载端，后接电源端；先接接地端，后接三相电源相线。

(3) 发现异常现象(如发响、发热、有焦臭味)，应立即切断电源，保持现场，报告指导老师。

(4) 电动机必须安放平稳，电动机及按钮金属外壳必须可靠接地。接至电动机的导线必须穿在导线通道内加以保护，或采取坚韧的四芯橡皮护套线进行临时通电校验。

(5) 电源进线应接在螺旋式熔断器底座中心端上，出线应接在螺纹外壳上。

(6) 按钮内接线时，用力不能过猛，以防止螺钉打滑。

5. 实训考核标准

实训考核标准如表 3-3-2 所示。

表 3-3-2　实训考核标准

<table>
<tr><th>项目内容</th><th>配分</th><th colspan="4">评 分 标 准</th><th>扣分</th><th>得分</th></tr>
<tr><td>器材准备</td><td>5</td><td colspan="4">(1) 不清楚元器件的功能及作用，扣 2 分
(2) 不能正确选用元器件，扣 3 分</td><td></td><td></td></tr>
<tr><td>工具、仪表的使用</td><td>5</td><td colspan="4">(1) 不会正确使用工具，扣 2 分
(2) 不能正确使用仪表，扣 3 分</td><td></td><td></td></tr>
<tr><td>装前检查</td><td>10</td><td colspan="4">(1) 电动机质量检查时每漏检一处扣 2 分
(2) 电器元件漏检或错检，每处扣 2 分</td><td></td><td></td></tr>
<tr><td>安装元件</td><td>15</td><td colspan="4">(1) 不按布置图安装，扣 5 分
(2) 元件安装不紧固，每只扣 4 分
(3) 安装元件时漏装木螺钉，每只扣 2 分
(4) 元件安装不整齐、不匀称、不合理，每只扣 3 分
(5) 损坏元件，扣 15 分</td><td></td><td></td></tr>
<tr><td>布线</td><td>30</td><td colspan="4">(1) 不按电路图接线，扣 10 分
(2) 布线不符合要求：主电路上，每根扣 4 分；控制电路上，每根扣 2 分
(3) 接点松动、露铜过长、压绝缘层、反圈等，每个接点扣 1 分
(4) 损伤导线绝缘或线芯，每根扣 5 分
(5) 漏套或错套编码套管，每处扣 2 分
(6) 漏接接地线，扣 10 分</td><td></td><td></td></tr>
<tr><td>通电试车</td><td>35</td><td colspan="4">(1) 热继电器未整定或整定错，扣 5 分
(2) 熔体规格配错，主、控电路各扣 5 分
(3) 第一次试车不成功，扣 10 分
第二次试车不成功，扣 20 分
第三次试车不成功，扣 30 分</td><td></td><td></td></tr>
<tr><td>安全文明生产</td><td colspan="5">违反安全文明生产规程、小组团队协作精神不强，扣 5～40 分</td><td></td><td></td></tr>
<tr><td>定额时间 4 h</td><td colspan="5">每超时 5 min 以内以扣 5 分计算</td><td></td><td></td></tr>
<tr><td>备注</td><td colspan="7">除定额时间外，各项目的最高扣分不应超过所分配的分数</td></tr>
<tr><td>开始时间</td><td></td><td>结束时间</td><td></td><td>实际时间</td><td></td><td>总成绩</td><td></td></tr>
</table>

思考与练习

(一) 填空题

1. 按钮、接触器双重联锁的正反转控制电路中双重联锁的作用是________________。

2. 在接触器联锁正反转控制电路中，其联锁触头应是对方接触器的____________。

3. 电动机正反转控制电路中的保护环节是________________。

(二) 分析题

分析下图所示的两地控制电动机正反转控制电路的工作过程。

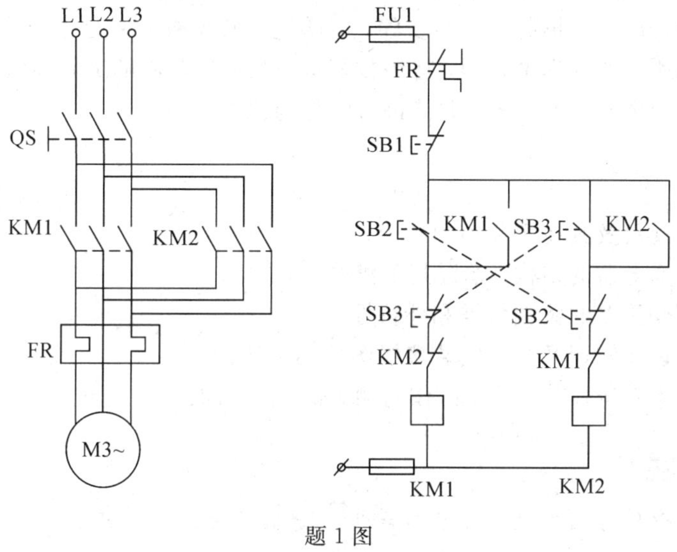

题 1 图

项目四 小型变压器的制作与测试

技能目标

- 掌握各种工机具和仪器的使用；
- 掌握小型变压器的拆装方法与步骤，能够进行常见故障的分析与检修；
- 能够利用所掌握的理论知识，运用技能进行实践，培养解决问题的能力；
- 会设计小功率电源变压器，并能进行制作与测试。

知识目标

- 了解互感现象及其在实际中的应用；
- 了解常用变电器的结构，掌握其工作原理；
- 了解实际变压器的铭牌数据和外特性；
- 掌握电气识图知识及基本安装接线图的相关知识；
- 掌握小功率变压器的设计、制作与测试的相关知识。

课程思政与素质

1. 通过学习变压器相关规范，培养学生良好的职业道德，树立安全生产意识和质量意识。

2. 通过变压器的参数测试，培养学生的自学能力及认真严谨的工作态度。

项目要求

现代化的工业企业广泛采用电力作为能源，而发电厂发出的电力往往需经远距离传输才能到达用电地区。在传输的功率恒定时，传输电压越高，则所需的电流越小。因为电压降正比于电流，线损正比于电流的平方，所以用较高的输电电压可以获得较低的线路压降和线路损耗。但是要制造输出电压很高的发电机，目前技术很困难，所以要用专门的设备将发电机端的电压升高以后再输送出去，这种专门的设备就是变压器。

变压器(Transformer)是利用电磁感应原理来改变交流电压的装置，其主要构件是初级线圈、次级线圈和铁芯(磁芯)。变压器除了应用在电力系统中，还应用在需要特种电源的工矿企业中。例如，冶炼用的电炉变压器，电解或化工用的整流变压器，焊接用的电焊变压器，试验用的试验变压器，交通用的牵引变压器，以及补偿用的电抗器，保护用的消弧线圈，测量用的互感器等。

项目分析

要完成本项目，必须掌握变压器的结构、工作原理，以及变压器设计理念、制作步骤和测试方法。因此，将本项目分为两个任务：任务 4.1 小型变压器的电路分析；任务 4.2 小型变压器的设计、制作与测试。

任务 4.1　小型变压器的电路分析

变压器在日常生活和工农业生产中的应用十分广泛。它的性能好坏直接影响到系统的安全和经济运行。通过本任务，引导学生一步一步围绕变压器的原理及工作特性展开学习，从而进一步掌握变压器相关知识。

4.1.1　磁路的基本知识

工程应用实际中，大量的电气设备都含有线圈和铁芯。当绕在铁芯上的线圈通电后，铁芯就会被磁化而形成铁芯磁路，磁路又会影响线圈的电路。因此，电工基础不仅有电路问题，同时也有磁路问题。

（一）磁路的基本物理量

1. 磁通

通过磁路横截面的磁力线总量称为磁通，用 Φ 来表示，单位是韦伯[Wb]。均匀磁场中，磁通 Φ 等于磁感应强度 B 与垂直于磁场方向的面积 S 的乘积，即

$$\Phi = BS \tag{4-1-1}$$

磁通是标量，其大小反映了与磁场相垂直的某个截面上的磁场强弱情况。磁通的国际单位制中还有较小的单位，称为麦克斯韦[Mx]，韦伯和麦克斯韦之间的换算关系为

$$1\ \mathrm{Wb} = 10^8\ \mathrm{Mx}$$

2. 磁感应强度

磁感应强度是表征某点处磁场强弱和方向的物理量。用大写字母 $\boldsymbol{B}$ 表示。$\boldsymbol{B}$ 是矢量，$\boldsymbol{B}$ 的方向就是置于磁场中该点小磁针 N 极的指向。匀强磁场中，$\boldsymbol{B}$ 的大小可用载流导体在磁场中所受到的电磁力来定义，即

$$B = \frac{F}{Il} \tag{4-1-2}$$

式(4－1－2)中，电磁力 F 的单位是牛顿[N]、电流的单位是安培[A]、导体的有效长度(与磁场方向相垂直方向的长度投影)单位是米[m]时，磁感应强度 B 的单位是特斯拉[T]。

由 $\Phi = BS$ 可知，匀强磁场中某截面 S 上 B 值越大，穿过该截面上的磁力线总量越多。因此，磁感应强度也常称为磁通密度。磁感应强度的国际单位制中还有较小的单位即高斯[Gs]，特斯拉和高斯之间的换算关系为

$$1\ \mathrm{T} = 10^4\ \mathrm{G}$$

3. 磁导率

磁导率是反映自然界物质导磁能力的物理量，用希腊字母 μ 表示 。物质的种类很多，

且导磁能力也各不相同，为了有效地区别它们各自的导磁能力，我们引入一个参照标准——真空的磁导率：

$$\mu_0 = 4\pi \times 10^{-7}\ \mathrm{H/m} \tag{4-1-3}$$

自然界中各种物质的磁导率均与真空中的磁导率相比，可得到不同的比值，我们把这个比值称为相对磁导率，用 μ_r 表示，即

$$\mu_r = \frac{\mu}{\mu_0} \tag{4-1-4}$$

显然，相对磁导率无量纲，其值越大表明该类物质的导磁性能越好；反之，导磁性能越差。

根据相对磁导率 μ_r 值的不同，自然界的物质大致可分为非磁性物质和铁磁性物质两大类。

1）非磁性物质

非磁性物质如空气、塑料、铜、铝、橡胶等，这些物质的导磁能力很差，其磁导率均与真空的磁导率非常接近，它们的相对磁导率均约等于 1。非磁性物质的磁导率可认为是常量。

2）铁磁性物质

铁磁性物质如铁、镍、钴、钢及其合金等，这些物质的导磁能力非常强，其磁导率一般为真空的几百、几千乃至几万、几十万倍，如铸铁 $\mu_r \approx 200 \sim 400$，铸钢 $\mu_r \approx 500 \sim 2000$；硅钢 $\mu_r \approx 7000 \sim 10000$，坡莫合金 $\mu_r \approx 20\,000 \sim 200\,000$。显然，铁磁性物质的磁导率不是常量，而是一个范围，即磁导率随外部条件变化。铁磁性物质的相对磁导率远远大于 1。

4. 磁场强度

磁场强度也是表征磁场中某点强弱和方向的物理量，用大写字母 $\boldsymbol{H}$ 表示。$\boldsymbol{H}$ 也是矢量，$\boldsymbol{H}$ 的方向也是置于磁场中该点小磁针 N 极的指向。

磁感应强度是描述磁路介质的磁场某点的强弱和方向的物理量，与介质的导磁率有关；磁场强度是描述电流的磁场强弱和方向的物理量，与介质的导磁率无关。它们之间的联系为

$$\boldsymbol{H} = \frac{\boldsymbol{B}}{\mu}\ [\mathrm{A/m}] \tag{4-1-5}$$

磁场强度 $\boldsymbol{H}$ 的单位有安每米和安每厘米，二者之间的换算关系为

$$1\ \mathrm{A/m} = 10^{-2}\ \mathrm{A/cm}$$

（二）磁路欧姆定律

交流铁芯线圈磁路通常由硅钢片叠压制成，导磁率很高。当套在铁芯上的线圈通电后，铁芯迅速被磁化，成为一个人为集中的强磁场。电流通过 N 匝线圈所形成的磁动势用 $F = NI$ 表示，磁路对磁通所呈现的阻碍作用用磁阻 R_m 表示，磁动势、磁通和磁阻三者之间的关系可表述为

$$\Phi = \frac{F}{R_m} = \frac{IN}{R_m} \tag{4-1-6}$$

其中磁阻为

$$R_m=\frac{l}{\mu S}$$

磁路欧姆定律中的磁阻 R_m 与磁导率 μ 有关，因此对铁芯磁路来讲 R_m 是一个变量，定量计算很复杂，所以磁路欧姆定律没有电路欧姆定律应用得那么广泛，通常只用来定性分析磁路的情况。

（三）铁磁物质的磁性能

1. 铁磁性物质的磁化

当把一根铁棒插入通有电流的线圈时，可以发现铁棒能够吸引铁屑，这是由于铁棒被磁化的缘故。所谓磁化，是指使原来没有磁性的物质具有磁性的过程。只有铁磁性物质能够被磁化，非铁磁性物质不能被磁化。

铁磁性物质能够被磁化的主要原因是其内部存在大量的磁性小区域，即磁畴。在无外磁场作用时，铁磁物质中磁畴的排列杂乱无章，磁性相互抵消，物质对外界并不显磁性。但是，在外磁场作用下，磁畴将沿着磁场的方向排列，从而产生附加磁场，如图 4－1－1 所示。附加磁场与外磁场叠加在一起，使得总磁场增强。有些铁磁性物质在去掉外磁场后对外仍显磁性，于是它们变成了永久磁铁。

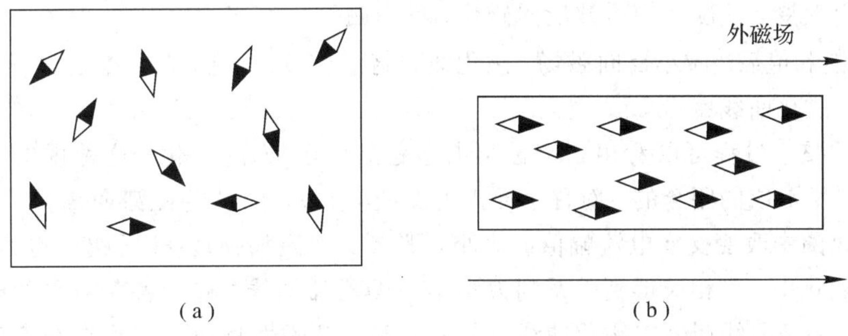

图 4－1－1　铁磁性物质的磁畴

2. 磁化曲线

铁磁性物质在外磁场作用下，其内部将产生磁场。表征铁磁性物质内磁感应强度 B 随外磁场强度 H 变化的曲线，称为磁化曲线，也称为 $B-H$ 曲线。如果铁磁性物质是从完全无磁的状态进行磁化的，则所得到的磁化曲线称为起始磁化曲线。磁化曲线是非线性的。起始磁化曲线应经过坐标原点，如图 4－1－2 所示。

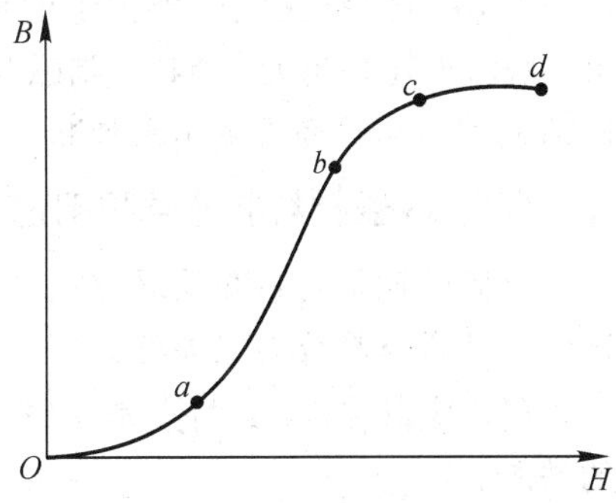

图 4－1－2　铁磁性物质的磁化曲线

在磁化曲线起始的 Oa 段，曲线上升缓慢，这是由于铁磁物质内部磁畴的惯性造成的，这个阶段称为起始磁化阶段；随着 H 的增大，B 也增大，磁化曲线中 ab 段的变化接近于直线，这是由于大量的磁畴在外磁场作用下沿着磁场的方向排列，使附加磁场增强。然后，在 bc 段，随着 H 的增大，B 也增大，但增大的速度变慢，这是由于铁磁性物质内部只剩下了少数的磁畴；最后，在 cd 段，由于铁磁性物质几乎全部被磁化，继续增大 H，B 几乎没有变化，即 B 达到了饱和值。不同的铁磁性物质具有不同的磁化曲线。

3. 磁滞回线

上面介绍的磁化曲线只反映了铁磁性物质在外磁场由零逐渐增强时的磁化过程。但是，在实际使用中，许多铁磁性材料往往工作在大小和方向交替变化的磁场中，这时由于铁磁性物质具有滞后效应和黏滞性，使得 B 的值不仅与相应的 H 有关，还与物质之前的磁化状态有关。

实验表明，如果 B 达到饱和值后，逐渐减小 H，这时 B 并不是沿着图 4－1－3 中的磁化曲线减小，而是沿着另一条曲线下降，如图 4－1－3 所示的 de 段。当 H 减小至零时，B 的值不是零，而是 B_r，B_r 称为剩磁。

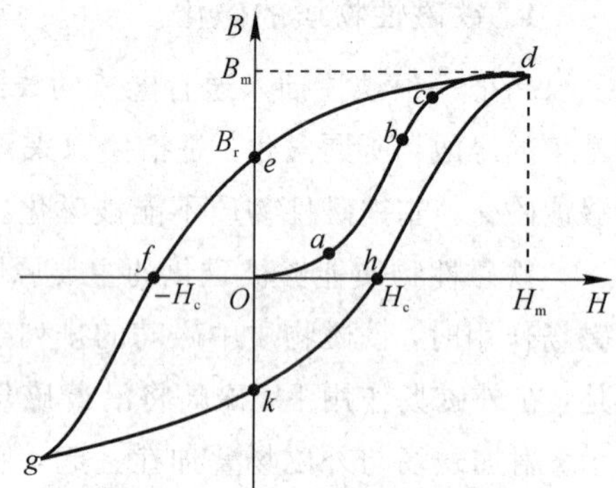

图 4－1－3　磁滞回线

为了消除剩磁，必须施加反向的磁场。当反向磁场由零增大到 H_c 时，B 的值为零。H_c 称为矫顽力，它反映了铁磁性物质保持剩磁的能力。

继续增大反向磁场，B 的值将从零变为负值，即 B 的方向发生改变，铁磁性物质被反向磁化。反向磁化使 B 达到饱和值后，减小反向磁场，磁化曲线将沿 gk 段变化，在 k 点处 H 为零。继续增大正向磁场，磁化曲线将沿 khd 变化。

从磁化的整个过程可以看出，B 的变化总是落后于 H 的变化，这种现象称为磁滞现象。磁化过程所形成的闭合的、对称于原点的曲线 $defgkhd$，称为磁滞回线。

如果在线圈中改变交变电流幅值的大小，那么交变磁场强度 H 的幅值也将随之改变。在反复交变磁化中，可相应得到一系列大小不一的磁滞回线，连接各条对称的磁滞回线的顶点，得到的一条曲线叫基本磁化曲线。由于大多数铁磁性物质是工作在交变磁场的情况下，所以，基本磁化曲线很重要。一般资料中的磁化曲线都是指基本磁化曲线。

铁磁性物质的反复交变磁化，会损耗一定的能量，这是由于在交变磁化时，磁畴要来回翻转，在这个过程中，产生了能量损耗，这种损耗称为磁滞损耗。磁滞回线包围的面积越大，磁滞损耗就越大。所以，剩磁和矫顽磁力越大的铁磁性物质，磁滞损耗就越大。因此，磁滞回线的形状经常被用来判断铁磁性物质的性质和作为选择材料的依据。

(四) 铁磁材料的分类和用途

不同的铁磁材料在反复磁化过程中所得到的磁滞回线不尽相同，如图 4－1－4 所示。通常将铁磁材料分为三大类：

(1) 软磁材料，其特点是易磁化也易去磁，磁滞回线较窄。常用来制作电机、变压器等的铁芯。

(2) 硬磁材料，其特点是不易磁化，也不易去磁，磁滞回线很宽。常用来做永久磁铁、扬声器的磁钢等。

(3) 巨磁材料，其特点是在很小的外磁作用下就能磁化，一经磁化便达到饱和，去掉外磁后，磁性仍保持在饱和值。常用来做记忆元件，如计算机中存储器的磁芯。

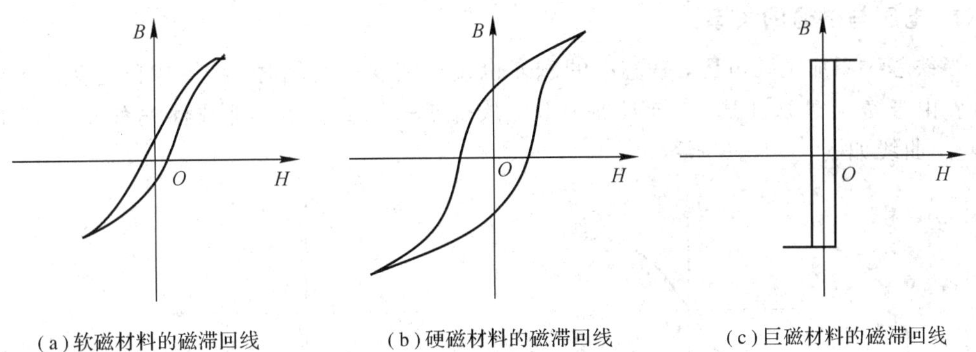

(a)软磁材料的磁滞回线　(b)硬磁材料的磁滞回线　(c)巨磁材料的磁滞回线

图 4-1-4　不同铁磁材料的磁滞回线

(五) 交流铁芯线圈

我们知道，铁磁性物质在交变磁化时，不仅有磁饱和现象，还有磁滞现象。此外，交变磁通还会在铁芯中引起涡流，而磁饱和、磁滞和涡流对交变磁通磁路和铁芯线圈电路都会产生影响。交流电工设备，如铁芯变压器、异步电动机等，通常是在正弦电压作用下工作的。其中的电流和磁通都是交变的。

1. 电压与磁通的关系

铁芯线圈电压、电流、磁通关系如图 4-1-5 所示。

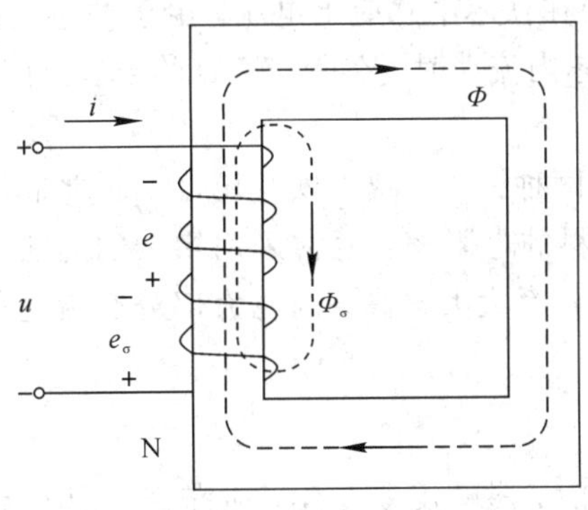

图 4-1-5　铁芯线圈

铁芯线圈电路在带铁芯的线圈上加正弦交流电压 u，线圈中的电流便在铁芯中产生磁通 Φ。电压 u 与磁通 Φ 之间的关系为

$$u=N\frac{\mathrm{d}\Phi}{\mathrm{d}t} \tag{4-1-7}$$

设 $\Phi=\Phi_{\mathrm{m}}\sin\omega t$，则：

$$u=N\frac{\mathrm{d}\Phi}{\mathrm{d}t}=\Phi_{\mathrm{m}}N\omega\cos\omega t=U_{\mathrm{m}}\sin(\omega t+90^\circ) \tag{4-1-8}$$

其中：$U_{\mathrm{m}}=\omega N\Phi_{\mathrm{m}}=2\pi fN\Phi_{\mathrm{m}}$。

$$U=\frac{\omega N\Phi_{\mathrm{m}}}{\sqrt{2}}=\frac{2\pi fN\Phi_{\mathrm{m}}}{\sqrt{2}}=4.44fN\Phi_{\mathrm{m}} \tag{4-1-9}$$

由此可知：当铁芯线圈上加以正弦交流电压时，铁芯线圈中的磁通也是按正弦规律变化的，且电压超前于磁通 90°，在数值上，端电压有效值为 $U=4.44fN\Phi_{\mathrm{m}}$。

2. 电压与磁通的关系

当铁芯线圈加正弦电压，铁芯中的磁通也按正弦规律变化时，线圈中的电流 i 怎样变化呢？由于 Φ 与 B 成正比，i 与 H 成正比，故得 $\Phi-i$ 曲线，也为非线性关系。$B-H$ 曲线与 $\Phi-i$ 曲线如图 4－1－6 所示。

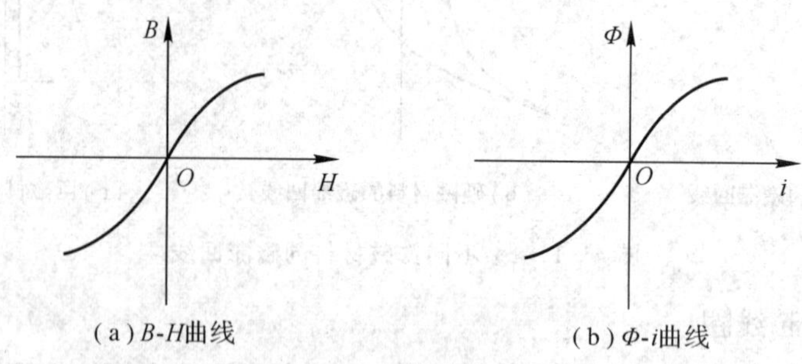

图 4－1－6　$B-H$ 曲线与 $\Phi-i$ 曲线

3. 铁芯损耗

在交变磁通作用下，铁芯中有能量损耗，称为铁损。铁损主要由涡流损耗与磁滞损耗两部分组成。

1）涡流损耗

铁芯中的交变磁通 $\Phi(t)$ 在铁芯中感应出电压，由于铁芯也是导体，便产生一圈圈的电流，称之为涡流。涡流在铁芯内流动时，在所经回路的导体电阻上产生的能量损耗，称为涡流损耗。

减少涡流损耗的途径有两种：一是减小铁片厚度，通常采用表面有绝缘层的薄钢片叠装成铁芯；二是提高铁芯材料的电阻率，通常采用掺杂的方法来提高材料的电阻率，如在铁中加入少量的硅能使其电阻率大大提高。因此大部分交流电气设备（如电机、变压器等）的铁芯均用硅钢片叠成。

2）磁滞损耗

铁磁性物质在反复磁化时，磁畴反复变化，磁滞损耗是在克服各种阻滞作用时消耗的那部分能量。磁滞损耗的能量转换为热能而使铁磁材料发热，如同摩擦生热一样。磁滞损耗的大小取决于材料性质、材料体积、最大磁感应强度和磁化场的变化频率。

减少磁滞损耗有两条途径：一是提高材料的起始磁导率；二是减小剩磁。通常把磁滞损耗和涡流损耗的总和称为铁损。铁损可以由实验测定，也可以按经验公式计算。

4.1.2　变压器的结构与工作原理

变压器是一种将交流电压升高或降低，又能保持频率不变的静止电气设备。输送同样功率的电能时，电压越高，电流就越小，输送线路上的功率损耗也就越小，输电线的截面积可以减少，这样可以节省金属导线的用量。因此，发电厂必须用电力变压器将电压升高，才能将大量的电能送往远处的用电地区。

（一）变压器的基本结构

变压器的主体结构是由铁芯和绕组两大部分构成的，图 4－1－7 是它的示意图和符号。

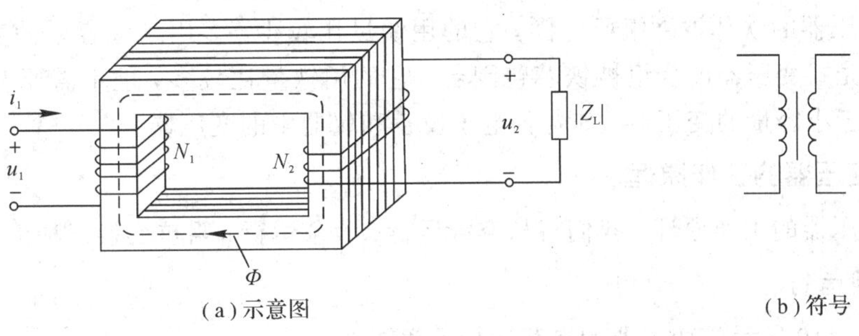

(a)示意图　　(b)符号

图 4-1-7　变压器示意图和符号

图 4-1-7 所示为一个简单的双绕组变压器，在一个闭合的铁芯上套有两个绕组，绕组与绕组之间以及绕组与铁芯之间都是绝缘的。绕组通常用绝缘的铜线或铝线绕成，其中一个绕组与电源相连，称为一次绕组，另一个绕组与负载相连，称为二次绕组。

为了减少铁芯中的磁滞损耗和涡流损耗，变压器的铁芯大多用 0.35～0.5 mm 厚的硅钢片叠成。为了降低磁路的磁阻，一般采用交错叠装方式，即将每层硅钢片的接缝错开。图 4-1-8 为几种常见的铁芯形状。

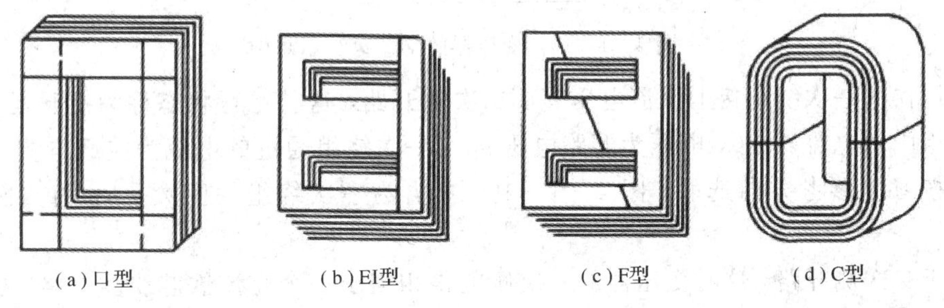

(a)口型　　(b)EI型　　(c)F型　　(d)C型

图 4-1-8　几种常见的铁芯形状

变压器按铁芯和绕组的组合方式，可分为芯式和壳式两种，如图 4-1-9 所示。

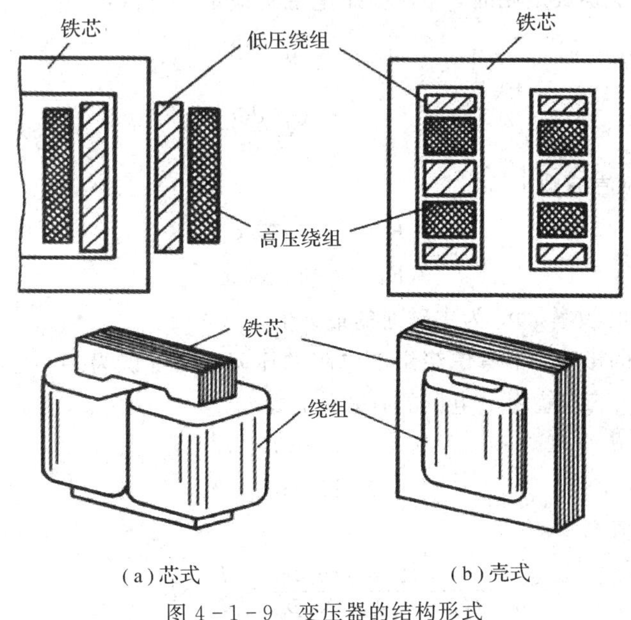

(a)芯式　　(b)壳式

图 4-1-9　变压器的结构形式

芯式变压器的铁芯被绕组所包围，它的用铁量比较少，多用于大容量的变压器，如电力变压器。壳式变压器的绕组被铁芯包围着，它的用铁量比较多，但不需要专门的变压器外壳，常用于小容量的变压器，如各种电子设备和仪器中的变压器。

（二）变压器的工作原理

对于变压器的工作原理，我们将从空载运行、负载运行、阻抗变换三种情况进行讲述。

1. 空载运行

图 4-1-10 所示为变压器的空载运行示意图。

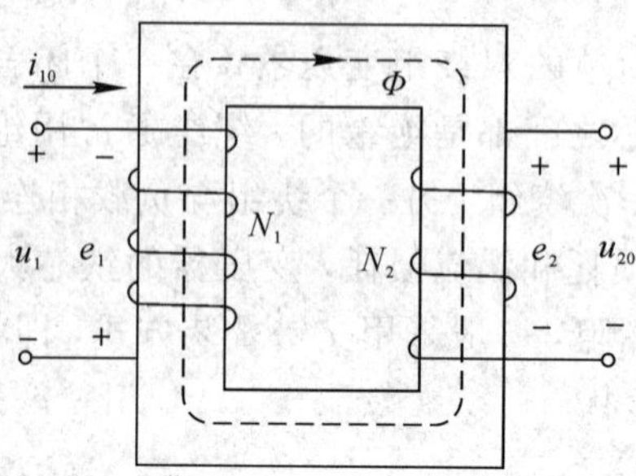

图 4-1-10　变压器的空载运行示意图

变压器的一次绕组接上交流电压 u_1，二次侧开路，这种运行状态称为空载运行。这时二次绕组中的电流 $i_2=0$，电压为开路电压 u_{20}，一次绕组通过的电流为空载电流 i_{10}，各量的方向按习惯参考方向选取。图 4-1-10 中 N_1 为一次绕组的匝数，N_2 为二次绕组的匝数。

由于二次侧开路，这时变压器的一次侧电路相当于一个交流铁芯线圈电路，通过的空载电流 i_{10} 就是励磁电流。磁通势在铁芯中产生的主磁通 Φ 通过闭合铁芯，既穿过一次绕组，也穿过二次绕组，于是在一、二次绕组中分别感应出电动势 e_1、e_2。当 e_1、e_2 与 Φ 的参考方向之间符合右手螺旋定则时，由法拉第电磁感应定律可得：

$$\begin{cases} e_1=-N_1\dfrac{\mathrm{d}\Phi}{\mathrm{d}t} \\ e_2=-N_2\dfrac{\mathrm{d}\Phi}{\mathrm{d}t} \end{cases} \tag{4-1-10}$$

其中，e_1、e_2 的有效值分别为

$$\begin{cases} E_1=4.44fN_1\Phi_m \\ E_2=4.44fN_2\Phi_m \end{cases} \tag{4-1-11}$$

式中 f 为交流电源的频率，Φ_m 为主磁通的最大值。

若略去漏磁通的影响，不考虑绕组上电阻的压降，则可认为一、二次绕组上电动势的有效值近似等于一、二次绕组上电压的有效值，即

$$U_1\approx E_1$$

$$U_{20}\approx E_2$$

计算它们的比值：

$$\frac{U_1}{U_{20}}\approx\frac{4.44fN_1\Phi_m}{4.44fN_2\Phi_m}=\frac{N_1}{N_2}=K$$

从上式可见，变压器空载运行时，一、二次绕组上电压的比值等于两者的匝数比，这个比值 K 称为变压器的变压比或变比。当一、二次绕组匝数不同时，变压器就可以把某一数值的交流电压变换为同频率的另一数值的电压，这就是变压器的电压变换作用。当一次绕组匝数 N_1 比二次绕组匝数 N_2 多时，即 $K>1$ 时这种变压器称为降压变压器；当一次绕组匝数 N_1 比二次绕组匝数 N_2 少时，即 $K<1$ 时这种变压器为升压变压器。

2. 负载运行

图 4-1-11 所示为变压器的负载运行示意图。

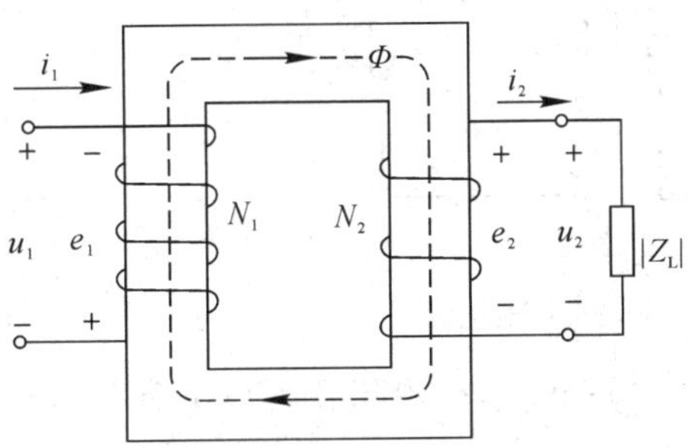

图 4-1-11　变压器的负载运行示意图

如果变压器的二次绕组接上负载，则在二次绕组感应电动势 e_2 的作用下，将产生二次绕组电流 i_2。这时，一次绕组的电流由 i_{10} 增大为 i_1，二次侧的电流 i_2 越大，一次侧的电流也越大。因为二次绕组有了电流 i_2，所以二次侧的磁通势 N_2I_2 也要在铁芯中产生磁通，这时变压器铁芯中的主磁通系由一、二次绕组的磁通势共同产生。显然，二次侧的磁通势 N_2I_2 的出现，将有改变铁芯中原有主磁通的趋势。但是，在一次绕组的外加电压（电源电压）不变的情况下，主磁通基本保持不变，因而一次绕组的电流将由 i_{10} 增大为 i_1，得使一次绕组的磁通势由 N_1I_{10} 变成 N_1I_1，用于抵消二次侧磁通势 N_2I_2 的作用。也就是说，变压器负载时的总磁通势应与空载时的磁通势基本相等，用公式表示，即

$$N_1I_1-N_2I_2=N_1I_{10} \tag{4-1-12}$$

上式便是变压器的磁通势平衡方程式。

磁动势平衡方程式告诉我们：变压器二次测电流 i_2 的大小是由负载决定的，但二次侧的能量来源于一次侧，两侧电路并没有直接的电的联系，而是通过磁耦合把能量从原边传递到副边。变压器铁芯的导磁率很高，因此满足工作主磁通需要的磁动势 N_1I_{10} 很小，和 N_1I_1 相比可忽略不计，所以磁动势平衡方程式又可改为

$$N_1I_1-N_2I_2\approx 0 \tag{4-1-13}$$

由上式可得：

$$\frac{I_2}{I_1}\approx\frac{N_1}{N_2}\approx\frac{1}{K} \tag{4-1-14}$$

变压器在能量传递的过程中损耗很小，因此一次侧和二次侧的容量近似相等，有

$$I_1U_1\approx I_2U_2$$

由上式可知，能量传递过程中，变压器在变换电压的同时也变换了电流。

3. 阻抗变换

如图 4-1-12 所示为变压器的阻抗变换示意图。变压器除了可以变压和变流，还可以

变换阻抗。图 4-1-12(a)所示，变压器原边接电源 u_1，副边接负载阻抗 $|Z_L|$，对于电源来说，图 4-1-12(a)中点划线框内的电路可用另一个阻抗 $|Z'_L|$ 来等效代替。所谓等效，就是它们从电源吸取的电流和功率相等。因为当电源端拥有高电压低电流时，是很难驱动低阻负载的，这时需要变换为低电压大电流，达到等功率传递的目的。

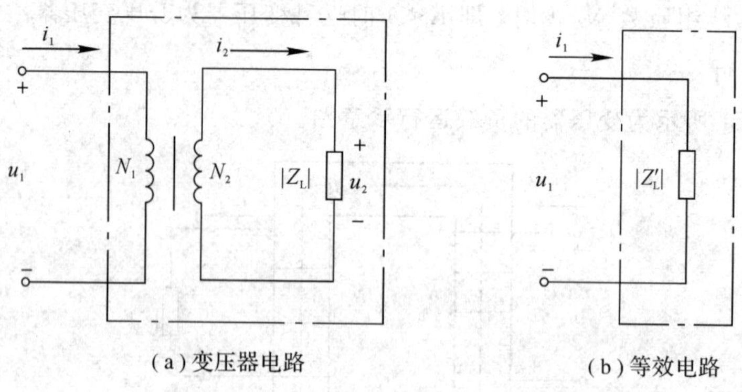

(a) 变压器电路　　(b) 等效电路

图 4-1-12　变压器的负载运行示意图

设变压器副边所接负载为 $|Z_L|$，原边等效输入阻抗为 $|Z'_L|$，则有

$$|Z_L|=\frac{U_2}{I_2}$$

$$|Z'_L|=\frac{U_1}{I_1}$$

将变压器的变压比公式和变流比公式代入上式得

$$|Z'_L|=\frac{U_1}{I_1}=\frac{KU_2}{\dfrac{I_2}{K}}=K^2\ \frac{U_2}{I_2}=K^2\,|Z_L|$$

上式告诉我们：只要改变变压器的匝数比，即可获得合适的二次侧对一次侧的反射阻抗 $|Z'_L|$。式中 K^2 称为负载阻抗折算到一次侧时的变换系数。

例 4-1　已知某收音机输出变压器的原边匝数为 600，副边匝数为 30，原边原来接有 16 Ω 的扬声器。现因故要改接成 4 Ω 的扬声器，问输出变压器的匝数 N_2 应改为多少？

解： 收音机电路中，输出变压器所起的作用是让扬声器阻抗与晶体管的输出端阻抗匹配，以使负荷上获得最大功率，从而驱动喇叭振动发出声音。

收音机原阻抗变换系数为

$$K^2=\left(\frac{N_1}{N_2}\right)^2=\left(\frac{600}{30}\right)^2=400$$

反射阻抗：

$$|Z'_L|=\left(\frac{N_1}{N_2}\right)^2|Z_L|=400\times16=6400\ \Omega$$

改换成 4 Ω 的扬声器后，有

$$K'^2=\frac{6400}{4}=1600$$

$$N_2=\frac{N_1}{K'}=\frac{600}{\sqrt{1600}}=15\ \text{匝}$$

4.1.3　变压器的运行特性

(一) 变压器的外特性及电压变化率

变压器空载运行时，若一次绕组电压 U_1 不变，则二次绕组电压 U_2 也是不变的。变压器加上负载之后，随着负载电流 I_2 的增加，I_2 在二次绕组内部的阻抗压降也会增加，使二次绕组输出的电压 U_2 随之发生变化。另一方面，由于一次绕组电流 I_1 随 U_2 增加，因此 I_2 增加时，使一次绕组漏阻抗上的压降也增加，一次绕组电动势 E_1 和二次绕组电动势 E_2 也会有所下降，这也会影响二次绕组的输出电压 U_2。变压器的外特性是用来描述输出电压 U_2 随负载电流 I_2 的变化而变化的情况的。当一次绕组电压 U_1 和负载的功率因数 $\cos\varphi_2$ 一定时，二次绕组电压 U_2 与负载电流 I_2 的关系称为变压器的外特性。

功率因数不同时的几条外特性绘于图 4-1-13 中，可以看出，当 $\cos\varphi_2=1$ 时，U_2 随 I_2 的增加而下降的并不多；当 $\cos\varphi_2$ 降低时，即在感性负载时，U_2 随 I_2 增加而下降的程度加大，这是因为滞后的无功电流对变压器磁路中的主磁通的去磁作用更为显著，而使 E_1 和 E_2 有所下降的缘故；但当 $\cos\varphi_2$ 为负值时，即在容性负载时，超前的无功电流有助磁作用，主磁通会有所增加，E_1 和 E_2 亦相应加大，使得 U_2 随 I_2 的增加而提高。以上叙述表明，负载的功率因数对变压器外特性的影响是很大的。

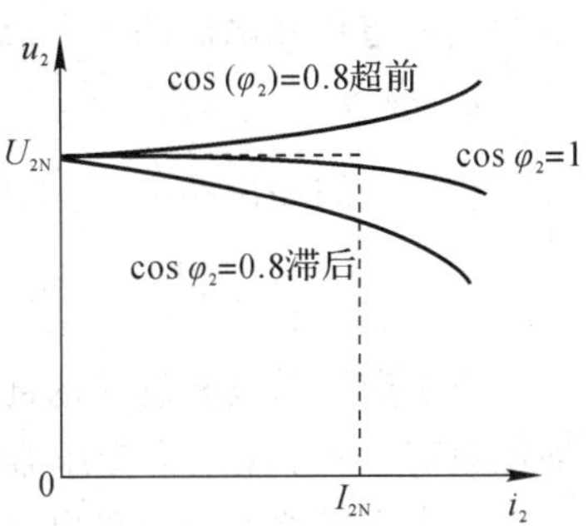

图 4-1-13　变压器外特性

一般情况下，变压器的负载大多数是感性负载，因而当负载增加时，输出电压 U_2 总是下降的，其下降的程度常用电压变化率来描述。当变压器从空载到额定负载($I_2=I_{2N}$)运行时，二次绕组输出电压的变化值 ΔU 与空载电压(额定电压)U_{2N}之比的百分值就称为变压器的电压变化率，用 $\Delta U\%$来表示。

$$\Delta U\%=\frac{U_{2N}-U_2}{U_{2N}}\times 100\% \tag{4-1-15}$$

式中，U_{2N}为变压器空载时二次绕组的电压(称为额定电压)；U_2 为二次绕组输出额定电流时的电压。

电压变化率反映了供电电压的稳定性，是变压器的一个重要性能指标。$\Delta U\%$越小，说明变压器二次绕组输出的电压越稳定，因此要求变压器的 $\Delta U\%$越小越好。常用的电力变压器从空载到满载，电压变化率约为 3%～5%。

(二) 变压器的损耗及效率

变压器从电源输入的有功功率 P_1 和向负载输出的有功功率 P_2 可分别用下式计算：

$$P_1=U_1I_1\cos\varphi_1$$

$$P_2=U_2I_2\cos\varphi_2$$

两者之差为变压器的损耗 ΔP，它包括铜损耗 P_{Cu}和铁损耗 P_{Fe}两部分，即

$$\Delta P=P_{Cu}+P_{Fe}$$

1. 铁损耗

变压器的铁损耗包括基本铁损耗和附加铁损耗两部分。基本铁损耗包括铁芯中的磁滞

损耗和涡流损耗，它决定于铁芯中的磁通密度的大小、磁通交变的频率和硅钢片的质量等。附加损耗则包括铁芯叠片间因绝缘损伤而产生的局部涡流损耗、主磁通在变压器铁芯以外的结构部件中引起的涡流损耗等，附加损耗约为基本损耗的15%～20%。

变压器的铁损耗与一次绕组上所加的电源电压大小有关，而与负载电流的大小无关。当电源电压一定时，铁芯中的磁通基本不变，故铁损耗也就基本不变，因此铁损耗又称"不变损耗"。

2. 铜损耗

变压器的铜损耗也分为基本铜损耗和附加铜损耗两部分。基本铜损耗是指电流在一次、二次绕组电阻上产生的损耗，而附加铜损耗是指由漏磁通产生的集肤效应使电流在导体内分布不均匀而产生的额外损耗。附加铜损耗约占基本铜损耗的3%～20%。在变压器中铜损耗与负载电流的平方成正比，所以铜损耗又称为"可变损耗"。

3. 效率

变压器的输出功率 P_2 与输入功率 P_1 之比称为变压器的效率 η，即

$$\eta=\frac{P_2}{P_1}\times100\%=\frac{P_2}{P_2+\Delta P}\times100\%=\frac{P_2}{P_2+P_{\mathrm{Cu}}+P_{\mathrm{Fe}}}\times100\%$$

由于变压器没有旋转的部件，不像电机那样有机械损耗存在，因此变压器的效率一般都比较高，中小型电力变压器效率在95%以上，大型电力变压器效率可达99%以上。

提高变压器效率是供电系统中一个极为重要的课题。世界各国都在大力研究高效节能变压器，其主要途径有二：一是采用低损耗的冷轧硅钢片来制作铁芯；二是减小铜损耗，如果能用超导材料来制作变压器绕组，则可使其电阻为零，铜损耗也就不存在了。

知识扩展——变压器的分类及铭牌数据

(一) 变压器的分类

根据用途不同，变压器可分为电力变压器(220 kV 以上的是超高压变压器、35～110 kV的是中压变压器、10 kV 为配电变压器)，特种变压器(电炉变压器、电焊变压器)，仪用互感器(电压互感器、电流互感器)。

根据相数不同，变压器可分为单相变压器和三相变压器。

根据冷却方式不同，变压器可分为油浸自冷式变压器、强迫风冷式变压器、强迫油冷式变压器和水冷式变压器。

根据分接开关的种类不同，变压器可分为有载调压变压器和无载调压变压器。

根据绕组数不同，变压器可分为单绕组变压器、双绕组变压器和三绕组变压器。

(二) 变压器的铭牌数据

为了使变压器安全、经济、合理地运行，同时让用户对变压器的性能有所了解，制造厂家对每一台变压器都安装了一块铭牌，上面标明了变压器型号及各种额定数据，只有理解铭牌上各种数据的含义，才能正确地使用变压器。图 4-1-14 所示为电力变压器的铭牌。

<table>
<tr><td colspan="7">电力变压器
产品型号 S7-500/10 标准代号××××
额定容量 500 kV·A 产品代号××××
额定电压 10 kV 出厂序号××××</td></tr>
<tr><td rowspan="5">额定频率 50 Hz 3 相
连接组标号 Y，yn0
阻抗电压 4%
冷却方式 油冷
使用条件 户外</td><td rowspan="2">开关位置</td><td colspan="2">高压</td><td colspan="2">低压</td><td rowspan="2"></td></tr>
<tr><td>电压/V</td><td>电流/A</td><td>电压/V</td><td>电流/A</td></tr>
<tr><td>Ⅰ</td><td>10 500</td><td>27.5</td><td rowspan="3">400</td><td rowspan="3">721.7</td><td></td></tr>
<tr><td>Ⅱ</td><td>10 000</td><td>28.9</td><td></td></tr>
<tr><td>Ⅲ</td><td>9500</td><td>30.4</td><td></td></tr>
<tr><td colspan="7">××××变压器厂 ××年××月</td></tr>
</table>

图 4-1-14 电力变压器的铭牌

铭牌中的主要参数说明如下：

1）型号

例如型号 S7—500/10，其含义如下：

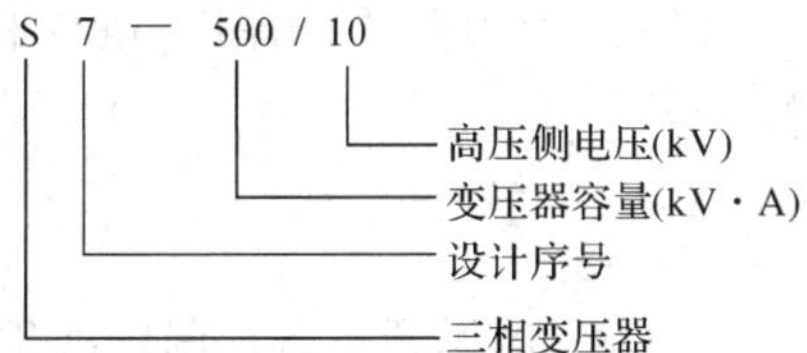

2）额定电压 U_{1N} 和 U_{2N}

高压侧（一次绕组）额定电压 U_{1N} 是指加在一次绕组上的正常工作电压值。它是根据变压器的绝缘强度和允许发热情况等条件规定的。高压侧标出的三个电压值，可以根据高压侧供电电压的实际情况，在额定值的±5%范围内加以选择，当供电电压偏高时可调至 10 500 V，偏低时则调至 9500 V，以保证低压侧的额定电压为 400 V 左右。

低压侧（二次绕组）额定电压 U_{2N} 是指变压器在空载时，高压侧加上额定电压后二次绕组两端的电压值。变压器接上负载后，二次绕组的输出电压 U_2 将随负载电流的增加而下降，为保证在额定负载时能输出 380 V 的电压，考虑到电压调整率为 5%，故该变压器空载时二次绕组的额定电压 U_{2N} 为 400 V。在三相变压器中，额定电压均指线电压。

3）额定电流 I_{1N} 和 I_{2N}

额定电流是指根据变压器容许发热的条件而规定的满载电流值。在三相变压器中额定电流是指线电流。

4）额定容量 S_N

额定容量是指变压器在额定工作状态下，二次绕组的视在功率，其单位为 kV·A。单相变压器的额定容量为

$$S_N=\frac{U_{2N}I_{2N}}{1000}\ \text{kV}\cdot\text{A}$$

三相变压器的额定容量为

$$S_N=\frac{\sqrt{3}U_{2N}I_{2N}}{1000}\ \text{kV}\cdot\text{A}$$

5）连接组标号

连接组标号是指三相变压器一、二次绕组的连接方式。Y 表示高压绕组作星形连接，y 表示低压绕组作星形连接；D 表示高压绕组作三角形连接，d 表示低压绕组作三角形连接；N 为高压绕组作星形连接时的中性线，n 为低压绕组作星形连接时的中性线。

6）阻抗电压

阻抗电压又称为短路电压，它标志着在额定电流时变压器阻抗压降的大小。通常用它与额定电压 U_{1N} 的百分比来表示。

任务实施——变压器的参数测试

1. 实训目标

(1) 通过空载和短路实验，测定变压器的变比和参数；

(2) 通过负载实验，测取变压器的工作特性。

2. 实训器材

单相变压器、调压器、电气仪表、双刀开关、电阻、电抗器。

3. 实训步骤及工艺要求

1）测量变比 k

(1) 实验接线如图 4-1-15 所示。电源开关 S_1、调压器 T_1 接至变压器 T 低压绕组。变压器 T 高压绕组开路。

(2) 闭合电源开关 S_1。调节变压器 T 低压绕组外施电压，使 $U_0 \approx 0.5\ U_N$。

(3) 对应于不同的外施电压 U_1，测量 T 低压绕组侧电压 U_{ax} 及高压绕组外施电压 U_{AX}。

(4) 共取数据 3 组，记录于表 4-1-1 中，并取平均值计算被测试变压器的变比 k。

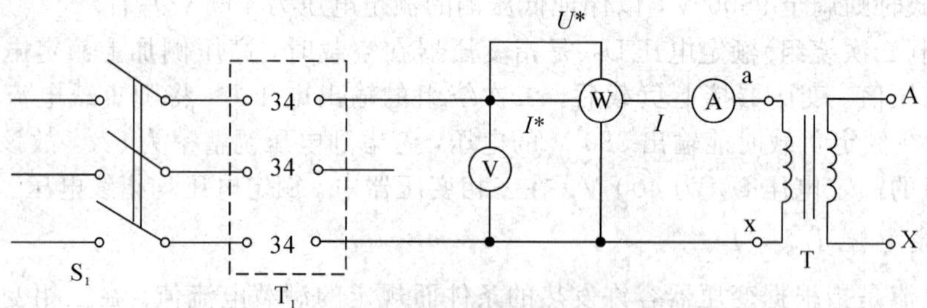

T_1—三相调压器；T—三相变压器

图 4-1-15　测变比接线图

表 4-1-1　测定单相变压器变比

序号	U_{ax}/V	U_{AX}/V	变比 k
1			
2			
3			

2）空载实验

（1）实验接线图如图 4－1－16 所示。

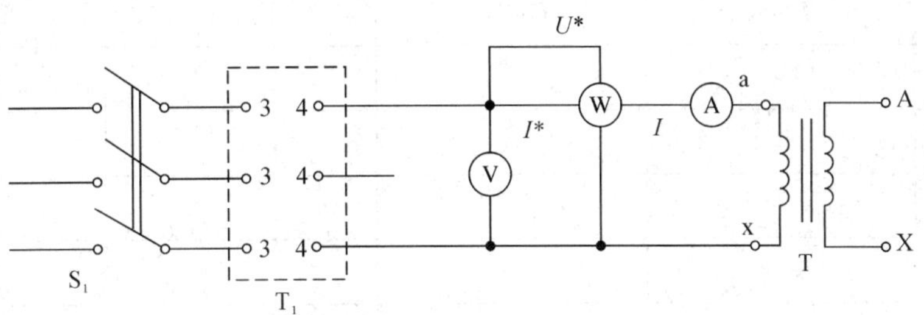

图 4－1－16　空载实验接线图

（2）闭合开关 S_1，调节调压器 T_1，使变压器 T 低压侧外施电压至 $1.2U_N$。逐次降低外施电压，每次测量空载电压 U_0、空载电流 I_0、空载损耗 P_0，共取数据 6 组(包括 $U_0=U_N$ 点，在该点附近测点应较密)，记录于表 4－1－2 中。

（3）根据数据作空载特性曲线，并计算 U_{*0}、I_{*0} 和 $\cos\varphi_0$。

图 4－1－2　单相变压器空载实验

序号	实验数据			计数数据		
	U_0/V	I_0/A	P_0/W	U_{*0}	I_{*0}	$\cos\varphi_0$
1						
2						
3						
4						
5						
6						

3）短路实验

（1）实验接线图如图 4－1－17 所示。

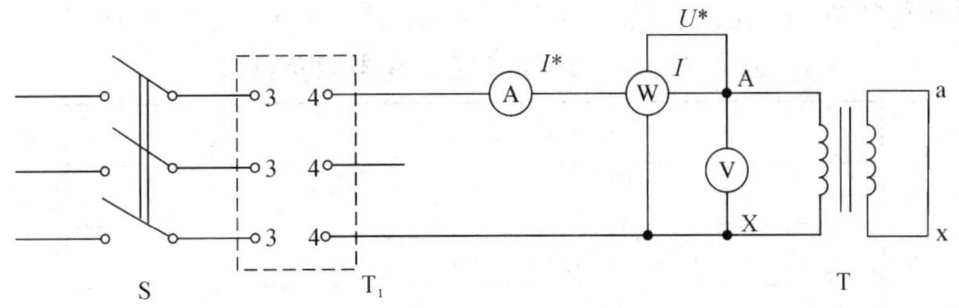

图 4－1－17　短路实验接线图

（2）闭合开关 S，接通电源。逐渐增大外施电压，使短路电流升至 $1.1I_N$。

（3）在$(0.5\sim1.1)I_N$范围内，测量短路功率 P_K、短路电流 I_K、短路电压 U_K。

（4）共取数据 5 组(包括 $I_K=I_N$)，记录于表 4－1－3 中。

(5) 根据短路实验数据，作短路特性曲线并计算短路参数。

表 4-1-3　单相变压器短路实验

序号	I_K/A	U_K/V	P_K/W	$\cos\varphi_K$
1				
2				
3				
4				
5				

4) 负载实验

实验接线图如图 4-1-18 所示。

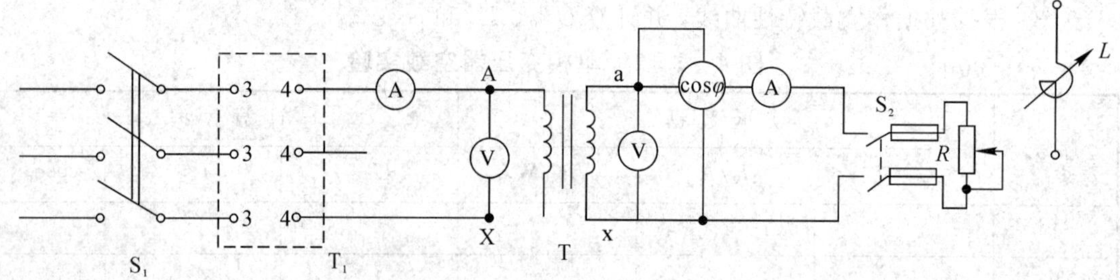

图 4-1-18　负载实验接线图

(1) 纯电阻负载实验($\cos\varphi_2=1$)

① 变压器 T 二次侧经开关 S_2 接可变电阻 R_L(灯箱或变阻器)。将负载电阻调至最大值。

② 闭合开关 S_1，调节外施电压，使 $U_1=U_{1N}$。

③ 闭合开关 S_2，并保持 $U_1=U_{1N}$ 不变，逐次减少负载电阻，增加负载电流。

④ 使输出电流从零($I_2=0$，$U_2=U_{20}$)变化至额定值，在此范围内测量输出电流 I_2 和电压 U_2。

⑤ 共取数据 6 组(包括 $I_2=I_{2N}$ 点)，记录于表 4-1-4 中。

⑥ 根据测得的数据，绘出外特性曲线 $U_2=f(I_2)$，并计算电压变化率。

表 4-1-4　单相变压器纯电阻负载实验

序号	I_2/A	U_2/V
1		
2		
3		
4		
5		
6		

(2) 电感性负载实验($\cos\varphi_2=0.8$)。

① 在以上纯电阻负载实验线路中，再增加一个电抗器 L，把它与可变电阻 R_L 并联(或串联)组成变压器的感性负载。为监视负载功率因数，需在变压器输出端接功率因数表。变压器 T 接通电源前，需把负载电阻 R_L 及电抗器 L 调至最大值。

② 闭合开关 S_1、S_2。调节变压器 T 外施输入电压，使 $U_1=U_{1N}$。

③ 保持 $U_1=U_{1N}$，$\cos\varphi_2=0.8$ 不变，逐次减小负载电阻 R_L 和电抗 L，增加负载电流。

④ 在负载由零增至额定值范围内，测量输出电流 I_2 和电压 U_2。共取数据 6 组，记录于表 4-1-5 中。

⑤ 绘出外特性曲线 $U_2=f(I_2)$，并计算电压变化率，确定变压器的效率。

表 4-1-5　单相变压器电感性负载实验

序号	I_2/A	U_2/V
1		
2		
3		
4		
5		
6		

4. 实训考核标准

实训考核标准见表 4-1-6。

表 4-1-6　实训考核标准

<table>
<tr><th>考核项目</th><th>配分</th><th colspan="5">评 分 标 准</th><th>扣分</th><th>得分</th></tr>
<tr><td rowspan="2">实验线路</td><td rowspan="2">30</td><td colspan="5">实验线路连接不正确，每处扣 5 分</td><td></td><td></td></tr>
<tr><td colspan="5">实验线路连接不美观，扣 3 分</td><td></td><td></td></tr>
<tr><td rowspan="2">实验数据</td><td rowspan="2">50</td><td colspan="5">测试方法不准确，扣 3～5 分</td><td></td><td></td></tr>
<tr><td colspan="5">测试数据不准确，扣 3～5 分</td><td></td><td></td></tr>
<tr><td rowspan="2">特性曲线</td><td rowspan="2">20</td><td colspan="5">特性曲线画得不准确，扣 3～5 分</td><td></td><td></td></tr>
<tr><td colspan="5">参数计算结果不准确，扣 3～5 分</td><td></td><td></td></tr>
<tr><td>安全文明生产</td><td colspan="6">违反安全文明生产规程，扣 5～10 分</td><td></td><td></td></tr>
<tr><td>定额时间 3 h</td><td colspan="6">超时 15 min 酌情扣分</td><td></td><td></td></tr>
<tr><td>备注</td><td colspan="8">除定额时间外，各项目的最高扣分不应超过所分配的分数</td></tr>
<tr><td>开始时间</td><td></td><td>结束时间</td><td></td><td>实际时间</td><td></td><td>总成绩</td><td colspan="2"></td></tr>
</table>

思考与练习

(一) 填空题

1. 变压器运行中，绕组中电流的热效应所引起的损耗称为________损耗；交变磁场在铁芯中所引起的________损耗和________损耗合称为________损耗。

2. 按照磁滞回线的不同，将铁磁材料分为__________、__________和__________三类。

3. 使原来没有磁性的物质具有磁性的过程称为________________。

4. 当铁芯线圈上加一正弦交流电压时，铁芯线圈中的磁通的变化规律是________，且相位关系是________，在数值上，端电压有效值________。

5. 减少涡流损耗的途径有______________和______________两种。

6. 提高变压器效率的途径有______________和______________两种。

(二) 分析计算题

1. 什么叫变压器？变压器的基本工作原理是什么？

2. 一个有铁芯的线圈，接在交流 220 V、50 Hz 的电源上，若要使铁芯中产生磁通的最大值为 0.002 Wb，问铁芯上的线圈至少应绕多少匝？

3. 一台三相油浸自冷式铝线变压器，已知 $S_N=560$ kV·A，$U_{1N}/U_{2N}=10\ 000$ V/400 V，试求一次、二次绕组的额定电流 I_{1N}、I_{2N}各是多大？

4. 有一台降压变压器，一次绕组电压为 220 V，二次绕组电压为 110 V，一次绕组为 2200 匝，若二次绕组接入 10 Ω 的阻抗，问变压器的变比、二次绕组匝数以及一次和二次绕组中电流各为多少？

5. 三相电力变压器的电压变化率 $\Delta U\%=5\%$，要求该变压器在额定负载下输出的电压为 $U_2=220$ V。求该变压器二次绕组的额定电压 U_{2N}。

6. 一台单相变压器 $S_N=50$ kV·A，$U_1=10$ kV，$U_2=0.4$ kV，不计损耗，求 I_1及 I_2。若该变压器的实际效率为 98%，在 U_1及 U_2保持不变的情况下，实际的 I_1将比前面计算得到的数值大还是小？为什么？

任务 4.2 小型变压器的设计、制作与测试

在实际应用中，经常要用到一些小功率的电源变压器，而因为具体电路的需要，所需的这些变压器的规格可能各不相同，有些在市场上无法买到，往往需要自己设计和制作。因此，小功率电源变压器的设计理念、制作流程及测试流程是本项目的学习重点。

4.2.1　关于互感

(一) 互感现象与互感电压

1. 互感现象

线圈中的电流使线圈自身有了磁链，线圈中电流变化时，磁链也要发生变化，于是在其自身引起了感应电压，这种现象称为自感现象。若有两个相邻线圈，如图 4-2-1 所示。

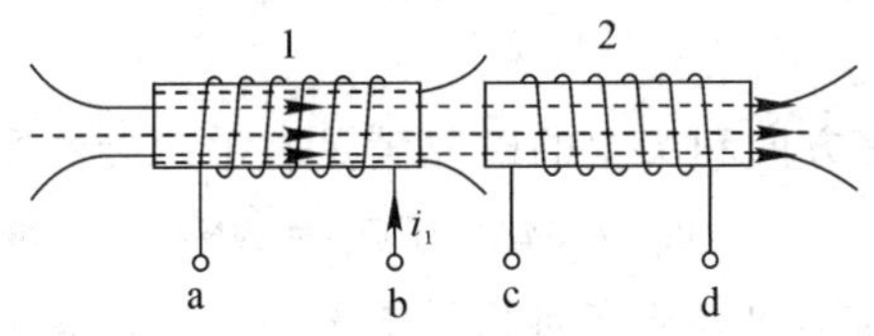

图 4-2-1　互感线圈

线圈 1 的匝数为 N_1，线圈 2 的匝数为 N_2，线圈 1 中通以电流 i_1，则线圈 1 中产生的磁通为 Φ_{11}，称为自感磁通，$\Psi_{11}=N_1\Phi_{11}$ 叫自感磁链。线圈 2 处于 i_1 产生的磁场中，因而有磁通 Φ_{21}，称为互感磁通，$\Psi_{21}=N_2\Phi_{21}$ 叫互感磁链。i_1 的变化引起 Φ_{21} 的变化，线圈 2 中便产生一个感应电动势。这种由于一个线圈中电流的变化而使另一个线圈中产生感应电动势的现象叫作互感现象，由互感现象产生的感应电动势叫作互感电动势，能够产生互感电动势的两个线圈叫作磁耦合线圈。互感电动势的大小和方向分别遵守法拉第电磁感应定律和楞次定律。

同理，若在线圈 2 中通以电流 i_2，则线圈 2 中的自感磁通为 Φ_{22}，自感磁链为 $\Psi_{22}=N_2\Phi_{22}$，在线圈 1 中的互感磁通为 Φ_{12}，互感磁链 $\Psi_{12}=N_1\Phi_{12}$。i_2 的变化除了在线圈 2 中产生自感电动势以外，在线圈 1 中也要产生互感电动势。

以上对磁通、磁链等物理量以及后面对互感电压，均采用双下标表示，其含义是：第一个下标是该量所在的线圈的编号，第二个下标是产生该量的原因所在的线圈的编号。

在非铁磁性介质中，电流产生的磁通与电流成正比，当匝数一定时，磁链也与电流成正比。在电流与它产生的磁链满足右手螺旋法则时，有

$$\Psi_{11}=L_1 i_1, \quad \Psi_{21}=M_{21} i_1$$

$$\Psi_{22}=L_2 i_2, \quad \Psi_{12}=M_{12} i_2$$

上式中 L_1、L_2 分别是线圈 1 和线圈 2 的自感系数，M_{21}是线圈 1 对线圈 2 的互感系数，M_{12} 是线圈 2 对线圈 1 的互感系数。互感系数取决于两线圈周围的介质及两线圈间的相对位置，当这些因素确定后，M_{21} 与 M_{12} 也是常数，并且相等，可以用 M 表示，称为互感系数，即

$$M=M_{12}=M_{21}$$

互感系数 M 的国际单位是亨利(用符号 H 表示)。

2. 耦合系数

两个耦合线圈的电流所产生的磁通，一般只有部分磁通相互交链。而彼此不交链的那部分磁通称为漏磁通。两耦合线圈相互交链的磁通部分越大，说明两线圈的耦合越紧密。自感为 L_1、L_2 的两线圈，相对位置及空间介质不同，互感系数 M 也不同。为了表示两个线圈的磁耦合程度，常用耦合系数来表示。

耦合系数用 k 表示，定义为

$$k=\frac{M}{\sqrt{L_1L_2}}$$

上式中 L_1、L_2 分别为两个线圈的自感系数，M 为互感系数，k 的范围是 0～1。$k=0$ 表示两个线圈无耦合关系，$k=1$ 表示两个线圈完全耦合，自感磁链与对应的互感磁链相等。磁介质的磁导率为常数时，互感为常数。铁芯耦合的互感系数不是常数。我们可以通过改变两线圈的相对位置来改变 k，从而可以相应地改变 M 的大小。

3. 互感电压

一个线圈中电流的参考方向和产生的磁通满足右手螺旋法则时，有

$$\Psi_{21}=Mi_1,\quad \Psi_{12}=Mi_2$$

若另一线圈中的互感电压的参考方向和互感磁通的方向也满足右手螺旋法则，则互感电压可由电磁感应定律得到，即

$$u_{21}=-e_{M2}=\frac{\mathrm{d}\Psi_{21}}{\mathrm{d}t}=M\frac{\mathrm{d}i_1}{\mathrm{d}t}$$

$$u_{12}=-e_{M1}=\frac{\mathrm{d}\Psi_{12}}{\mathrm{d}t}=M\frac{\mathrm{d}i_2}{\mathrm{d}t}$$

由上式可以看出，互感电压的大小取决于产生该互感的电流的变化率。当电流的变化率大于零时，互感电压为正值，表明其实际方向与参考方向一致；当电流变化率小于零时，表明互感电压实际方向与参考方向相反。

当线圈中通过的电流为正弦交流电时，设 $i_1=I_{m1}\sin\omega t$，$i_2=I_{m2}\sin\omega t$，则

$$u_{21}=M\frac{\mathrm{d}i_1}{\mathrm{d}t}=M\frac{\mathrm{d}(I_{m1}\sin\omega t)}{\mathrm{d}t}=\omega MI_{m1}\cos\omega t=\omega MI_{m1}\sin(\omega t+90°)$$

$$u_{12}=M\frac{\mathrm{d}i_2}{\mathrm{d}t}=M\frac{\mathrm{d}(I_{m2}\sin\omega t)}{\mathrm{d}t}=\omega MI_{m2}\cos\omega t=\omega MI_{m2}\sin(\omega t+90°)$$

互感电压可以用相量表示如下：

$$\dot{U}_{21}=\mathrm{j}\,\omega M\dot{I}_1=\mathrm{j}X_M\dot{I}_1$$

$$\dot{U}_{12}=\mathrm{j}\,\omega M\dot{I}_2=\mathrm{j}X_M\dot{I}_2$$

（二）互感线圈的同名端及其判定

1. 同名端

在研究自感时，若自感电压 u 与电流 i 为关联参考方向，则 $u=L\frac{\mathrm{d}i}{\mathrm{d}t}$ 恒成立。即：当电流增大时，u 的实际方向与参考方向相同；当电流减小时，u 的实际方向与参考方向相反，分析时不需考虑线圈的绕向。

分析互感时有些不同。以图 4-2-2 为例，图 4-2-2(a)与图 4-2-2(b)中只是线圈 2 的绕向不同，其他情况一样。当线圈 1 通以电流 i_1，并且增大时，自感电压极性如图所示，而由于互感链通（磁通）的增大，由楞次定律判断互感电压的极性亦如图中所示。可见图 4-2-2(a)、图 4-2-2(b)中线圈 2 的互感电压极性不同，图 4-2-2(a)中 a 与 c、b 与 d 极性相同，图 4-2-2(b)中 a 与 d、b 与 c 极性相同。若电流减小，则各端子极性均相反，但

图 4-2-2(a)中 a 与 c、b 与 d 及图 4-2-2(b)中 a 与 d 、b 与 c 的极性仍然保持相同。

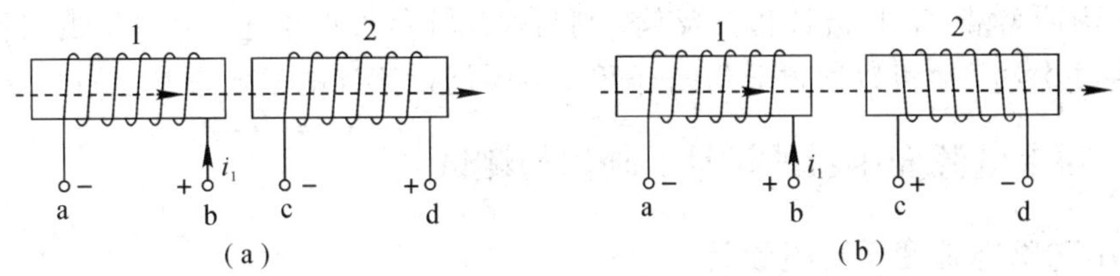

图 4-2-2　互感线圈的同名端

由以上分析可知，在具有磁耦合的两线圈中，总有一对端子的感应电压极性始终相同，我们将之称为同名端，如图 4-2-3(a)中的 a 和 c、b 和 d，图 4-2-3(b)中的 a 和 d、b 和 c；相反，感应电压极性相异的端子称为异名端，可见同名端与线圈的绕向有关。我们把同一组同名端用相同的标记标出，如“. ”或“ * ”等标注，另一组不必标注。

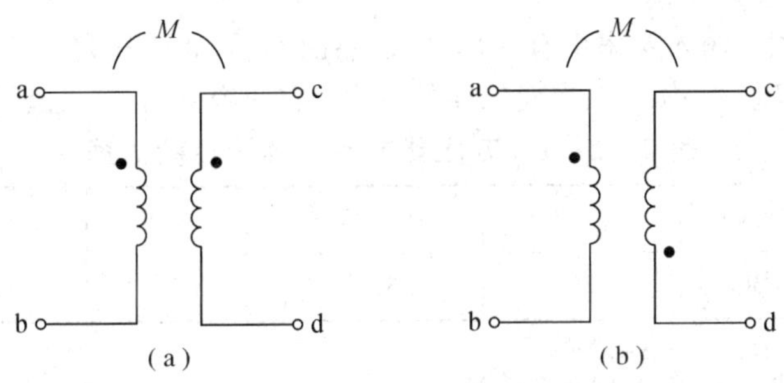

图 4-2-3　同名端的标注

通过对同名端的分析可知，当互为同名端的两个端子均通入电流时，它们所产生的磁通总是相互加强的(即方向相同)。这一结论可以用来对已知绕向的两线圈进行同名端的判定。

2. 同名端的判定

实际耦合线圈的绕向一般是看不到的，但是同名端的判定却有重要意义。例如对于变压器的使用，如果同名端判定有误，可能会带来严重后果。当一个设备无法看清其同名端的标记，也看不到绕向时，只能通过实验方法来判定其同名端。判定同名端常用的方法有直流法和交流法。

直流法的实验电路如图 4-2-4 所示。把一个线圈接到直流电源上(如电池)，并用开关 S 控制电路的状态，另一线圈经直流检流计(或直流电压表、直流电流表)接通。合上开关 S 瞬间线圈 1 中产生自感电压，其极性必然为 a 正 b 负。此时在线圈 2 中产生互感电压，

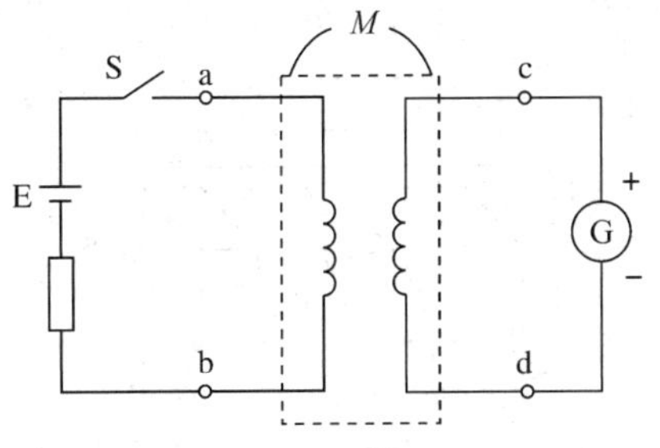

图 4-2-4　同名端的测试

使得检流计指针发生偏转。若检流计指针正偏，则与检流计正极性相连接的 c 端极性为正，因此 a 与 c 为同名端；若检流计指针反偏，则与检流计负极性相连接的 d 端的极性为正，因此 a 与 d 为同名端。也可以通过分析断开开关 S 瞬间检流计的偏转来判定同名端。

4.2.2 小功率电源变压器的设计、制作与测试

(一) 小功率电源变压器的设计

1. 变压器的输出视在功率

对于多绕组变压器，输出视在功率等于二次绕组输出视在功率之和，即

$$P_S = U_2 I_2 + U_3 I_3 + \cdots + U_n I_n$$

式中 U_2、U_3、U_n 为二次侧各绕组电压有效值(V)；I_2、I_3、I_n 为二次侧各绕组电流有效值(A)。

2. 输入视在功率及输入电流

变压器带负载时，输入功率中有一部分被损耗掉，因此变压器输入功率和输出功率之间的关系是：$P_{S1} = P_S/\eta$。其中 η 为变压器的效率，它和容量有关，经验数据见表 4-2-1。

表 4-2-1 变压器效率和容量经验数据

输出容量/W	<10	10～30	30～80	80～200	200～400	>400
效率/%	60	70	80	85	90	>95

知道变压器效率，可以求出输入电流 I_1。

$$I_1 = \frac{P_{S1}}{U_1} \times (1.1 \sim 1.2)$$

式中 U_1 为一次侧电压有效值(V)，一般就是外加电压；1.1～1.2 为考虑到变压器空载励磁电流大小的经验系数。

变压器的额定容量一般取决于其输入、输出视在功率的平均值，即

$$P_o = \frac{P_{S1} + P_S}{2}$$

3. 确定铁芯截面积 S

小型单相变压器常用的 E 型铁芯尺寸如图 4-2-5 所示。它的中柱截面 S 的大小与变压器总输出视在功率有关，即

$$S = K_0 \sqrt{P_S}\ (\text{cm}^2)$$

式中 K_0 是经验系数，其大小与额定容量的取值关系见表 4-2-2。

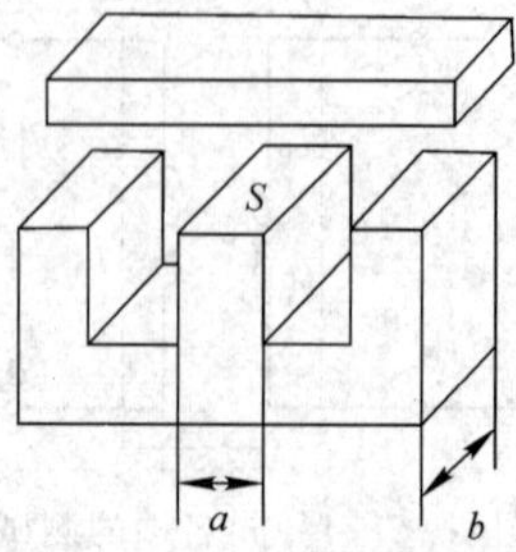

图 4-2-5 E 型铁芯

表 4-2-2　经验系数的大小与额定容量的取值关系

P_S/W	0～10	10～50	50～500	500～1000	1000 以上
K_0	2	2～1.75	1.5～1.4	1.4～1.2	1

根据计算所得的 S 值，还要结合实际情况来确定铁芯尺寸 a 与 b 的大小，由图 4-2-5 可得：

$$S=a\times b\ (\text{cm}^2)$$

又由于铁芯是用涂绝缘漆的硅钢片叠成，考虑到漆膜与钢片间隙的厚度，因此实际的铁芯厚度 b' 应将 b 除以 0.9 使其为更大些，即 $b'\approx 1.1b$ cm。目前通用的小型硅钢片规格见表 4-2-3(注：铁芯片厚 0.35 mm)，其中各尺寸符号见图 4-2-6。

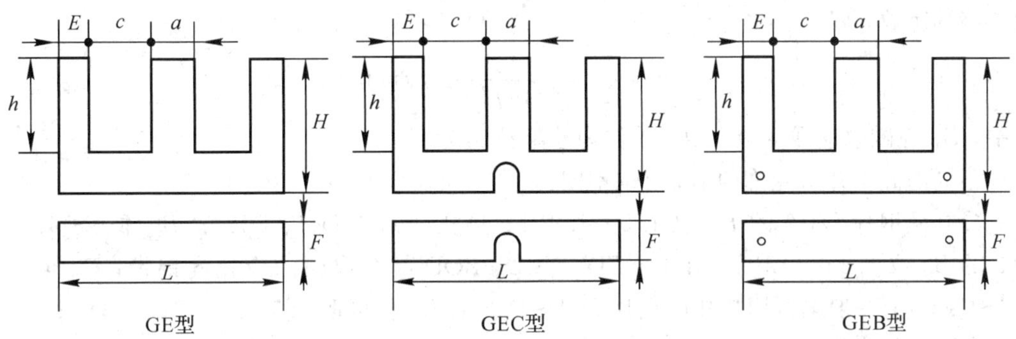

图 4-2-6　E 型铁芯片的型号和尺寸

表 4-2-3　不同型号 E 型铁芯片的尺寸(mm)

型号	a	c	L	H	h	E	F	每 1000 片质量/kg
GE10	10	6.5	36	24.5	18	6.5	6.5	2.338
GE12	12	8	44	30	22	8	8	3.489
GE14	14	9	50	34	25	9	9	4.49
GE16	16	10	56	38	28	10	10	5.63
GRC19	19	12	67	45.5	33.5	12	12	8.16
GEB19								7.96
DEC22	22	14	78	53	39	14	14	10.94
GEB22								10.73
GEC26	26	17	94	64	47	17	17	15.93
GEB26								15.52
GEC30	30	19	106	72	53	19	19	20.01
GEB30								19.67

续表

型号	a	c	L	H	h	E	F	每1000片质量/kg
GEC35	35	22	123	83.5	61.5	22	22	27.15
GEB35								26.8
GEC40	40	26	144	98	72	26	26	37.3
GEB40								36.95

4. 计算每个绕组的匝数

绕组感应电动势有效值为$E=4.44fNB_mS\times10^{-4}$，设$N_0$表示变压器感应1 V电动势所需绕的匝数，即

$$N_0=\frac{N}{E}=\frac{10^4}{4.44fB_mS}\text{（匝/伏）}$$

式中，B_m为磁感应强度最大值，单位为特斯拉(T)。

不同的硅钢片所允许的B_m值也不同：

冷扎硅钢片D310的B_m取1.2～1.4 T；热扎硅钢片D41、D42的B_m取1～1.2 T；D43的B_m取1.1～1.2 T；对于XED、XCD、BOD晶粒取向的冷扎硅钢带，B_m值可取1.6～1.8 T；一般电机用热扎硅钢片D21～D22的B_m值可取0.5～0.7 T。

如果不知道硅钢片的牌号，按经验可以将硅钢片扭一扭，如硅钢片是薄而脆，则其磁性能较好(俗称高硅)，B_m可取大些；若硅钢片是厚而软的，则其磁性能较差(俗称低硅)，B_m可取小些。一般B_m可取0.7～1 T。

一般说来，B_m值取低些，将使匝数增加，用铜量增加，费用增加，但也带来空载损耗小、铁芯损耗小、绕组发热小、绝缘不易老化等好处。另外，如果在取铁芯截面时取得稍大些，则用铁量增加，于是会使绕组匝数减小，用铜量减小，即用铁量与用铜量成反比关系。

由于一般工频$f=50$ Hz，于是上式可以改为

$$N_0=\frac{45}{B_mS}$$

根据计算所得N_0值乘以每个绕组的电压，就可以算得每个绕组的匝数N，即

$$N_1=U_1N_0,\quad N_2=1.05U_2N_0,\quad N_3=1.05U_3N_0\cdots$$

其中二次侧的绕组都应增加5%的匝数以便补偿负载时的电压降。

5. 计算绕组的导线直径 *d*

先选取电流密度j，求出各导线的截面积：

$$S_t=\frac{I}{j}(\text{mm}^2)$$

上式中电流密度一般选用$j=2\sim3\ \text{A/mm}^2$，变压器短时工作时可以取$j=4\sim5\ \text{A/mm}^2$。如果取$j=2.5\ \text{A/mm}^2$，则$d=0.715\sqrt{I}$(mm)。

6. 核算

核算时可分以下几种情况进行：

(1) 对应于铁芯配套的塑形模压骨架(通常由酚醛或尼龙等材料模压而成)，其外形见图 4-2-7。王字形骨架便于高低压绕组分开来绕制。

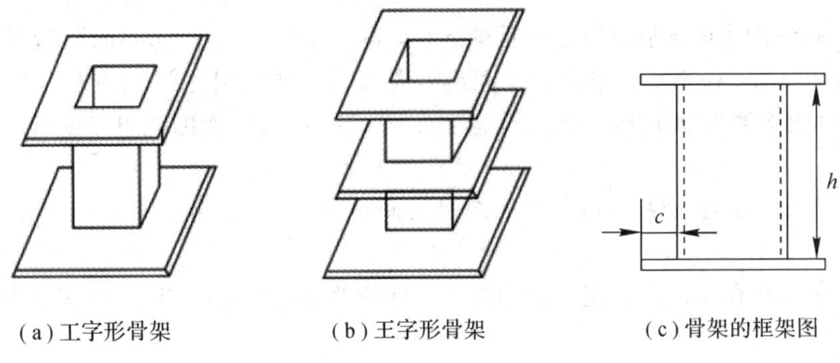

图 4-2-7　模压骨架

根据选定的窗高 h 计算绕组每层可绕的匝数 n_i：

$$n_i=\frac{h-(2\sim4\ \text{mm})}{d'}$$

式中，d'为包括绝缘厚度的导线外径(mm)。

(2) 对于自制的无边框框架，匝数

$$n_i=\frac{0.9[h-(2\sim4\ \text{mm})]}{d'}$$

式中，h 为铁芯窗口高度；系数 0.9 是考虑到绕组框架两端各空出 5%的空位不绕线；2～4 mm是考虑到匝间绕得不够紧密的尺寸裕量。

于是每组绕组需绕的层数 m_i：

$$m_i=\frac{N}{n_i}$$

根据已知绕组的匝数、线径、绝缘厚度等条件，来核算变压器绕组所占铁芯窗口的面积，它应小于框架实际窗口(图 4-2-7 中面积 $c\cdot h$)，或铁芯实际窗口(图 4-2-8 中面积 $c\cdot h$)，否则绕组有放不下的可能。

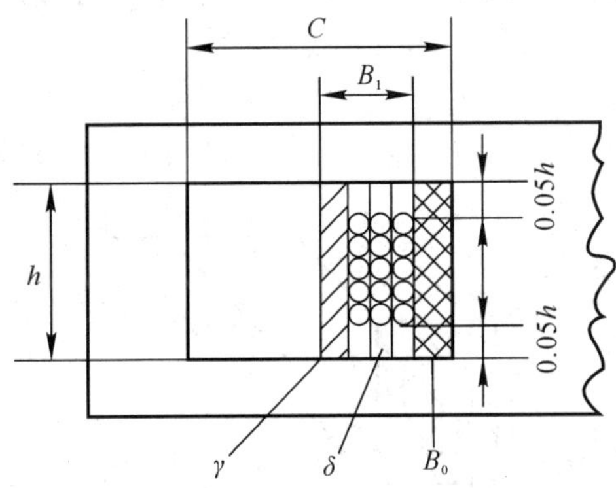

图 4-2-8　变压器绕组层间绝缘方法

图 4-2-8 表示变压器一次侧绕组的绕制情况。变压器铁芯中柱外面套上由青壳纸或

弹性纸做成的框架，包上两层 0.1 mm 的聚酯薄膜，厚度为 B_0。在框架外面每绕一层绕组后包上层间绝缘，其厚度为 δ。对于较细的导线，如 0.2 mm 以下的导线，一般采用一层厚度为 0.05 mm 左右的聚酯薄膜；对于较粗的导线，如 0.2 mm 以上的导线，则采用厚度为 0.05～0.08 mm 的聚酯薄膜；对于再粗的导线，可用厚度为 0.10 mm 的聚酯薄膜。当整个一次侧绕组绕完后，还需要在它的最外面裹上厚度为 r 的绕组之间的绝缘。当电压不超过 500 V 时，可用厚度为 0.10 mm 的聚酯薄膜 2～3 层。因此一次侧绕组厚度 B_1 为

$$B_1 = m_1(d' + \delta) + \gamma \ (\text{mm})$$

式中，d' 为绝缘导线的外径(mm)；δ 为绕组层间绝缘的厚度(mm)；γ 为绕组间绝缘的厚度(mm)。

同样可求出套在一次侧绕组外面的各个二次侧绕组厚度 B_1、B_2、B_3…，所有绕组的总厚度 B 为

$$B = (B_0 + B_1 + B_2 + B_3 + \cdots) \times (1.1 \sim 1.2) \ (\text{mm})$$

式中 B_0 为绕组框架的厚度(mm)；1.1～1.2 为尺寸裕量。

如果计算得到的绕组厚度 B 小于铁芯窗口宽度 C 的话，这个设计是可行的。在设计时，经常遇到 $B>C$ 的情况。这时有两种办法，一是加大铁芯叠厚，使绕组匝数减小。一般叠厚 $b=(1\sim2)a$ 比较合适，但不能任意加厚。另一种办法就是重选硅钢片的尺寸，按原法计算和核算直到合适为止。

（二）小功率电源变压器的制作

1. 绕组的制作

1）木芯与线圈骨架的制作

在绕制变压器线圈时，将漆包线绕在预先做好的线圈骨架上。但骨架本身不能直接套在绕线机轴上绕线，它需要一个塞在骨架内腔中的木质芯子，称为木芯。木芯通常用杨木或杉木，按铁芯中心柱截面 $a\times b$ 稍大一些的尺寸 $a'\times b'$ 制成，如图 4-2-9 所示，木芯宽度 a' 要比硅钢片 E 形叠片的中心舌宽 a 略大 0.2 mm 左右，长度要比硅钢片叠片厚略 0.3 mm 左右，高 h' 则比硅钢片窗高约 2 mm 。木芯的中心孔直径要与绕线机轴径相配合，一般为 10 mm，必须钻得平直，木芯四边也必须互相垂直，木芯的边角用砂纸磨成略有圆角。木芯正中心要钻有供绕线机轴穿过的孔，孔不能偏斜，否则会由于偏心造成绕组不平稳而影响线包的质量。

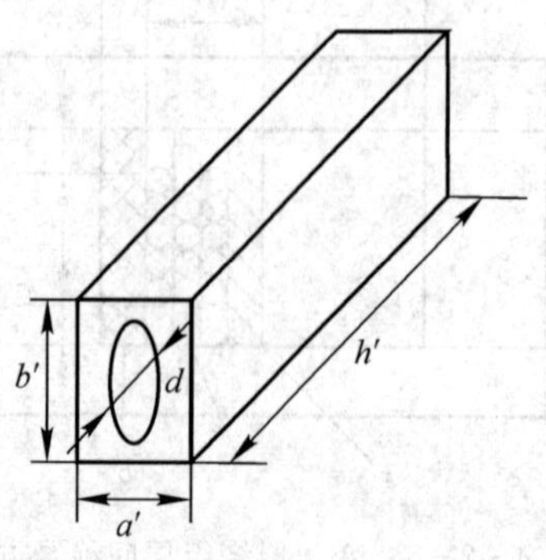

图 4-2-9 木芯图

骨架除起支撑绕组作用外，还起对地绝缘作用，它应当具有一定的机械强度与绝缘强度。常见的有两种骨架，一种是简易骨架，用青壳纸在木芯上绕1～2圈，用胶水粘牢，其高度略低于铁芯窗口高度。骨架干燥以后，木芯在骨架中能插得进、抽得出。最后用硅钢片插试，以硅钢片刚好能插入为宜。绕制时要特别注意线圈绕到两端，在绕制层数较多时容易散塌，造成返工。另一种是积木式骨架，形状如图4-2-10所示，能方便地绕线和增强线包的对地绝缘性能。材料以高度为0.5～1.5 mm厚的胶木板、环氧树脂板、塑料板等绝缘板为宜。

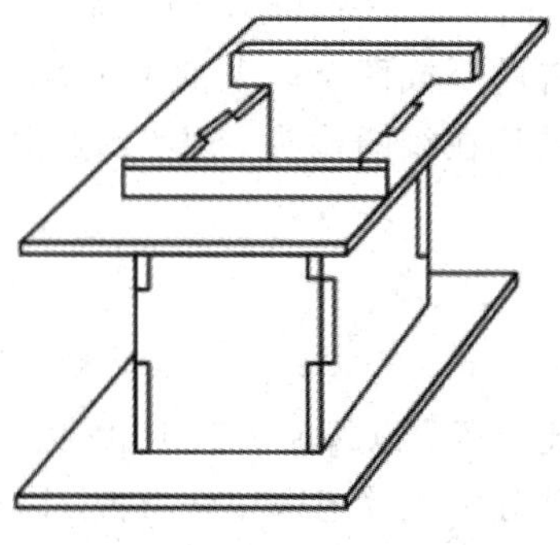

图4-2-10　积木式

2）线圈的绕制步骤

首先裁剪好各种绝缘材料，绝缘材料一般采用电话纸、电缆纸、电容纸等。它们的宽度应稍长于骨架的长度，而其长度大于骨架的周长，并需考虑到绕组逐渐绕大后所需的裕量。开始绕线前，先在套好木芯的骨架上垫好对铁芯的绝缘，然后将木芯中心孔穿入绕线轴固紧。

起绕时，在导线引线头上压入一条用青壳纸或牛皮纸片做成的长绝缘折条，待绕几匝后抽紧起始头，如图4-2-11(a)所示。对于无框骨架的，导线起绕点不可紧靠骨架边缘；对于有边框的，导线一定要紧靠边框板。绕线时，绕线机的转速应与掌握导线的那只手左右摆动的速度相配合，并将导线稍微拉向绕组前进的相反方向约5°，以便将导线排紧。

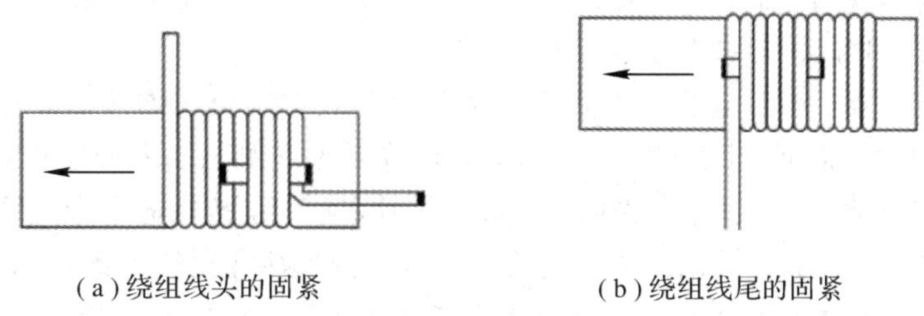

(a)绕组线头的固紧　　(b)绕组线尾的固紧

图4-2-11　绕组的绕制

每绕完一层导线，应安放一层层间绝缘，并处理好中间抽头，使导线自左向右排列整齐、紧密，不得有交叉或叠线现象。绕到规定匝数为止。安放层间绝缘纸时必须从骨架所对应的铁芯舌宽面开始安放。若绕组所绕层次很多，还应在两个舌宽面分别均匀安放，这样可以控制线包厚度，少占铁芯窗口位置。绝缘纸必须放平、放正和拉紧，两边正好与骨架端面内侧对齐，围绕线包一周，允许起始处有少量重叠。处理中间抽头时，可以在线圈抽头处刮去一小段绝缘漆，焊上引出线并包上绝缘即可；也可在线圈抽头处不刮绝缘漆，而是将导线拖长，两股绞在一起作为引出线上绝缘套管即可。

绕线时，通常按照一次侧绕组——静电屏蔽——二次侧绕组的顺序依次叠绕。静电屏蔽层用厚约 0.1 mm 的铜箔或其他金属箔，其宽度比骨架长度稍短 1～3 mm，而长度比一次侧绕组的周长短 5 mm 左右；屏蔽层夹在一、二次侧绕组的绝缘垫层间，但不能碰触导线或自行短路，铜箔上焊接一根多股软线作为引出接地线。

当绕组绕至近末端时，先垫入固定出线用的绝缘带折条，待绕至末端时，把线头穿入折条内，然后抽紧末端线头，如图 4-2-11(b)所示。取下绕组，抽出木芯，包扎绝缘并用胶水粘牢。变压器每组线圈都有两个或两个以上的引出线，一般用多股软线、较粗的铜线或用铜皮剪成的焊片制成，将其焊在线圈端头，用绝缘材料包扎好后，从骨架端面预先打好的孔中伸出，以备连接外电路。

3）绕组的初步检查

(1) 用量具测量绕组各部分尺寸，看其与设计是否相符，以保证铁芯的装配。

(2) 用电桥测量绕组的直流电阻，以保证负载用电的需要。

(3) 用眼睛观察绕组的各部分引线及绝缘完好与否，以保证可靠使用。

2. 绝缘的处理

为了防潮和增加绝缘强度，线包绕好后，一般应做绝缘处理。绝缘处理前，用摇表检查一下各绕组间的绝缘电阻。绝缘处理的方法是将绕好的线包放在烘箱内预热 3～5 h，取出后立即浸入凡立水(绝缘漆的俗称)中半小时左右，取出放在通风处滴干，然后再进烘箱加温到 80℃，烘 10 h 左右即可。若无烘箱条件，可在绕组绕制过程中，每绕完一层，就涂刷一层薄凡立水，然后垫上绝缘层，再继续绕下一层，线包绕好后，通电烘干。通电烘干的办法是用一个 500 V·A 的自耦变压器及交流电流表与欲烘干的变压器的高压绕组串联(低压绕组短路)，逐渐增大自耦变压器的输出电压，使电流达到高压绕组额定电流的 2～3 倍，半小时后，线包温度将达 70℃～80℃，线包通电干燥 12 小时后即可。

3. 铁芯的装配

铁芯镶片要求紧密、整齐，否则会使铁芯截面达不到计算要求，造成磁通密度增大而发热，以及在运行时硅钢片会产生振动噪声。

对于控制变压器、小型电源变压器等的铁芯装配通常用交叉插片法。先在线圈骨架左侧插入 E 形硅钢片，根据情况可插 1～4 片，接着在骨架右侧也插入相应片数的硅钢片，这样左右两侧交替对插，直到插满。最后将 I 形硅钢片(横条)，按铁芯剩余空隙厚度叠好插进去即可。当线包中镶满硅钢片时，余下大约 1/6 的硅钢片往往比较难镶，俗称紧片，紧片时需用旋凿撬开硅钢片夹缝才能插入，还要用木锤轻轻敲入。在插条形片时，切忌直向插入，以免擦伤线包。当骨架偏小或线包体积偏大时，切不可硬行将硅钢片插入，以免损伤骨架或线包。可将铁芯中心柱或两边柱锉小些，亦可将线包套在木芯上，用两块木板夹住线包两侧，在台虎钳上缓慢地将它压扁一些。

镶片完毕后，把变压器放在平板上，两头用木锤打平整，E 形硅钢片的对接口间不能留有空隙。最后用螺钉或夹板固紧铁芯，并把引出线焊到焊片上。安装好的变压器引出线布置如图 4-2-12 所示。

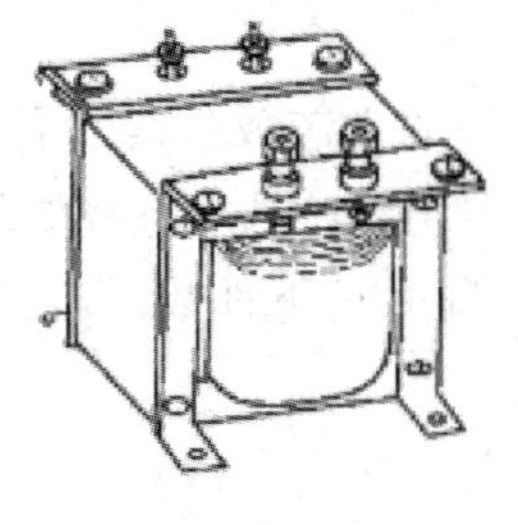

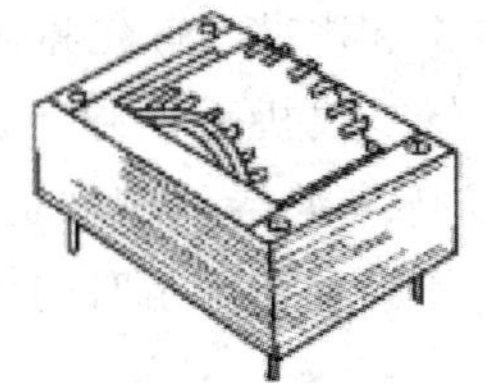
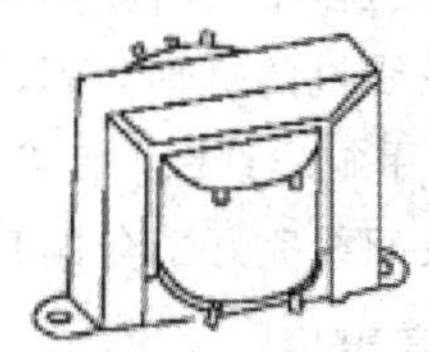

(a)立式变压器　(b)卧式变压器　(c)夹式变压器

图 4-2-12 变压器引出线布置

(三)小功率电源变压器的测试

制作好的变压器在投入运行前，必须做成品测试。成品测试时要包括以下几个方面：

1. 绝缘电阻的测试

用兆欧表测各绕组之间和它们对铁芯(地)的绝缘电阻，对 400 V 以下的变压器，其值不应低于 90 MΩ。

2. 空载电压的测试

当原边电压加到额定值时，各绕组的空载电压允许误差为：副边绕组误差 $\Delta U_1 \leqslant \pm 5\%$，中心抽头电压误差 $\Delta U_1 \leqslant \pm 2\%$。

3. 空载电流的测试

铁芯镶片后的电源变压器，应先用自耦变压器供电。当一次输入电压为额定电压时，空载电流约为 5%～8%的额定电流值；如空载电流大于额定电流的 10%时，损耗较大；空载电流超过额定电流的 20%时，它的温升将超过允许值，这时就不许再使用。

4. 检测温升

给变压器加上额定负载，通电数小时后，温升不得超过 40℃～50℃。

知识扩展——变压器的拆卸、检查及故障处理

(一)小型变压器的拆卸

1. 拆卸铁芯

对于变压器的拆卸，主要是对铁芯的拆卸。在拆卸铁芯前，应先拆除外壳、连接线柱和铁芯夹板等附件，用螺钉旋具和活扳手卸掉螺栓和紧固夹板，然后即可拆卸铁芯。拆卸时，首先用一字旋具把浸漆后黏合在一起的硅钢片插松，至少使开始要拆卸的几片互相松开。不同的铁芯形状有不同的拆卸方法。

对 E 字形硅钢片可先拆横条，用一字旋具顶在已插松的硅钢片一侧，用力把横条向另一侧推动，待两端横条都拆完后，再用一字旋具插松铁柱的硅钢片。然后用一字旋具顶住中柱端头向后推动，推出缝隙后可用钢丝钳夹住中柱部位抽出硅钢片。

对于日字形硅钢片，先插松一二片硅钢片，把铁轭掀至线圈骨架上边，然后用一字旋具插松中柱硅钢片，用钢丝钳夹出硅钢片。

2. 拆卸绕组

拆除变压器绕组时要用到绕线机和木芯。首先将制作好的木芯放入线圈骨架，再将木芯孔穿入绕线机的机轴紧固，然后将绕线机手柄卸下，找出绕组线头，将绕线机计数器置于零位，用手拉紧线头，使绕线机旋转，将导线依次退完，同时记下计数器所记录的圈数。测量并记录旧线完好部分的直径以作为重绕绕组时的依据。

3. 注意事项

在拆卸有线圈骨架的铁芯时，对于未破损且绝缘良好的铁芯，为了继续使用，应注意保护。对无骨架或骨架已彻底损坏的变压器，拆卸前应测量铁芯的叠厚，以备制作新骨架。拆卸下来的硅钢片应保管好，不要丢失。

（二）小型变压器的检查

1. 外观检查

检查高、低压引出线有无断线、松动、脱焊等情况，绝缘材料有无烧焦、机械损伤等。通电后检查有无焦糊味或冒烟情况出现，若发现有情况应排除故障。检查高、低压瓷套管的清洁情况，看有无放电痕迹及有无破损、渗油等。检查防爆管膜有无破裂、漏油。检查外壳接地是否良好、牢固可靠。

用绝缘电阻表测试各绕组之间、各绕组与铁芯之间的绝缘电阻，冷态时其值均应在 50 MΩ 以上。

2. 线圈开路、短路的检查

用万用表电阻挡检查绕组的通断，判断绕组是否开路或是否短路。具体内容为：断开电源，测量原、副绕组的电阻，电阻若为无穷大，说明该绕组开路。如果开路点在引出线上，可以更换引出线；若开路点在绕组上，应修理或重绕绕组。短路的检测是指将变压器副绕组的负载断开，接通额定电源电压，若一次绕组电流剧增，变压器发热甚至冒烟，说明绕组存在短路现象。

在变压器原绕组接上额定电压后测量副绕组的输出空载电压，一般误差允许在±(3%～5%)之间变化。

给变压器接上额定负载，工作一小时，其温度应不超过允许温度。

油箱及铁芯等处的油泥可用铲刀刮除，再用布擦干净，然后用变压器油冲洗。线圈上的油泥只能用手轻剥，不能损坏绝缘。

（三）小型变压器的故障处理

1. 接通电源无电压输出

当原绕组有电压但无电流时，一般是原绕组出线端头脱落，此时可拆换处理脱落点或重绕线圈。若能找出断头，可焊上新的引出线。

当原绕组有较小的电流，而副绕组既无电压也无电流时，一般为副绕组的出线端头断裂，同样应拆换或重绕线圈，焊牢断裂处。

当接上电源，原、副绕组既无电压也无电流时，则为电源线开路所致。此时应对电源线进行检查、修理或更换。

2. 运行中响声大

出现这种现象可能是硅钢片未插紧或错位所致，应采取措施压紧铁芯。也可能是负载过重或发生了短路故障。此时的声音为电磁噪声，则应减轻负载或排除短路故障。也有可能是电源电压过高，可以检查电源电压后再进行相应处理。

这也可能是因为原绕组或副绕组绝缘损坏或老化，造成绕组对铁芯之间出现漏电现象，应重新做绝缘处理或更换绕组。也有可能是引出线头触碰铁芯，此时应仔细检查各引出线头的情况，排除触碰点。

硅钢片质量差、铁芯叠厚不足、原绕组的匝数不足都可以导致空载电流偏大。质量差的硅钢片要更换；铁芯厚度不足要增加，无法增加时，要重做骨架，重绕线包。原绕组匝数不足时，应增加原绕组的匝数，同时也应按比例增加副绕组的匝数。

3. 温升过高或冒烟

先判断是否过载，可断开负载，如果此时不发热，空载电流也不大，则认定为负载过重；若负载电路有短路现象，则应减轻负载或排除短路故障。

若发热严重部分是铁芯内部，则可能是因为铁芯片间绝缘不好，从而导致硅钢片间涡流过大，此时应重新处理硅钢片的绝缘。

绕组如果有局部短路现象，也可造成过热和冒烟，此时应检查、处理短路点或更换新线包。

任务实施——小型变压器的检测

1. 实训目的

(1) 会用万用表的电阻挡初步检测小型变压器的绕组。

(2) 会用兆欧表检测小型变压器的绝缘性能。

2. 实训器材

万用表、小型变压器若干。

3. 实训步骤及工艺要求

(1) 通过观察变压器的外貌来检查其是否有明显异常现象，如：线圈引线是否断裂、脱焊；绝缘材料是否有烧焦痕迹；铁芯紧固螺杆是否有松动；硅钢片有无锈蚀；绕组线圈是否有外露等。

(2) 绝缘性测试：用万用表 $R\times10$k 挡分别测量铁芯与初级、初级与各次级、铁心与各次级、次级各绕组间的电阻值，万用表指针均应指在无穷大位置不动；否则，说明变压器绝缘性能不良。

(3) 线圈通断的检测：将万用表置于 $R\times1$ 挡，测试中，若某个绕组的电阻值为无穷大，则说明此绕组有断路性故障。

(4) 判别初、次级线圈：电源变压器初级引脚和次级引脚一般都是分别从两侧引出的，并且初级绕组多标有 220 V 字样，次级绕组则标出额定电压值，如 15 V、24 V、35 V 等。应根据这些标记进行识别。

(5) 空载电流的检测：可用直接测量法与间接测量法两种方法进行检测。

· 直接测量法：将次级所有绕组全部开路，把万用表置于交流电流挡(500 mA)，串入初级绕组。当初级绕组的插头插入 220 V 交流市电时，万用表所指示的便是空载电流值。此值不应大于变压器满载电流的 10%～20%。一般常见电子设备电源变压器的正常空载电流应在 100 mA 左右。如果超出太多，则说明变压器有短路性故障。

· 间接测量法：在变压器的初级绕组中串联一个 10 Ω/5 W 的电阻，次级仍全部空载。把万用表拨至交流电压挡。加电后，用两表笔测出电阻 R 两端的电压降 U，然后用欧姆定律算出空载电流 $I_{空}$，即 $I_{空}=U/R$。

4. 实训考核标准

实训考核标准见表 4-2-4。

表 4-2-4 考核标准

<table>
<tr><th>考核项目</th><th>配分</th><th colspan="5">评分标准</th><th>扣分</th><th>得分</th></tr>
<tr><td>观察法判断</td><td>10</td><td colspan="5">结论不准确，每次扣 5 分</td><td></td><td></td></tr>
<tr><td rowspan="2">绝缘性测试</td><td rowspan="2">20</td><td colspan="5">挡位选择不准确，每次扣 5 分</td><td></td><td></td></tr>
<tr><td colspan="5">结论不准确，每次扣 5 分</td><td></td><td></td></tr>
<tr><td rowspan="2">线圈通断的检测</td><td rowspan="2">20</td><td colspan="5">挡位选择不准确，每次扣 5 分</td><td></td><td></td></tr>
<tr><td colspan="5">结论不准确，每次扣 5 分</td><td></td><td></td></tr>
<tr><td>初、次级线圈的判别</td><td>20</td><td colspan="5">结论不准确，每次扣 5 分</td><td></td><td></td></tr>
<tr><td rowspan="2">空载电流的检测</td><td rowspan="2">30</td><td colspan="5">连接电路不准确，每次扣 5 分</td><td></td><td></td></tr>
<tr><td colspan="5">结论不准确，每次扣 5 分</td><td></td><td></td></tr>
<tr><td>安全文明生产</td><td colspan="6">违反安全文明生产规程，扣 5～10 分</td><td></td><td></td></tr>
<tr><td>定额时间 3 h</td><td colspan="6">超时 15 min 酌情扣分</td><td></td><td></td></tr>
<tr><td>备注</td><td colspan="8">除定额时间外，各项目的最高扣分不应超过所分配的分数</td></tr>
<tr><td>开始时间</td><td></td><td>结束时间</td><td></td><td>实际时间</td><td></td><td></td><td>总成绩</td><td></td></tr>
</table>

思考与练习

(一) 填空题

1. 在具有磁耦合的两线圈中，总有一对端子的感应电压极性________，我们将之称为同名端。

2. 表示两个线圈的磁耦合程度的物理量是________。

3. 骨架除起________作用外，还起________作用，它应当具有一定的机械强度与绝缘强度。

4. 用________测各绕组之间和它们对铁芯(地)的绝缘电阻，对 400 V 以下的变压器，其值不应低于________。

5. 铁芯镶片要求____________，否则会使铁芯截面达不到计算要求，造成

____________而发热，以及在运行时________会产生振动噪声。

6. 为了防潮和增加绝缘强度，线包绕好后，一般应做____________。

(二) 分析计算题

1. 设计一个单相电源变压器，规格及要求如题 1 图所示。

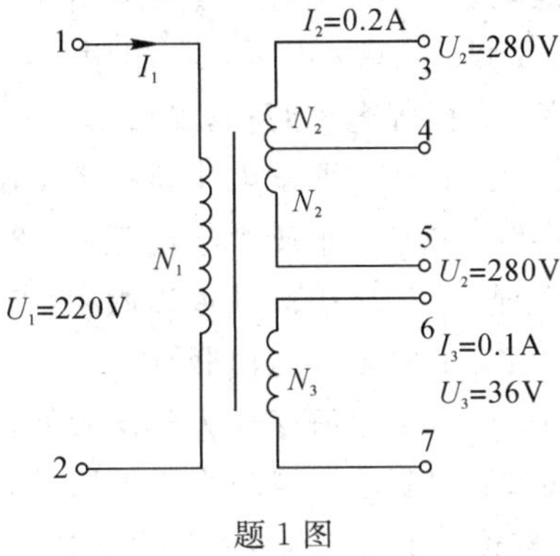

题 1 图

参考文献

[1] 郭稳涛. 电工实训与技能训练(高职). 西安：西安电子科技大学出版社，2018.
[2] 陆立新. 电工电子实训. 4版. 北京：电子工业出版社，2019.
[3] 袁成华. 电工基础. 北京：人民邮电出版社，2014.
[4] 张建平. 电工技术基本技能. 西安：西安电子科技大学出版社，2014.
[5] 罗家德. 电工基本技能训练. 重庆：重庆大学出版社，2019.
[6] 杨志友. 电工技能实用教程. 北京：中国铁道出版社，2018.
[7] 贾智勇. 电工基础知识. 北京：中国电力出版社，2013.
[8] 周桂芳. 电工基础与检测. 上海：上海交通大学出版社，2018.
[9] 周巍. 电路分析基础. 西安：西安电子科技大学出版社，2019.
[10] 朱文胜. 电工技能实训教程. 苏州：苏州大学出版社，2019.
[11] 张仁醒. 电工技能实训基础. 4版. 西安：西安电子科技大学出版社，2018.